3rd

일반물리학 연습문제 및 해설

물리개발연구위원회

Fundamentals of Physics

차　례

01 일차원 운동 or 벡터해석

1 다음 각 수치들의 유효숫자 개수를 정하고 과학표기법으로 바꾸어 표시하여라.

(a) 725.4s
(b) 0.05870cm
(c) 2400g
(d) 900.0×10^2mℓ

■■ **풀이**

(a) 4개 7.254×10^2s
(b) 4개 5.870×10^{-2}cm
(c) 유효숫자가 4개라고 하면 2.400×10^3g이고, 2개이면 2.4×10^3g
(d) 4개 9.000×10^4mℓ

2 유효숫자를 고려하여 다음 연산을 하여라.

(a) 3.784×10^7g + 2.25×10^9g
(b) (3.784×10^7m) ÷ (3.0×10^{-2}s)
(c) 123.400+0.0030
(d) 123.400−0.0030
(e) 123.400×0.0030
(f) 123.400÷0.0030

■■ **풀이**

(a) 2.29×10^9g
(b) 1.3×10^9g
(c) 123.403
(d) 123.397
(e) 0.37
(f) 41000

3 어느 차가 2시간 동안 직선도로를 60km/h의 속력으로 달리고, 그 후 3시간 동안은 40 km/h의 속력으로 달렸다고 한다. 전체 5시간 동안 이 차의 평균 속력은 얼마인가?

■■ **풀이**

60km/h 속력으로 2시간 → 이동거리 : 60km × 2시간 = 120km
40km/h 속력으로 3시간 → 이동거리 : 40km × 3시간 = 120km
따라서 총 이동거리는 120km + 120km = 240km

$\therefore$ 평균속력$(v) = \dfrac{240\text{ km}}{5\text{ h}} = 48\text{ km/h}$

4 어느 비행기가 70km/h의 순풍을 받고 1,200km 되는 두 도시 사이를 3시간 30분에 날았다고 한다. 이 비행기의 평균 속력은 얼마인가?

■■ **풀이**

$v = v_1 + v_2 = 70\,\text{km/h} + v_2 = \dfrac{1200\,\text{km}}{3.5\,h} = 342.9\,\text{km/h}$

(단, v_1 = 바람의 속력, v_2 = 비행기의 속력)

∴ 비행기의 평균속력 $(v_2) = 342.9 - 70 = 272.9\,\text{km/h}$

5 유속 v인 강물 위에 두 척의 배 A, B가 강물이 흐르는 방향으로 거리 d를 유지하면서 강물에 따라 흘러 내려가고 있다. 어느 사람이 물에 대하여 c의 속도로 헤엄을 쳐서 A에서 B에 갔다가 다시 A로 돌아 왔다고 한다. 이 사람이 헤엄친 시간을 c, v, d로 표시하라.

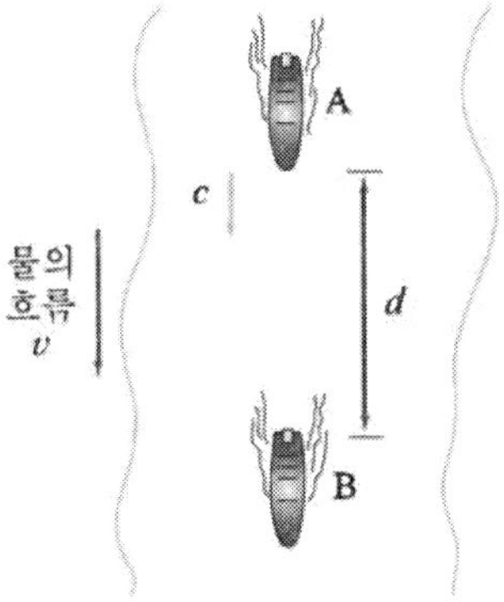

그림 1.25

■■ **풀이**

사람이 간격이 d가 되는 두 배 A, B 사이에서 A에서 출발하여 B까지 갔다가 다시 A로 되돌라오는 시간은 $A \to B$까지 걸린 시간을 t_1, $B \to A$까지 되돌아오는 데 걸린 시간 t_2 라 두면

$t_1 = \dfrac{d}{c+v}$ (갈 때는 강의 속도 c와 같은 방향이므로 사람이 속도에 강의 속도를 더함)

$t_2 = \dfrac{d}{c-v}$ (되돌아올 때는 강의 속도 c에 역행하므로 강의 속도를 빼줌)

따라서 사람이 헤엄친 총시간은 $t_1 + t_2$가 되므로, 결국

$$t_1 + t_2 = \frac{d}{c+v} + \frac{d}{c-v} = \frac{2cd}{c^2 - v^2} = \frac{2d}{c} \Big/ \left[1 - \left(\frac{v^2}{c^2}\right)\right]$$

6 자동차가 정지한 상태에서 출발하여 20s 사이에 50km/h의 속력을 얻었다. (a) 이 자동차의 가속도를 구하고, (b) 차의 속력이 80km/h까지 되는 데 소요되는 시간을 구하라.

■■ **풀이**

(a) $a = \dfrac{v}{t} = \dfrac{50\,\text{km/hr}}{20\,\text{s}} = \dfrac{50\,\text{km/hr}}{20\,\text{s}\times\dfrac{1\,\text{hr}}{3600\,\text{s}}} = \dfrac{9000\,\text{km}}{\text{hr}^2}$

(b) $t = \dfrac{v}{a} = \dfrac{\dfrac{80\,\text{km}}{\text{hr}}}{\dfrac{9000\,\text{km}}{\text{hr}^2}} = \dfrac{8}{900}\text{hr} = \dfrac{8}{900}\text{hr}\times\dfrac{3600\,s}{1\,\text{hr}} = 32\,\text{s}$

7 20km/h의 속력으로 달리고 있는 차에 3(km/h)/s의 가속도를 더 주었다. 이 차가 45km/h의 속력이 될 때까지 차가 이동한 거리는 얼마나 되겠는가?

■■ **풀이**

$s = \dfrac{v^2 - v_0^2}{2a} = \dfrac{(45^2 - 20^2)}{2(10800)} = 0.075\,\text{km}$

8 64m 높이 되는 낭떠러지에서 돌을 떨어뜨렸다.

(a) 몇 초 후에 땅에 떨어지겠는가?

(b) 땅에 닿는 순간의 속도는 얼마인가?

■■ **풀이**

(a) $t = \sqrt{\dfrac{2h}{g}} = \sqrt{\dfrac{2\times 64}{9.8}} = 3.6\,\text{s}$

(b) $v = gt = 9.8\times 3.6 = 35\,\text{m/s}$

9 어느 소녀가 60m 되는 건물 꼭대기에서 공을 20m/s의 속도로 곧장 위로 던졌다.

(a) 몇 초 후에 땅에 떨어지겠는가?

(b) 이 공이 땅에 닿을 때의 속력을 구하라.

■■ **풀이**

(a) $y = v_0 t + \dfrac{1}{2}gt^2 - 60\,\text{m} = -20\,\text{m/s}\times t - \dfrac{1}{2}\times 9.8\,\text{m/s}^2\times t^2$

$4.9t^2 - 20t - 60 = 0$

$t = \dfrac{-b\pm\sqrt{b^2-4ac}}{2a} = \dfrac{20\pm\sqrt{20^2+4\times(4.9)\times 60}}{2\times 4.9} = 6.1\,\text{s}$

$\therefore\ t = 6.1\,\text{s}$

(b) $v^2 - v_0^2 = -2\,gh$

$v^2 = (20\,\text{m/s})^2 + 2\times(9.8\,\text{m/s}^2)\times 60\,\text{m} = 1576\,\text{m}^2/\text{s}^2$

$\therefore\ v = 39.7\,\text{m/s}$

10 어느 물체가 정지상태에서 자유낙하하고 있다. n초 후 1초 사이의 낙하 거리를 구하라.

■■ 풀이

$h=\frac{1}{2}gt^2$ $\qquad h_1=\frac{1}{2}g$

$h_n=\frac{1}{2}gn^2$ $\qquad \therefore h_1-h_n=\frac{1}{2}g(n^2-1)$

11 등산을 가서 협곡을 만났는데 그 깊이가 궁금해졌다. 철수가 돌멩이를 주워서 계곡 속으로 던져 넣고 시간을 재어 보았더니 4초 후에 돌이 떨어지는 소리를 들었다. 계곡의 깊이는 얼마일까?

■■ 풀이

$y=v_0t+\frac{1}{2}gt^2$에서 $v_o=0$ 이므로, 4초 후에는

$y=\frac{1}{2}gt^2=\frac{1}{2}\times 9.8\times 4^2=78.4\text{m}$

12 동쪽으로 40m, 북쪽으로 20m, 서쪽으로 70m, 그리고 남쪽으로 20m 걸어간 사람의 시작점에 대한 변위는 얼마인가?

■■ 풀이

변위는 경로에 무관하게 최단거리이므로 실제 변위는 서쪽으로 30m이다.

13 (a) x축과 θ의 각을 이루는 Vector V를 x 및 y 성분인 V_x, V_y로 분해하여 Vector V의 크기와 방향을 V_x와 V_y의 관계식으로 나타내고, (b) x축과 θ_1, θ_2의 각을 이루는 두 Vector V_1과 V_2에 대해서도 각각 x 및 y 성분 V_{1x}, V_{1y}, V_{2x}, V_{2y} 등으로 분해하고, (c) 이들의 합성 Vector $V=V_1+V_2$의 크기와 방향을 나타내는 식을 표기하라.

■■ 풀이

(a) $V_x=V\cos\theta$, $V_y=V\sin\theta$, $V=\sqrt{(V_x^2+V_y^2)}$, $\theta=\tan^{-1}(V_y/V_x)$

(b) $V_{1x}=V_1\cos\theta_1$, $V_{1y}=V_1\sin\theta_1$, $V_{2x}=V_2\cos\theta_2$, $V_{2y}=V_2\sin\theta_2$

(c) $V_x=V_{1x}+V_{2x}$, $V_y=V_{1y}+V_{2y}$, $V=\sqrt{(V_x^2+V_y^2)}$, $\theta=\tan^{-1}(V_y/V_x)$

14 두 벡터가 A=(3, 4, −5) 및 B=(−1, 2, 6)일 때 (a) 두 벡터의 크기, (b) A · B, (c) A×B 및 (d) 두 벡터의 사잇각을 구하라.

■■ **풀이**

(a) $\vec{A}=3\hat{i}+4\hat{j}-5\hat{k},\ \vec{B}=-\hat{i}+2\hat{j}+6\hat{k}$

$|\vec{A}|=\sqrt{(3)^2+(4)^2+(-5)^2}\simeq 7.07,\quad |\vec{B}|=\sqrt{(-1)^2+(2)^2+(6)^2}\simeq 6.40$

(b) $\vec{A}\cdot\vec{B}=(A_x\hat{i}+A_y\hat{j}+A_z\hat{k})\cdot(B_x\hat{i}+B_y\hat{j}+B_z\hat{k})$

$=A_xB_x+A_yB_y+A_zB_z$

$=(3\hat{i}+4\hat{j}-5\hat{k})\cdot(-1\hat{i}+2\hat{j}+6\hat{k})$

$=-3+8-30=-25$

(c) $\vec{A}\times\vec{B}=(A_x\hat{i}+A_y\hat{j}+A_z\hat{k})\times(B_x\hat{i}+B_y\hat{j}+B_z\hat{k})$

$=(A_yB_z-A_zB_y)\hat{i}+(A_zB_x-A_xB_z)\hat{j}+(A_xB_y-A_yB_x)\hat{k}$

$=(3\hat{i}+4j-5\hat{k})\times(-1\hat{i}+2\hat{j}+6\hat{k})$

$=34\hat{i}-13\hat{j}+10\hat{k}$

(d) $\vec{A}\cdot\vec{B}=|\vec{A}||\vec{B}|\cos\theta$ 에서,

$$\theta=\cos^{-1}\left(\frac{\vec{A}\cdot\vec{B}}{|\vec{A}||\vec{B}|}\right)=\frac{-25}{(7.07\times 6.40)}\simeq 123.5^\circ$$

15 모든 벡터 A, B에 대하여 A · (B×A)=0임을 보여라.

■■ **풀이**

$\vec{A}\cdot(\vec{B}\times\vec{A})=(A_x\hat{i}+A_y\hat{j}+A_z\hat{k})\cdot((B_x\hat{i}+B_y\hat{j}+B_z\hat{k})\times(A_x\hat{i}+A_y\hat{j}+A_z\hat{k}))$

$=(A_x\hat{i}+A_y\hat{j}+A_z\hat{k})\cdot((B_yA_z-B_zA_y)\hat{i}+(B_zA_x-B_xA_z)\hat{j}+(B_xA_y-B_yA_x)\hat{k}$

$=A_xB_yA_z-A_xB_yA_y+A_yB_xA_x-A_yB_xA_z-A_zB_xA_y-A_zB_yA_x$

$=0$

02 2차원 및 3차원 운동

1 그림 2.14에서와 같이 태양이 바로 머리 위에 있을 때 높이 떠 있던 송골매가 먹이를 보고 수평선에 대하여 60° 아래 방향으로 10m/s의 속력으로 내려간다. 지상에서 송골매의 그림자 속력을 구하라.

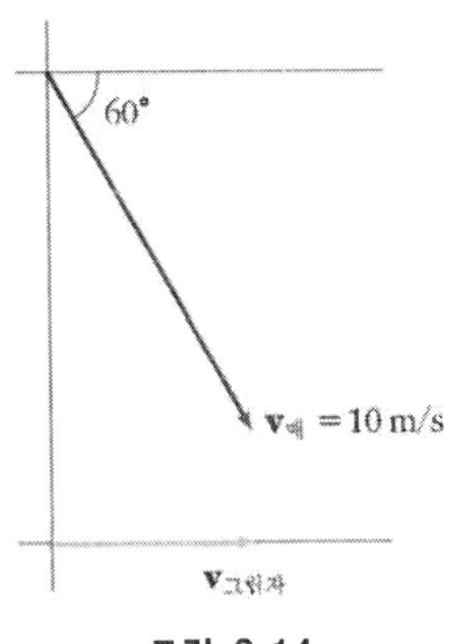

그림 2.14

■■ 풀이

그림에서

$$v_{그림자} = v_{매}\sin 30°$$
$$= (10\ \text{m/s})(0.5)$$
$$= 5\ \text{m/s}$$

2 경보선수가 남쪽으로 3m/s로 1분간 걷다가, 동쪽으로 방향을 바꾸어 4m/s로 1분간 걸었다.

(a) 경보선수의 알짜 변위는 얼마인가?
(b) 경보선수의 평균 속력은 얼마인가?
(c) 경보선수의 평균 속도는 얼마인가?

■■ 풀이

(a) 변위는 $\mathbf{r} = x\mathbf{i} + y\mathbf{j}$ 이므로

$x = (4\ \text{m/s})(60\ \text{s}) = 240\ \text{m}$

$y = (-3\ \text{m/s})(60\ \text{s}) = -180\ \text{m}$

따라서

$\boldsymbol{r} = 240(\text{m})\ \mathbf{i} - 180(\text{m})\ \mathbf{j}$

또는

$r = \sqrt{(240\ \text{m})^2 + (-180\ \text{m})^2} = 300\ \text{m}$

$\tan\theta = -180/240 = -0.75,\ \theta = -36.9°$(동남쪽)

(b) 평균속력 $v_{평균}$ = 움직인 거리/걸린 시간 이므로

$v_{평균} = (240\ \text{m} + 180\ \text{m})/(120\ \text{s}) = 3.5\ \text{m/s}$

(c) 평균속도는

$v_{평균} = \sqrt{(4\ \text{m/s})^2 + (-3\ \text{m/s})^2} = 5\ \text{m/s}$

$\tan\theta = -3/4 = -0.75,\ \theta = -36.9°$ (동남쪽)

3 수영선수가 50.0m 길이의 수영장을 20.0s만에 헤엄쳐 갔다가 처음 위치로 22.0s만에 되돌아 왔다. 다음 각 경우에 대한 평균 속도를 구하라.

(a) 처음 구간

(b) 두 번째 구간

(c) 왕복 구간

■■ **풀이**

평균속도는 변위를 이동한 시간으로 나눈 값이므로 출발할 때의 방향을 양(+)으로 하면,

(a) $\overrightarrow{v_{av}} = \frac{\vec{x}}{t} = +\frac{50}{20} = +2.5\text{m/s}$

(b) $\overrightarrow{v_{av}} = \frac{\vec{x}}{t} = -\frac{50}{22} = -\frac{25}{11}\text{m/s}$

(c) 왕복하면 제 자리로 다시 돌아오기 때문에 전체 변위가 0이 되어, 평균속도도 0이 된다.

4 자동차의 속력이 5.6m/s인 상태에서 가속되어 4.0s후 그 차의 속도는 +8.0 m/s였다. 이 차의 4.0s동안의 평균 가속도를 구하라.

■■ **풀이**

$v = v_0 + at$에서 $8.0 = v_0 + 0.60 \times 4.0$ 이므로

$v_0 = 5.6\text{m/s}$

평균가속도는 $\frac{\Delta v}{\Delta t}$이므로 $\frac{8-5.6}{4} = 0.6\text{m/s}^2$

5 스키선수가 100m 길이의 경사면을 따라 바닥에 내려왔을 때 속도가 20m/s였다. 이 경사면의 기울기를 구하라.

■■ **풀이**

$v = v_o - gt$, $y = v_o t - \frac{1}{2}gt^2$ 에서 $v_o = 0$ 이므로

$y = 100\sin\theta = \frac{1}{2}gt^2 = \frac{1}{2}g(\frac{v}{g})^2 = \frac{v^2}{2g} = \frac{400}{2\times 9.8} = 20.41$

에서

$\theta = 11.78°$

6 입자의 속도 함수가 $v = kt^2$ m/s로 주어진다. 여기서 k는 상수이다. $t = 0$일 때의 초기 위치는 $x_0 = -9.0\text{m}$이다. $t_1 = 3.0$ s일 때 입자는 9.0 m에 위치한다. 이 조건들로부터 k의 값을 구하라. 적절한 k의 단위를 같이 표시하라.

■■ **풀이**

$a = 2kt$, $v_o = 0\text{m/s}$ 이므로 $x = x_o + v_o t + \frac{1}{2}at^2$에서 $9 = -9 + 0 + \frac{1}{2} \times 2 \times k \times 3 \times 3^2$이므로 $k = \frac{2}{3}$이며 단위는 m/s^3 이다.

7 어떤 물체의 처음 속도가 x축 방향으로 3.0 m/s이다. 물체의 가속도가 x축 방향으로 $a_x = -1.0\text{m/s}^2$, y축 방향으로 $a_y = -0.5\text{m/s}^2$일 때,

(a) 속도벡터를 시간의 함수로 나타내어라.

(b) 3 초 후의 속도를 구하라.

(c) 3 초 후의 위치를 구하라.

■■ 풀이

(a) 속도는 $v = v_o + at$이고,

$v_x = v_{ox} + a_x t = 3.0 - 1.0t$

$v_y = v_{oy} + a_y t = -0.5t$

따라서, 속도벡터는

$\boldsymbol{v} = v_x \boldsymbol{i} - v_y \boldsymbol{j} = [(3.0 - 1.0t)\boldsymbol{i} - 0.5t\boldsymbol{j}]\text{m/s}$

(b) (a)의 결과에 $t = 3s$ 를 대입하면,

$\boldsymbol{v} = [(3.0 - 1.0 \times 3)\text{i} - (0.5 \times 3)\text{j}]\text{m/s} = -1.5(\text{m/s})\text{j}$

(c) $x = v_{ox}t + (1/2)a_x t^2 = (3.0)(3.0) - (1/2)(1.0)(3.0)^2 = 4.5\text{m}$

$y = v_{oy}t + (1/2)a_y t^2 = -(1/2)(0.5)(3.0)^2 = -2.25\text{m}$

8 그림 2.15는 $t = 0$일 때 정지상태에서 출발한 입자의 가속도 그래프이다. 시간이 $t = 0\text{s}$, 2s, 4s, 6s 그리고 8s일 때의 속도를 구하라.

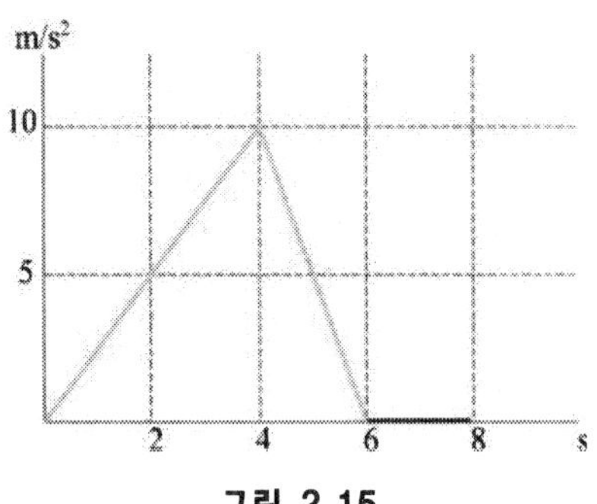

그림 2.15

■■ 풀이

시간 - 가속도 그래프에서 속도는 함수 아래의 면적과 같다. 따라서,

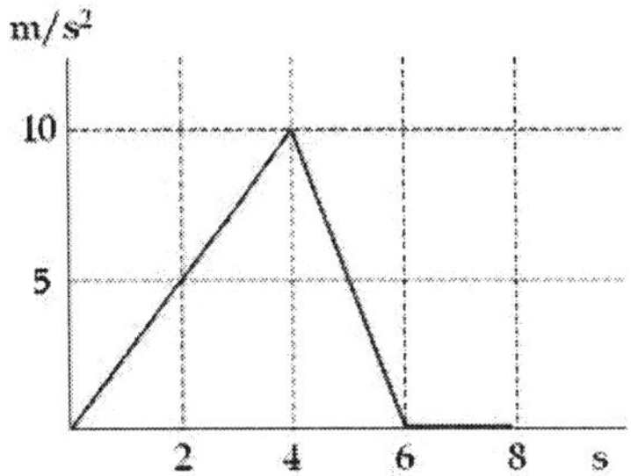

시간	속도
0s	0
2s	5
4s	20
6s	30
8s	30

9 입자의 시간에 따른 위치가

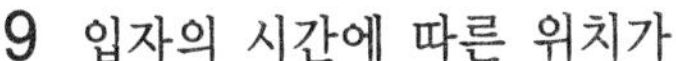

$x = (2t^3 - 9t^2 + 12)$m 로 주어진다.

a) $v = 0$m/s가 되는 시간은 언제인가?

b) $v = 0$가 되는 시각일 때 입자의 위치와 가속도를 구하라.

■■ 풀이

(a) $v = \frac{dx}{dt}$ 이므로 $v = (6t^2 - 18t)$m/s이다.

따라서 $v = 0$일 때 $6t^2 - 18t = 0$이므로 $t = 0.3$s에서 $v = 0$가 된다.

(b) $t = 0$에서 $x = 12$m

$t = 3$s에서 $x = (2 \times 3^3 - 9 \times 3^2 + 12) = -15$m

가속도 $a = \frac{dv}{dt} = 12t - 18$이므로

$t = 0$에서 $a = -18$m/s^2

$t = 3$s에서 $a = 18$m/s^{2}가 된다.

10 화산이 폭발하면서 사방으로 바위를 쏘아 올린다. 바위의 속력이 700m/s라고 할 때, 바위의 (a) 최대 높이와 (b) 최대 수평거리를 구하라. 단, 공기의 저항은 무시한다.

■■ 풀이

(a) 최대 높이는 $\theta = 90°$일 때 일어나므로

z최고점 $= v_o^2 \sin^2\theta / 2g = (700\ \text{m/s})^2 (1.0)^2 / 2(9.80\ \text{m/s}^2)$

$= 25000\ \text{m} = 2.5 \times 10^4\ \text{m}$

(b) 최대 수평거리는 $\theta = 45°$일 때 일어나므로

x 수평거리 $= v_o^2 \sin 2\theta / g = v_o^2 \sin 90.0° / g$

$= (700\ \text{m/s})^2 (1.0) / 9.80\ \text{m/s}^2$

$= 50000\ \text{m} = 5.0 \times 10^4\ \text{m}$

11 건물 옥상 끝에서 수평방향으로 6m/s의 속력으로 돌멩이를 던졌더니 벽으로부터 10m 되는 곳에 떨어졌다. 건물 옥상의 높이는 얼마인가?

■■ 풀이

$v_x = v_{ox} = 6.0$ m/s로 일정하고 $ax = 0$이므로, $x = v_{ox} t + (1/2) a_x t^2$에서 돌멩이가 땅에 떨어지는데 걸리는 시간은

$10\ \text{m} = 6.0(\text{m/s})\text{t}$

$t = 5/3$ s

이다. y 방향 운동은 가속도 운동이다. $v_{oy} = 0$이고 $a_y = 9.8$ m/s^{2}이므로,

$y = v_{oy} t + (1/2) a_y t^2 = (1/2)(9.8)(5/3)2 = 13.6$ m

12 동생이 4.00m 높이의 창문 위에 서 있는 형에게 공을 던졌다. 형이 1.50s 후 공을 잡았다.
(a) 공의 초속도를 구하라.
(b) 형이 공을 잡는 순간 공의 속도는 얼마인가?

■■ 풀이

(a) $y = v_{oy}t - \frac{1}{2}gt^2$ 이므로 $v_{0y} = 10.02\text{m/s}$

(b) $v_y = v_{0y} - gt$ 에서 $v_y = 10.02 - 9.8 \times 1.5 = -4.68\text{m/s}$

13 한 궁사가 지면에서 30° 각도로 활을 쏘았다. 화살의 초기속도를 60m/s라 하고 공기 혹은 바람의 영향을 무시할 경우 (a) 수직 수평 방향의 초기 속도와 (b) 공중에 머무는 시간 및 (c) 화살이 도달할 수 있는 거리를 계산하여라.

■■ 풀이

(a) 수직 방향의 속도 $v_{y0} = vsin30 = 60 \times (1/2) = 30\text{m/s}$,
수평 방향의 속도 $v_{x0} = vitcos30 = 60 \times (0.5 \times \sqrt{3}) = 52\text{m/s}$,

(b) 공중에 머무는 시간 $v_y - v_{y0} = -9.8t$, $v_y = -v_{y0}$, $t = (2 \times 30)/9.8 = 6.12\text{sec}$

(c) 수평 도달 거리 $s = v_x t = 52 \times 6.12 = 318\text{m}$, 혹은 $s = v^2 sin(2 \times 30)/9.8 = 318\text{m}$.

14 한 궁사가 지면에서 60° 각도로 활을 쏘았다. 화살의 초기속도를 60m/s라 하고 공기 혹은 바람의 영향을 무시할 경우 (a) 수직 수평 방향의 초기 속도와 (b) 공중에 머무는 시간 및 (c) 화살이 도달할 수 있는 거리를 계산하여라.

■■ 풀이

(a) 수직 방향의 초기 속도 $v_{y0} = vsin60 = 60 \times (\sqrt{3}/2) = 60 \times 0.866 = 52\text{m/s}$,
수평 방향의 초기 속도 $v_{x0} = vcos60 = 60 \times (1/2) = 30\text{m/s}$

(b) 공중에 머무는 시간 $v_y - v_{y0} = -9.8t$, $v_y = -v_{y0}$, $t = (2 \times 52)/9.8 = 10.6sec$

(c) 수평 도달 거리 $s = v_x t = 30 \times 10.6 = 318\text{m}$, 혹은 $s = v^2 sin(2 \times 60)/9.8 = 318\text{m}$

15 한 궁사가 지면에서 45° 각도로 활을 쏘았다. 화살의 초기속도를 60m/s라 하고 공기 혹은 바람의 영향을 무시할 경우 (a) 수직 수평 방향의 초기 속도와 (b) 공중에 머무는 시간 및 (c) 화살이 도달할 수 있는 거리를 계산하여라.

■■ 풀이

(a) 수직 방향의 초기 속도 $v_{y0} = vsin45 = 60 \times (1/\sqrt{2}) = 60 \times 0.707 = 42.4\text{m/s}$
수평 방향의 초기 속도 $v_{x0} = vcos45 = 60 \times (1/\sqrt{2}) = 42.4\text{m/s}$

(b) 공중에 머무는 시간 $v_y - v_{y0} = -9.8t$, $v_y = -v_{y0}$, $t = (2 \times 42.4)/9.8 = 8.65\text{sec}$

(c) 수평 도달 거리 $s = v_x t = 42.4 \times 8.65 = 366.8\text{m}$, 혹은 $s = v^2 sin(2 \times 45)/9.8 = 367\text{m}$.

16 수평에서 30도 위로 포탄을 발사했다. 포탄의 초기 속도는 100m/s이지만, 각도를 이루며 발사하였기 때문에 속도의 수직성분은 50.0m/s, 수평성분은 86.6m/s이다.

(a) 포탄이 공기 중에 머무는 시간은?

(b) 포탄의 수평거리는 얼마인가?

(c) 다음의 조건으로 위의 계산을 반복하라. 포탄이 수평에서 60도로 발사되어서, 속도의 수직성분은 86.6m/s이고, 수평성분은 50m/s이다. 앞의 결과와 비교해서 이동거리는 어떻게 되는가?

■■ 풀이

(a) 수직성분만을 가지고 계산한다. 최고점에 도달하는 시간 : $0=50/(s-9.8t)$, $t=5.1\text{s}$
공중에 머무르는 시간은 2배이므로 10.2s이다.

(b) 이 시간 동안 간 거리: $86.6\times10.2=883.32\text{m}$

(c) a: $0=86.6-9.8t$, $t=8.84\text{s}$ 공중에 있는 시간 17.67s
b: $50\times17.67=883.7\text{m}$
두 결과는 비슷하다.

17 그림 2.16과 같이 50° 각도로 쏘아 올린 포사체가 표적에 명중하였다. 포사체의 처음속력을 구하라.

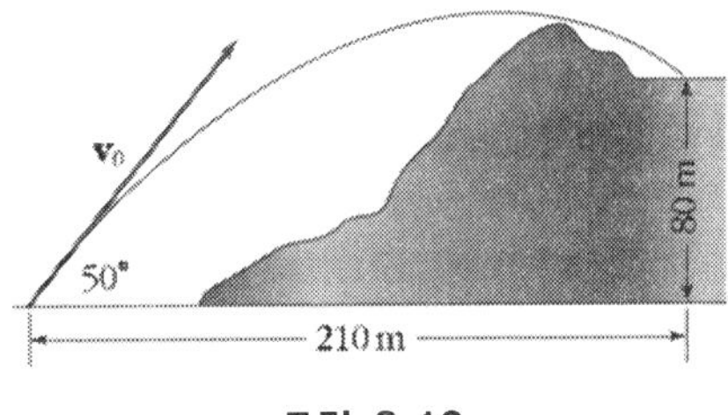

그림 2.16

■■ 풀이

그림에서 포물체가 수평방향으로 210m 날아가는데 걸리는 시간은, $v_x=v_{ox}=v_o\cos 50°$m/s로 일정하고 $ax=0$이므로, $x=v_{ox}t+(1/2)a_xt^2$ 에서

$$210\text{ m}=v_o\cos 50°\ (\text{m}/s)t$$

$$t=210/(v_o\cos 50°)\text{s}$$

이다. y 방향 운동은 가속도 운동이다. $v_{oy}=v_o\sin 50°$이고 $a_y=-9.8\ m/s^2$이므로, $y=v_{oy}t+(1/2)a_yt^2$에서

$$\begin{aligned}80\text{ m}&=(v_o\sin 50°)[210\text{ m}/(v_o\cos 50°)]+(1/2)(-9.8\text{ m/s}^2)[210\text{ m}/(v_o\cos 50°)]^2\\&=(210\times\tan 50°)-(1/2)(9.8)(210)^2/v_o^2(\cos 50°)^2\end{aligned}$$

이다. 그러므로

$$v_o=55.4\text{ m/s}$$

18 테니스 선수가 네트에서 12.6m 떨어진 곳에서 수평면과 3.00°의 각도로 공을 쳐서 0.33m 높이의 네트를 넘기고자 한다. 네트 위치가 공의 궤적 최고점 높이라 한다면 공의 수평 비행거리는 얼마일까?

■■ 풀이

수평 비행거리는 네트와 선수 사이의 거리 2배 즉, 25.2m가 될 것이다.

19 포사체의 수평 도달거리는 $R = v_0^2 \sin 2\theta / g$ 이다. 발사 각도가 얼마이면 수평 도달거리가 반으로 줄어들까?

■■ 풀이

$\sin 2\theta = \frac{1}{2}$ 일 때 수평 도달거리는 반으로 줄어든다. 따라서 $2\theta = 30^o$, $\theta = 15^o$ 에서 수평 도달거리가 반이 된다.

20 헬리콥터가 이륙하기 위하여 날개를 300rpm으로 회전시키고 있다. 날개의 길이가 4m이면 날개 끝의 속력은 얼마인가?

■■ 풀이

헬리콥터 날개가 1분에 300회전하므로 1회전하는데 걸리는 시간 즉, 주기 T는

$$T = (1/300\text{ min})/(60\ s/1\text{ min}) = 0.2\text{ s}$$

이다. 따라서 날개 끝의 속력은

$$v = 2\pi r / T = 2\pi(4\text{ m})/0.2\text{ s} = 126\text{ m/s}$$

21 자동차가 반지름이 80m인 커브 길을 10m/s의 속력으로 달리고 있다.

(a) 자동차의 가속도를 구하라.

(b) 자동차가 일정하게 감속하여 6s만에 정지하였다. 이 시간 동안의 접선가속도를 구하라.

■■ 풀이

(a) 자동차가 일정한 속력으로 달리므로 구심가속도 $a = \frac{v^2}{r}$ 만 갖는다. 따라서

$$a = v^2/r = (10\text{ m/s})^2/80\text{ m} = 1.25\text{ m/s}^2 \text{ (중심방향)}$$

(b) 방향은 연속적으로 변하지만 속력의 변화는 등가속도 운동에 해당된다. $v = v_o + at$ 에서 $v = 0$, $v_o = 10\text{ m/s}$, $t = 6\text{ s}$이므로

$$a = (v - v_o)/t = (0 - 10)/6 = -1.67\text{ m/s}^2$$

22 자동차가 빗속을 25m/s로 달리고 있다. 빗방울이 수직으로 10m/s로 내린다면 자동차에 대한 빗방울의 속도는 얼마인가?

■■ 풀이

땅에 대한 자동차의 속력을 $v_{AE}= 25\ \mathrm{m/s}$, 땅에 대한 빗방울의 속력을 $v_{RE}= -10\ \mathrm{m/s}$, 자동차에 대한 빗방울의 속력을 v_{RA}라고 하면

$$\boldsymbol{v}_{RA}=\boldsymbol{v}_{RE}+\boldsymbol{v}_{EA}$$
$$=-10\ \mathrm{m/s}\boldsymbol{j}-25\ \mathrm{m/s}\boldsymbol{i}$$

이다. 따라서

$$v_{RA}=[(-10)^2+(-25)^2]^{1/2}=27\ \mathrm{m/s}$$
$$\tan\theta=-25/-10=2.5,\ \theta=68^\circ\ (\text{수직선에 대하여})$$

23 폭이 30m 되는 강을 건너가기 위하여 배가 1.2m/s의 속도로 목표방향인 정북으로 노를 저었다. 그런데 강물의 흐름은 1.5m/s의 속력으로 정 동쪽으로 흐르고 있다.

(a) 실제로 배가 나아가는 방향과 속도를 구하여라.

(b) 배가 건너편 언덕에 다다랐을 때 원래 목표지점에서 얼마나 떨어져 있을까?

■■ 풀이

(a) $v_x=1.5\mathrm{m/s}$, $v_y=1.2\mathrm{m/s}$, $v=\sqrt{1.5^2+1.2^2}=1.92\mathrm{m/s}$

$\theta=tan^{-1}(1.5/1.2)=51.3^o$. 북동쪽으로 51.3° 방향(강변으로부터 38.7° 방향).

(b) $30\times(1.5/1.2)=37.5\mathrm{m}$ 동쪽

24 폭이 30m 되는 강을 건너가기 위하여 배가 1.2m/s의 속도로 목표방향인 정북으로 노를 저었다. 그런데 강물의 흐름은 0.8m/s의 속력으로 정 동쪽으로 흐르고 있다.

(a) 실제로 배가 나아가는 방향과 속도를 구하여라.

(b) 배가 건너편 언덕에 다다랐을 때 원래 목표지점에서 얼마나 떨어져 있을까?

■■ 풀이

(a) $v_x=0.8\mathrm{m/s}$, $v_y=1.2\mathrm{m/s}$, $v=\sqrt{0.8^2+1.2^2}=1.44\mathrm{m/s}$

$\theta=tan^{-1}(1.2/0.8)=55.3^o$. 강변으로부터 55.3° 방향, 혹은 북동쪽으로 33.7° 방향.

(b) $30\times(0.8/1.2)=20\mathrm{m}$ 동쪽

25 폭이 70m 되는 강의 맞은 편 포구에 도착하고자 한다. 강물은 서에서 동으로 12m/min의 속도로 흐르고 배는 24m/min 의 속도를 낼 수 있다고 한다.

(a) 배가 건너편에 가장 빨리 도달할 수 있는 시간은 얼마인가?

(b) 이 경우 실제로 배가 나가야 할 방향을 나타내어라.

■■ 풀이

(a) $v_b = 0.4\mathrm{m/s}$, $v_w = 0.2\mathrm{m/s}$, $v = \sqrt{0.4^2 - 0.2^2} = 0.346\mathrm{m/s}$

$t = 70/0.346 = 202s = 3.37\mathrm{min}$

(b) $\theta = \sin^{-1}(1/2) = 30^o$. 북서쪽으로 30°방향(강변으로부터60°방향).

26 어떤 사람이 길이가 18m인 정지상태의 에스컬레이터를 걸어 올라가는 데 60초가 걸렸고, 움직이는 에스컬레이터에 가만히 서서 올라가는 데는 45초가 걸렸다. 이 사람이 움직이는 에스컬레이터를 걸어 올라가는 데 걸리는 시간은 얼마인가?

■■ 풀이

시작점을 원점으로 잡으면 원점에 대하여 정지하고 있는 에스컬레이터를 걸어 올라가는 사람의 속력은

$v_{MO} = 18/60 = 0.30\ \mathrm{m/s}$

이고, 원점에 대하여 움직이고 있는 에스컬레이터 위에 서있는 사람의 속력은

$v_{EO} = 18/45 = 0.40\ \mathrm{m/s}$

이다. 따라서 원점에 대하여 움직이고 있는 에스컬레이터 위에서 걸어 올라가는 사람의 속력은

$v_{MO} = 0.30 + 0.40 = 0.70\ \mathrm{m/s}$

이므로, 움직이고 있는 에스컬레이터 위에서 걸어 올라가는데 걸리는 시간은

$t =$ 길이/속력 $= 18/0.70 = 26\ \mathrm{s}$

27 바람이 북서 20° 방향 10m/s의 속도로 불고 있는 기상 조건 아래 비행기는 지면에서 보기에 정북 방향으로 45.0m/s의 속도로 비행하고 있다.

(a) 이 경우 작용하는 각각의 속도를 그림으로 나타내고 (b) 실제로 비행기가 기수를 잡고 있는 방향과 (c) 속도를 계산하여라.

■■ 풀이

(a)

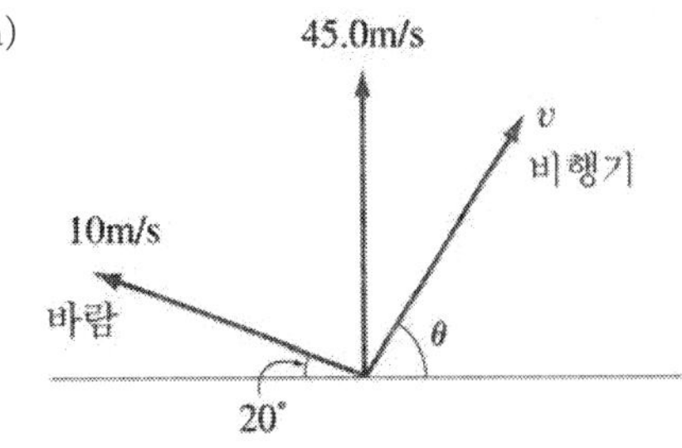

(b) $45.0 = 10\cos(20) + v\sin(\theta) = 9.4 + \sin(\theta)$, $v\sin(\theta) = 35.6\mathrm{m}$

$$\tan(\theta) = \frac{45 - 10\cos(20)}{10\sin(20)} = \frac{35.6}{3.42} = 10.41$$

$\theta = \tan^{-1}(10.41) = 84.5^o$ 동북쪽

(c) $v\sin(\theta) = 35.6\mathrm{m}$, $v = 35.6/\sin(\theta) = 35.8\mathrm{m}$

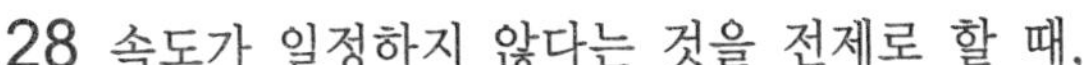

28 속도가 일정하지 않다는 것을 전제로 할 때,

(a) 속도(velocity)의 미분학적 표현 및 이로부터 물체의 이동거리(s)를 나타내는 식을 표시하라.

(b) 가속도(acceleration)의 개념을 미분식으로 표시하고 가속도가 일정할 경우 시간 t 동안의 속도의 변화를 나타내는 식을 유도하여라.

■■ **풀이**

(a) $v=ds/dt$, $s=\int vdt$

(b) $a=dv/dt$, $v=v_0+at$.

29 속도가 일정하지 않다는 것을 전제로 할 때,

(a) 가속도(a)를 미분학적으로 표현하고,

(b) 가속도가 일정할 경우 시간 t 동안의 속도의 변화를 나타내는 식을 표시하라.

(c) 속도(v)의 개념을 미분식으로 나타내고,

(d) 이로 인한 변위(s)를 나타내는 식을 표시하라.

(e) 이들로부터 속도(v)와 거리(s)의 관계식을 유도하여 보아라.

■■ **풀이**

(a) $a=dv/dt$, (b) $v=v_0+at$ (c) $v=ds/dt$, (d) $s=\int vdt=v_o t+\frac{1}{2}at^2$, (e) $v^2-v_o^2=2as$

30 어떤 사람이 수직 상공으로 총을 쏘았는데 발사 당시 총알의 속도는 500m/s였다.

(a) 얼마 후 총알이 떨어질까?

(b) 총알은 얼마만큼의 높이까지 올라갔다 떨어지는 것일까? 단, 공기 중에서는 마찰이 없다고 가정한다.

■■ **풀이**

(a) $v=v_o-gt$, $v=-v_0$, $g=9.8\text{m/s}^2$, $t=2v_o/g=(2\times500)/9.8=102\text{sec}$

(b) $-v_0^2=-2gs$, $s=500^2/(2\times9.8)=12{,}755\text{m}$

31 자전거경주 선수가 골인 지점을 앞에 두고 마지막 힘을 쏟아 0.5m/s^2의 가속을 시작했다. 초기 속도는 11m/s였고 7초 동안 가속하여 마지막 속도로 계속해서 달렸다.

(a) 가속한 후 7초 후에 속도는 얼마인가?

(b) 가속을 하는 동안 달린 거리는 얼마나 될까?

(c) 가속을 시작할 때 골인 지점에서 200m 떨어져 있었다면 가속하지 않았을 때에 비해서 얼마의 시간을 단축했을까?

■ ■ **풀이**

(a) $v = v_0 + at = 11 + 0.5 \times 7 = 14.5\,m/s$

(b) $s = (v^2 - v_0^2)/(2a) = (14.5^2 - 11^2)/(0.5 \times 2) = 89.25\,m$

(c) 최후 200m를 가속하지 않았을 경우 걸릴 시간 : 200/11 = 18.18sec
200m를 가속한 후 마지막 속도로 달린 시간 : $t = 7 + (200 - 89.25)/14.5 = 14.63sec$
단축한 시간은 18.18 − 14.63 = 3.55sec

32 질량 1,500kg의 자동차가 72km/h의 속도로 달리고 있다가 앞의 물체를 보고 갑자기 Brake를 밟았다. Brake를 밟았을 때 자동차가 서기까지 걸린 시간이 2.9초였다면 이 자동차의 (a) 가속도(혹은 감속도)는 얼마가 되겠으며, (b) 제동거리는 얼마가 되겠는가?

■ ■ **풀이**

(a) $v = v_0 + at$, $v = 0$, $v_0 = -72\,km/h = 20m/s$, $a = 20/2.9 = 6.86\,m/s^2$

(b) $v^2 - v_0^2 = 2as$, $v_0 = -72\,km/h = 20m/s$, $v = 0$, $-20^2 = 2 \times (-6.86)\,s$
이므로 s = 29.15m

33 어떤 순간에 10kg의 돌이 공기저항력 30N을 받으면서 높은 벼랑에서 떨어지고 있다. 돌의 가속도의 크기와 방향은 어떻게 되는가?

■ ■ **풀이**

물체가 받는 힘 = $10kg \times 9.8m/s^2 - 30N = 98N - 30N = 68N$
가속도 $a = F/m = 68N/10kg = 6.8m/s^2$

03 운동의 법칙

1 그림 3.17에 나타낸 계들에 대하여 줄의 질량을 무시할 때 각각의 줄에 작용되는 장력을 구하라.

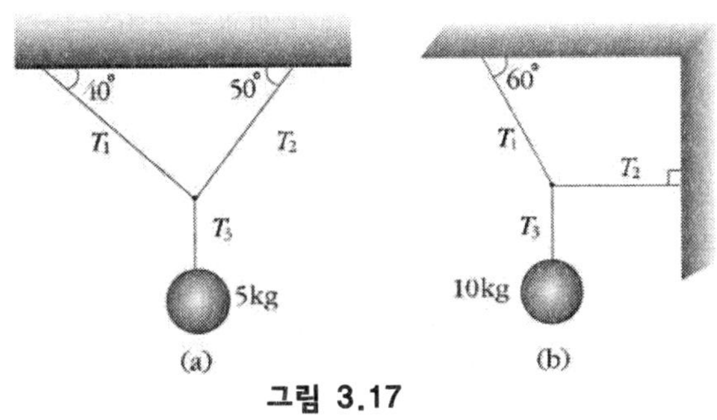

그림 3.17

■■ **풀이**

(a) $T_1 = 31.5\,N$, $T_2 = 37.5\,N$, $T_3 = 49.0\,N$

(b) $T_1 = 113\,N$, $T_2 = 56.6\,N$, $T_3 = 98.0\,N$

2 달에서의 중력가속도는 지구에서의 약 1/6이다. 지구에서 732N의 무게를 가진 우주비행사가 달의 표면에서 이동하고 있다. 달과 지구에서 측정한 우주비행사의 질량은 각각 얼마인가? 달에서 우주비행사의 무게는 얼마인가?

■■ **풀이**

질량은 변화가 없으므로 달과 지구에서 모두 74.7kg

무게는 지구에서의 1/6이 되기 때문에 122N

3 질량이 200kg인 요트에 바람이 북쪽으로 400N의 풍력을 작용하며, 바닷물은 요트에 동쪽으로 300N의 힘을 작용한다.

(a) 요트의 가속도는 얼마인가?

(b) 시간 $t = 0$일 때 요트가 정지상태로부터 출발하여 6.0초의 시간이 지나면 요트는 어느 위치를 얼마의 속력으로 움직이고 있겠는가?

■■ **풀이**

(a) $2.5\,m/s^2$

(b) 동북 53.1° 방향으로 45.0 m, 15.0m/s

4 질량이 3.0kg인 물체가 경사면에서 0.60초 동안에 정지상태로부터 88.2cm의 거리를 미끄러져 내려간다. 경사면을 따라 물체에 가해지는 알짜 힘은 얼마이며, 경사면의 경사각은 얼마인가?

■■ 풀이

14.7 N, 30.0°

5 그림 3.18에서와 같이 마찰이 없는 수평의 책상 위에서 질량 $m_1 = 4.00$kg의 물체가 도르래에 걸쳐진 줄에 연결되어 질량 $m_2 = 10.0$kg의 물체에 의해 끌리고 있다. 두 물체의 가속도와 줄의 장력을 구하라.

그림 3.18

■■ 풀이

7.00m/s^2, 28.0N

6 2,000kg의 차가 500kg의 트레일러를 2.40m/s^{2}의 가속도로 끌고 갈 때 트레일러에 작용되는 마찰력을 무시하면 (a) 차에 작용되는 알짜 힘, (b) 트레일러에 작용되는 알짜 힘, (c) 트레일러가 차에 작용하는 힘, (d) 차가 도로에 작용하는 힘을 구하라.

■■ 풀이

(a) 4,800N
(b) 1,200N
(c) 뒤쪽으로 1200N
(d) 수직 아래로부터 17.0°뒤쪽 방향으로 20.5×10^3N

7 그림 3.19에서와 같이 마찰이 없는 도르래에 걸쳐진 줄의 양끝에 두 물체가 연결되어 있다. 경사면은 마찰이 없고 $m_1 = 4.00\,\text{kg}$, $m_2 = 6.00\,\text{kg}$이며, $\theta = 60.0°$이다. (a) 물체들의 가속도, (b) 줄의 장력, (c) 정지상태로부터 출발하여 2.00초가 지날 때 물체들의 속력을 구하라.

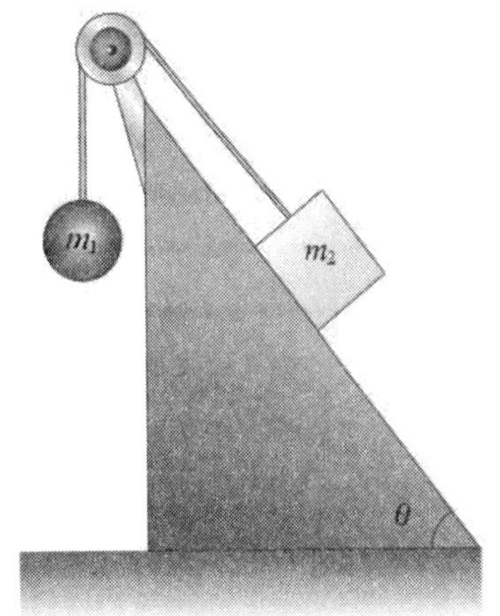

그림 3.19

■■ 풀이

(a) $1.17\,\text{m/s}^2$
(b) 43.9N
(c) 2.34 m/s

8 그림 3.20에서와 같이 마찰이 없는 수평의 책상 위에서 질량 m_1인 물체가 가벼운 도르래 P_1과 고정된 가벼운 도르래 P_2를 통하여 질량 m_2인 물체와 연결되어 있다. (a) m_1과 m_2의 가속도를 각각 a_1과 a_2라고 하면 이들 사이의 관계는 어떻게 되는가? m_1= 5.0kg이고 m_2= 8.0kg일 때, (b) 가속도 a_1과 a_2 및 (c) 줄들의 장력을 구하라.

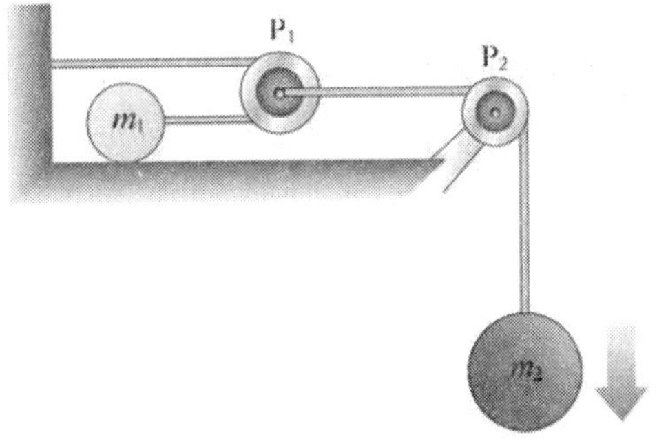

그림 3.20

■■ 풀이

(a) $a_1 = 2\,a_2$
(b) $a_1 = 5.6\,\text{m/s}^2$, $a_2 = 2.8\,\text{m/s}^2$
(c) $T_1 = 28\,\text{N}$, $T_2 = 56\,\text{N}$

9 그림 3.21에서와 같이 마찰이 없는 수평면 위에서 두 물체들이 서로 접촉되어 있다. 왼쪽으로부터 힘 F가 m_1의 물체에 작용될 때

(a) 물체들의 가속도와 접촉력을 F와 m_1 및 m_2의 함수로 구하라.

(b) F = 9.6N, m_1 = 3.0kg, m_2 = 9.0kg일 때 가속도와 접촉력을 구하라.

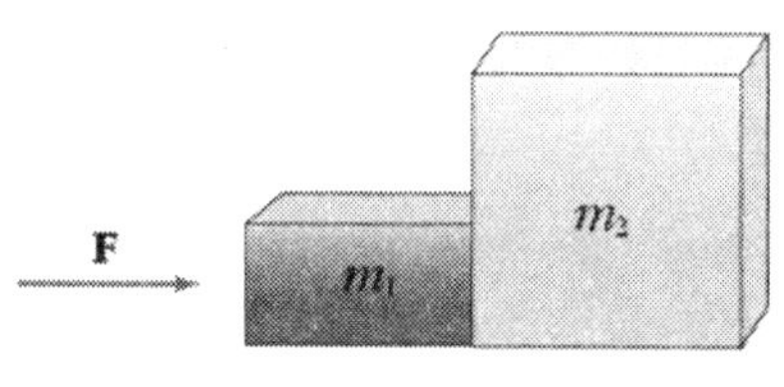

그림 3.21

■■ 풀이

(a) $a = F/(m_1 + m_2)$, $P = m_2 F/(m_1 + m_2)$

(b) 0.80 m/s^2, 7.2 N

10 그림 3.22에서와 같이 질량 2.0kg의 물체가 매달린 용수철저울이 엘리베이터 천장에 걸려 있다. 엘리베이터가 정지상태로부터 출발하여 처음 2.0초 동안 5.0m/s^{2}로 위로 가속되고, 다음 2.0초 동안 10.0m/s의 일정한 속도로 올라가며, 마지막 2.0초 동안 속력이 일정하게 감소하여 정지한다. 시간 간격 $0 < t < 6.0$ 초 동안 용수철저울의 눈금 변화를 N의 단위로 설명하라.

그림 3.22

■■ 풀이

$0 < t < 2.0$ 초 동안 29.6 N, $2.0 < t < 4.0$초 동안 19.6 N, $4.0 < t < 6.0$ 초 동안 9.6 N

11 두 힘이 동일한 크기 F를 가지고 있다. (a) 두 벡터합의 크기가 $\sqrt{2}F$일 때, (b) 합의 크기가 $2F$일 때, (c) 합의 크기가 영일 때, 각각 두 벡터 사이의 각도는 얼마인가?

■■ 풀이

(a) 0°
(b) 90°
(c) 180°

12 두 마리의 말이 기둥에 매어진 두 개의 줄을 수평으로 잡아당기고 있다. 두 줄 사이의 각은 60.0°이다. 말 A가 2,000N의 힘을 발휘하고, 말 B가 3,000N의 힘을 발휘할 때, 합력의 크기를 구하라. 말 A의 줄과 합력이 이루는 각을 구하라.

■■ 풀이

XY좌표계를 설정하여 계산

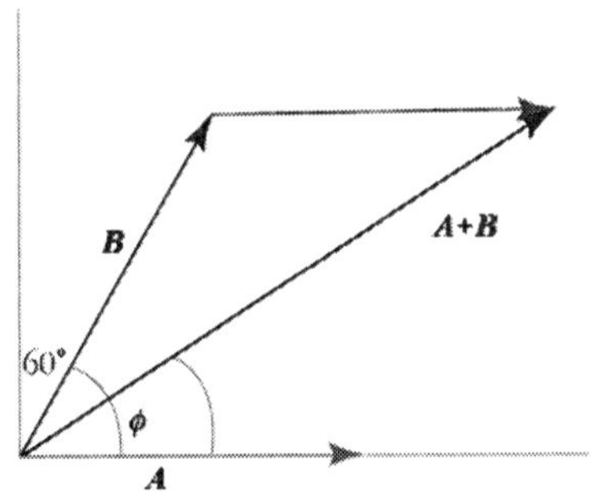

$\boldsymbol{A}$: $A_x = 2{,}000N,\ A_x = 0N$

$\boldsymbol{B}$: $B_x = 3{,}000N \times \cos 60^\circ = 1{,}500N,\ B_y = 3{,}000N \times \sin 60^\circ = 1{,}500\sqrt{3}\,N$

$|\boldsymbol{A}+\boldsymbol{B}| = \sqrt{(2{,}000+1{,}500)^2 + (1{,}500\sqrt{3})^2} = 4{,}359(N)$

$\sin\phi = \dfrac{B_y}{|\boldsymbol{A}+\boldsymbol{B}|} = \dfrac{1500\sqrt{3}}{4359} = 0.596$

$\therefore \phi = 36.6^\circ$

13 질량 1kg의 물체의 시간에 따른 x축 위치가 $x(t) = At - Bt^3$로 주어진다. 시간의 함수로서 물체에 가해진 알짜힘을 계산하라.

■■ 풀이

$x(t) = At - Bt^3$

$v(t) = \dfrac{dx}{dt} = A - 3Bt^2$

$a(t) = \dfrac{dv}{dt} = -6Bt$

$\therefore\ F(t) = ma(t) = -m6Bt$

14 밧줄에 묶여 천장에 매달린 도르래에 질량이 2kg인 두 물체가 마찰을 무시할 수 있는 가벼운 줄로 연결되어 있다.

(a) 가벼운 줄의 장력은 얼마인가?

(b) 밧줄의 장력은 얼마인가?

■■ **풀이**

(a) 19.6N

(b) 39.2N

15 그림 3.23에서와 같이 각각의 무게가 w, $2w$인 두 벽돌이 마찰이 없는 경사면에서 서로 연결되어 있다. w와 경사각 α로 다음의 장력을 계산하라.

(a) 두 벽돌을 연결한 줄의 장력,

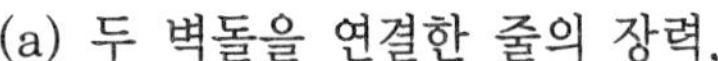

(b) 벽돌 $2w$와 벽을 연결한 줄의 장력.

그림 3.23

(c) 경사면이 각각의 벽돌에 미치는 힘의 크기를 계산하라.

(d) $\alpha = 0$와 $\alpha = 90°$인 경우에 대하여 여러분의 답을 해석하라.

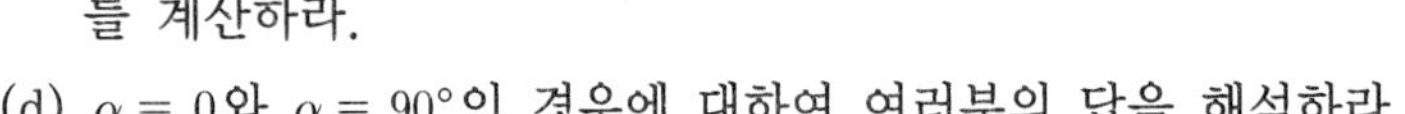

■■ **풀이**

(a) $w\sin\alpha$

(b) $3w\sin\alpha$

(c) $w\cos\alpha$, $2w\cos\alpha$

(d) for $\alpha=0°$, $T_1=0$, $T_2=0$, $N_1=w$, $N_2=2w$

for $\alpha=90°$, $T_1=w$, $T_2=3w$, $N_1=0$, $N_2=0$

16 질량을 무시할 수 있고 마찰이 없는 도르래를 지나는 줄의 양쪽 끝에 질량이 각각 15.0kg, 28.0kg인 두 물체가 달려 있다. 이 계가 정지상태로부터 움직이기 시작하였다.

(a) 각 벽돌의 가속도는 얼마인가?

(b) 움직이는 동안 줄의 장력은 얼마인가?

■■ **풀이**

(a) 가속도 : $a=\dfrac{m_2-m_1}{m_1+m_2}g$

(b) 장력 : $T=\dfrac{2m_2m_1}{m_1+m_2}g$

17 마찰이 없는 수평면 위에 정지해 있는 질량 4.00kg의 벽돌에 가벼운 줄이 부착되어 있다. 줄의 다른 쪽 끝은 마찰과 질량이 없고 수평면 끝에 위치한 도르래를 지나, 질량 8kg인 벽돌을 수직으로 매달고 있다.

(a) 벽돌들의 가속도는 얼마인가?

(b) 줄의 장력은 얼마인가?

■■ 풀이

$m_1 = 4\text{kg}$에 작용하는 힘 : $m_1 a = T$ (T : 장력)

$m_2 = 8\text{kg}$에 작용하는 힘 : $m_2 a = m_2 g - T$ ($m_2 g$: 중력)

$a = \frac{2}{3} g$ (m/s^2), $T = \frac{8}{3} g$ (N)

18 질량이 각각 4.00kg, 6.00kg인 두 물체가 가벼운 줄에 연결되어, 마찰이 없는 얼음판에 놓여 있다. 6.00kg인 물체의 한쪽 끝을 2.50m/s^{2}의 가속도로 움직이도록 힘 F로 수평으로 잡아당기고 있다.

(a) 힘 F의 크기는 얼마인가?

(b) 두 상자를 연결한 줄의 장력 T는 얼마인가?

■■ 풀이

$m_1 = 4\text{kg}$에 작용하는 힘 : $m_1 a = T$ (T : 장력)

$m_2 = 8\text{kg}$에 작용하는 힘 : $m_2 a = F_a - T$ (F_a : 외력)

$T = 4 \times 2.5 = 10$ (N), $F_a = 6 \times 2.5 + T = 25$ (N)

19 60kg의 사람이 승강기 안에 있는 저울 위에 올라가 있다. 승강기가 움직이기 시작할 때, 저울의 눈금은 50kg을 가리킨다.

(a) 승강기의 가속도(크기와 방향)를 구하라.

(b) 저울의 눈금이 70N을 가리킬 때의 가속도는 얼마인가?

■■ 풀이

가속도 ($\boldsymbol{a}_f$) 방향을 올라가는 방향 ($\hat{z}$)으로 잡으면 승강기 안에 있는 사람이 느끼는 가상력은 $\boldsymbol{F}_f = -m\boldsymbol{a}_f = -m a_f \hat{z}$ 이다.

$\therefore \boldsymbol{F}_{\neq t} = m\boldsymbol{a} = \boldsymbol{F}_g + \boldsymbol{F}_f = -m(g + a_f)\hat{z} = -ma\hat{z}$

(a) For $ma = 50g(N)$, $a_f = -g/6$ (아래 방향)

(b) For $ma = 70g(N)$, $a_f = g/6$ (위 방향)

20 70.0kg인 남자가 승강기 안에서 체중계 위에 서 있다.

(a) 승강기가 위로 1.50m/s^{2}으로 가속될 때,

(b) 승강기가 아래로 1.50m/s^{2}으로 가속될 때,

(c) 승강기가 위로 일정한 속력 3m/s로 올라갈 때, 각각 체중계가 가리키는 눈금은 어떤 값을 가리키겠는가?

■■ 풀이

(a) $F = 70 \times (9.80 - 1.50) = 581(N) = 59.3$ kg 중

(b) $F = 70 \times (9.80 + 1.50) = 791(N) = 80.7$ kg 중

(c) $F = 70$ kg 중

21 그림 3.24에서와 같이 질량이 각각 1.20kg, 1.00kg인 두 물체가 마찰이 없는 고정된 도르래를 통과하는 가볍고 휘기 쉬운 줄로 그림과 같이 연결되어 있다. 두 물체가 1.2m/s의 등속으로 운동하고 있다면 접촉면 사이의 운동마찰계수는 얼마인가? 줄의 장력은 얼마인가?

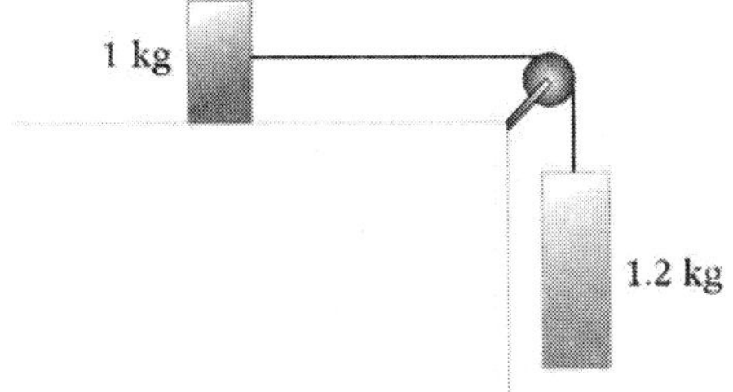

그림 3.24

■■ 풀이

$m_1 = 1.2kg$에 작용하는 힘 : $m_1 a = T - F_\mu = T - \mu m_1 g$ (T : 장력, F_μ : 마찰력)

$m_2 = 1kg$에 작용하는 힘 : $m_2 a = F_g - T$ ($F_g = m_2 g$: 중력)

등속운동이므로 가속도는 $a = 0$이다. 따라서

$T = F_g = 1.0 \times 9.8 = 9.8\ (N)$

$F_\mu = \mu m_1 g = T = m_2 g \rightarrow \mu = m_2 / m_1 = 0.83$

22 50.0kg의 곡예사가 밧줄을 잡고 올라가고 있다.

(a) 일정한 속력으로 오르고 있다면, 밧줄의 장력은 얼마인가?

(b) 위쪽으로 1.00m/s^{2}의 가속도로 올라가고 있다면, 밧줄의 장력은 얼마인가?

(c) 아래쪽으로 1.00m/s^{2}의 가속도로 내려가고 있다면, 밧줄의 장력은 얼마인가?

■■ 풀이

(a) $T = mg = 50 \times 9.8 = 49(N)$

(b) $T = m(g+1) = 50 \times 10.8 = 54(N)$

(c) $T = m(g-1) = 50 \times 8.8 = 44(N)$

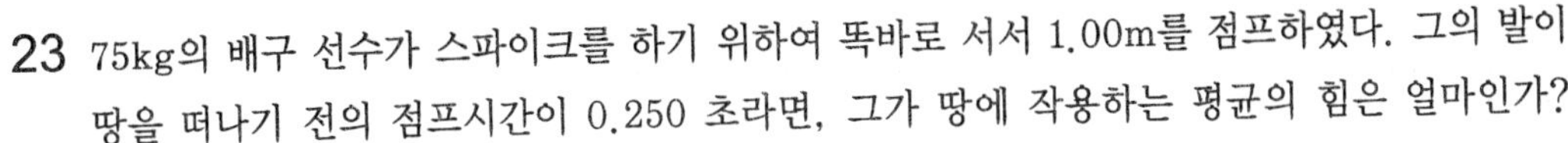
23 75kg의 배구 선수가 스파이크를 하기 위하여 똑바로 서서 1.00m를 점프하였다. 그의 발이 땅을 떠나기 전의 점프시간이 0.250 초라면, 그가 땅에 작용하는 평균의 힘은 얼마인가?

■■ **풀이**

초속력 : from $v^2 - v_o^2 = -2gh$, $v_o = \sqrt{2gh} = 4.43$(m/s)

평균가속도 : $a_{ave} = \dfrac{\Delta v}{\Delta t} = \dfrac{4.43}{0.25} = 17.7$(m/s^2)

힘 : $F = ma_{ave} = 75 \times 17.7 = 1328(N)$

24 Newton의 운동 법칙과 관련하여 (a) 제1법칙을 간단히 서술하고 질량과 관성의 관계를 설명하라. (b) 제2법칙을 수식으로 표현하고 그 의미를 설명하라. (c) 제3법칙을 기술하고 설명하여 보아라.

■■ **풀이**

(a) 관성의 법칙으로 질량의 크기에 의존한다.

(b) $F = ma = d(mv)/dt$ 시간에 대한 가속도의 변화는 작용하는 힘의 크기에 비례하고 질량에 반비례, 혹은 시간에 대한 운동량의 변화는 작용하는 힘의 크기에 비례한다.

(c) 작용 반작용의 법칙으로 어떤 물체에 힘을 가하면 크기가 같고 방향이 반대인 힘이 작용한다.

25 엘리베이터 안에 있는 저울에 질량 10kg의 물체가 놓여 있다. (a) 엘리베이터가 3m/s^{2}의 가속도로 올라갈 때 저울의 눈금은 얼마로 나타나겠으며, (b) 엘리베이터가 10m/s의 일정속도가 되었을 때 저울이 나타내는 값과 (c) 3m/s^{2}의 가속도로 내려갈 때의 저울의 눈금은 어떻게 되겠느냐?

■■ **풀이**

(a) $M = 10 \times (9.8+3)/9.8 = 13.06$kg

(b) $M = M = 10$kg

(c) $M = 10 \times (9.8-3)/9.8 = 6.94$kg

04 뉴턴의 운동법칙의 응용

1 45°의 경사면에서 64.0kg의 사람이 스키를 타고 내려오고 있다. 장비의 질량은 1.0kg이다.

(a) 마찰이 없을 때, 스키어의 가속도는 얼마인가?

(b) 마찰력이 40.0N일 때, 스키어의 가속도는 얼마인가?

풀이

(a) $a = g/\sqrt{2} = 6.93(\mathrm{m/s^2})$

(b) $a = 6.31(\mathrm{m/s^2})$

2 80kg의 사람이 20kg의 짐을 줄에 매어 수평으로 끌고 있다.

(a) 사람이 길에 100N의 힘을 가하면서 0.250m/s^{2}의 가속도를 낸다면, 사람과 짐의 운동을 방해하는 총 힘은 얼마인가?

(b) 짐이 방해하는 힘의 60%를 받고 있다면, 줄에 걸리는 장력은 얼마인가?

풀이

사람(M)에 작용하는 힘 : 외력 $F_a = 100N$, 장력 T, 마찰력 $F_{2\mu} = \mu_2 Mg$

$$Ma = F_a - F_{2\mu} - T = 100 - \mu_2 Mg - T$$

짐(m)에 작용하는 힘 : 장력 T, 마찰력 $F_{1\mu} = \mu_1 mg$

$$ma = T - F_{1\mu} = T - \mu_1 mg$$

(a) 위 두식을 합하여 정리하면, 총 마찰력은

$$F_{1\mu} + F_{2\mu} = F_a - (M+m)a = 100 - (80+20)\times 0.25 = 75(N).$$

(b) $F_{1\mu} = \mu_1 mg = 75 \times 0.6 = 45(N)$

$$T = ma + F_{1\mu} = 20 \times 0.25 + 45 = 50(N)$$

3 수직면에서 반지름 R로 회전하고 있는 관람차가 일정한 속력 v로 돌고 있다. 원의 최고점과 최하점을 지날 때 차에 타고 있는 승객에 작용하는 힘에 관한 식을 유도하라.

풀이

원운동하고 있는 관람차 안에 타고 있는 사람(비관성계)은 가상력인 원심력을 느끼게 된다.

• 사람에 작용하는 힘 : 중력 $F_g = mg$, 원심력 $F_{cen} = mv^2/r$.

- 최고점 : 중력은 아래쪽, 원심력은 위쪽을 향하므로 순힘은 $F_{\neq t}=mg-mv^2/r$의 크기로 아래쪽을 향한다.
- 최하점 : 중력은 아래쪽, 원심력도 아래쪽을 향하므로 순힘은 $F_{\neq t}=mg+mv^2/r$의 크기로 아래쪽을 향한다.

4 자동차가 반지름이 200m인 평평한 곡선도로를 25.0m/s의 속력으로 돌고 있다. 미끄러지지 않을 최소 마찰계수는 얼마인가?

■■ 풀이

원심력 : $F_{cen}=mv^2/r$, 마찰력 : $F_{\mu}=\mu mg$.

$F_{\mu}\geq F_{cen}$, $\mu\geq v^2/(rg)=0.319$.

5 젖은 콘크리트 바닥 위에 10kg의 고무상자가 있다.

(a) 고무상자가 움직이지 않도록 하고 고무상자에 가할 수 있는 수평방향의 최대의 힘은 얼마인가?

(b) 고무상자가 미끄러지기 시작할 때에 계속하여 이 힘을 작용한다면, 가속도는 얼마가 되겠는가?

■■ 풀이

젖은 콘크리트 바닥과 고무사이의 마찰계수(표 4.1 참조)

정지마찰계수 : $\mu_s=0.7$, 운동마찰계수 : $\mu_d=0.5$.

(a) $F=F_a-F_{\mu_s}\leq 0$, $F_a\leq F_{\mu_s}=\mu_s mg=0.7\times 10\times 9.8=68.6(N)$.

(b) $F=F_a-F_{\mu_d}=F_{\mu_s}-F_{\mu_d}=ma$, $ma=(\mu_s-\mu_d)mg$,

$\therefore\ a=0.2g=1.96(m/s^2)$

6 마찰이 있는 경사면에 놓여있는 물체가 미끄러져 내려오지 않을 최대 경사각이 $\theta=\tan^{-1}\mu_s$인 것을 증명하라.

■■ 풀이

빗면 방향의 총힘 : 중력의 빗면 방향 성분 $F_t=mg\sin\theta$,

정지마찰력 $F_{\mu_s}=\mu_s F_n=\mu_s mg\cos\theta$.

정지해 있을 때 : $F_{\neq t}=F_t-F_{\mu_s}=0$.

$\therefore\ F_t=mg\sin\theta=F_{\mu_s}=\mu_s mg\cos\theta\ \rightarrow\ \mu_s=\tan\theta$

$\therefore\ \theta=\tan^{-1}\mu_s$.

7 지구 주위를 한 인공위성이 지구표면 위 500km 상공을 10km/s로 등속원운동하고 있다. 인공위성의 질량은 1,000kg이다.

(a) 인공위성의 가속도의 크기는 얼마인가?

(b) 지구로부터 받는 힘의 크기는 얼마인가?

■■ 풀이

(a) $a=\dfrac{v^2}{r}=\dfrac{v^2}{R_e+h}=\dfrac{(1\times10^4)^2}{(6.37\times10^6+5\times10^5)}=14.6(\mathrm{m/s^2})$.

(b) $F=ma=1{,}000\times14.6=1.46\times10^4(N)$.

8 수평면 위에 구멍을 뚫어 질량이 m인 물체를 놓고 실을 통하여 질량이 M인 물체를 수직방향으로 연결하여 질량 m인 물체를 반지름이 r인 원궤도 위를 등속 원운동 시켰다. 질량 M인 물체가 움직이지 않기 위해서 질량 m의 속도는 얼마로 유지해야 하는가?

■■ 풀이

원판 위에서 원운동하는 질량 m에 작용하는 힘 : 장력 T

구심력=장력 : $T=mv^2/r$

구멍을 통해 매달려 있는 질량 M에 작용하는 힘 : 장력 T, 중력 Mg

$F=Mg-T=Ma=0$

$T=Mg=mv^2/r$

$\therefore\ v=\sqrt{\dfrac{Mgr}{m}}$.

9 들통에 물을 담아 반경 1m의 수직원을 이루면서 돌리고 있다.

(a) 물이 쏟아지지 않도록 하기 위한 최저 속력은 얼마인가?

(b) 가속도의 최대값과 최소값의 비는 얼마인가?

■■ 풀이

연습문제 4.16으로부터, 최고점에서

(a) $F_{\neq t}=mg-mv_{\min}^2/r=0$

$\therefore\ v_{\min}=\sqrt{gr}$

(b) $\left|\dfrac{a_{\max}}{a_{\min}}\right|=\left|\dfrac{g+v^2/r}{g-v^2/r}\right|=\dfrac{v^2+v_{\min}^2}{v^2-v_{\min}^2}$ for $v\geq v_{\min}$

10 어떤 사람이 100kg의 마차를 견인하려 한다.

(a) 마차 바퀴의 정지마찰계수 및 운동마찰계수가 각각 1.0 및 0.5일 때 0.05m/s^{2}의 가속도로 움직이게 하려면 초기에 얼마의 힘을 가해야 하는가?

(b) 출발한 후 같은 힘으로 견인할 때 가속도는 어떻게 되며,

(c) 이때 연결부위에 작용하는 장력은 얼마인가?

■■ 풀이

(a) $F_{fs}=1.0\times100\times9.8=980N,\ \ F-F_{fs}=100\times0.05=5N$

$F=100\times0.05+980=5+980=985N$

(b) $F-F_{fk}=985-0.5\times100\times9.8=495=ma=100a,\ \ a=4.95\mathrm{m/s^2}$

(c) $T=985N$

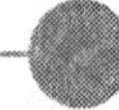

11 3ton의 질량을 가진 견인차가 1,000kg의 자동차를 견인하려 한다.

(a) 자동차 바퀴의 정지마찰계수가 1.0일 때 $0.05 \mathrm{m/s^2}$의 가속도로 움직이게 하려면 견인차는 최초에 얼마의 힘을 가해야 하는가?

(b) 견인차와의 연결 부위에 작용하는 최대 장력은 얼마가 되겠는가?

■■ 풀이

(a) $F_f = 1.0 \times 4{,}000 \times 9.8 = 39{,}200N$, $F - F_f = (3{,}000 + 1{,}000) \times 0.05$,
$F = (3{,}000 + 1{,}000) \times 0.05 + 9{,}800 = 200 + 39{,}200 = 39{,}400N$

(b) $T = 39{,}400 - 3{,}000 \times (0.05 + 9.8) = 9{,}850N$,
혹은 $T = 1{,}000 \times 0.05 + 1.0 \times 1{,}000 \times 9.8 = 9{,}850N$

12 질량 3ton의 견인차가 1,000kg의 자동차를 견인하려 한다.

(a) 자동차 바퀴의 정지마찰계수 및 운동마찰계수가 각각 1.0 및 0.7일 때 $0.05 \mathrm{m/s^2}$의 가속도로 움직이게 하려면 견인차는 최초에 얼마의 힘을 가해야 하는가?

(b) 견인차와의 연결 부위에 작용하는 최대 장력은 얼마가 되겠는가?

(c) 출발한 후 연결부위에 작용하는 장력은 얼마인가?

■■ 풀이

(a) $F_f = 1.0 \times 4{,}000 \times 9.8 = 39{,}200N$, $F - F_f = (3{,}000 + 1{,}000) \times 0.05 = 200N$,
$F = (3{,}000 + 1{,}000) \times 0.05 + 39{,}200 = 200 + 39{,}200 = 39{,}400N$

(b) $T = 39{,}400 - 3{,}000 \times (0.05 + 1.0 \times 9.8) = 9{,}850N$,
혹은 $T = 1{,}000 \times 0.05 + 1.0 \times 1{,}000 \times 9.8 = 9{,}850N$

(c) $T = 1{,}000 \times 0.05 + 0.7 \times 1{,}000 \times 9.8 = 6{,}910N$

13 질량 1,500kg의 자동차가 72km/h의 속도로 달리고 있다가 앞의 물체를 보고 갑자기 Brake를 밟았다. Brake를 밟았을 때 자동차와 콘크리트 지면의 운동마찰계수를 0.7이라고 한다면 이 자동차의 (a) 가속도(혹은 감속도)는 얼마가 되겠으며, (b) 제동거리는 얼마인가?

■■ 풀이

(a) 마찰력 $f = -0.7 \times 1{,}500 \times 9.8 = 1{,}500a$, $a = -6.86 \mathrm{m/s^2}$

(b) $v^2 - v_o^2 = 2aS$, $v_o = -72\mathrm{km/h} = 20\mathrm{m/s}$, $v = 0$, $-20^2 = 2 \times (-6.86) \times S$, $S = 29.15\mathrm{m}$

14 질량이 10kg 되는 교통 신호등이 줄의 가운데에 매달려 있다.

(a) 두 줄이 이루는 각도가 120°일 경우 신호등의 무게로 인하여 각각의 줄에 걸리는 장력을 구하여라.

(b) 만약에 줄의 질량이 5kg이었다고 한다면 실제 걸린 장력은 얼마였을까?

(c) 그런데 신호등의 높이가 낮아서 위로 올려주기 위하여 줄을 더 팽팽하게 당겨서 두 줄이 이루는 각도가 170°가 되었을 때 줄을 걸고 있던 고리가 떨어져 나갔다. 대체 얼마의 장력이 걸렸기에 고리가 떨어졌을까?

■■ **풀이**

(a) $2T\cos60 = 10\times9.8$, $T = 98\mathrm{N}$

(b) $2T\cos60 = (10+5)\times9.8$, $T = 147\mathrm{N}$

(c) $2T\cos85 = (10+5)\times9.8$에서 $T = (147/0.087) = 1609\mathrm{N}$

15 질량이 10kg 되는 교통 신호등이 줄의 가운데에 매달려 있다.

(a) 두 줄이 이루는 각도가 120°일 경우 신호등의 무게로 인하여 각각의 줄에 걸리는 장력을 구하여라.

(b) 만약에 줄의 질량이 20kg이었다고 한다면 실제 걸린 장력은 얼마였을까?

(c) 그런데 줄이 견딜 수 있는 최대 장력이 1,000N이라면 두 줄이 이루는 각도가 얼마가 될 때까지 줄을 더 팽팽하게 당길 수 있을까?

■■ **풀이**

(a) $2T\cos60 = 10\times9.8$, $T = 98\mathrm{N}$

(b) $2T\cos60 = (10+20)\times9.8$, $T = 294\mathrm{N}$

(c) $2\times1000\cos X = (10+20)\times9.8$, $\cos X = (294/2000) = 0.147$이므로
$X = 81.5°$로 두 줄이 이루는 각도가 163°가 될 때까지 팽팽하게 당길 수 있다.

16 질량이 100kg 마차의 손잡이가 수평과 30°의 각을 형성하고 있다. 바퀴에 작용하는 정지 마찰계수를 1.0이라고 가정할 때 (a) 손잡이의 각도와 나란히 700N의 힘으로 밀 때의 마찰력은 얼마이며, (b) 손잡이의 각도와 나란히 당길 때의 마찰력을 계산하고 (c) 이 차이가 어디에서 기인하는지 설명하라.

■■ **풀이**

(a) 밀 때의 마찰력: $F_1 = 1.0\times(700sin30 + 100\times9.8) = 700\times0.5 + 980 = 1330\mathrm{N}$

(b) 당길 때의 마찰력: $F_2 = 1.0\times(-700sin30 + 100\times9.8) = -700\times0.5 + 980 = 630\mathrm{N}$

(c) 손잡이의 각도로 밀고 당길 때 누르는 힘과 들어 올리는 힘으로 작용한다.

17 질량이 10kg 되는 교통 신호등이 줄에 매달려 있다. 두 줄이 수직방향과 이루는 각도가 각각 50°와 70°일 경우 신호등의 무게로 인하여 각각의 줄에 걸리는 장력을 구하여라.

■■ **풀이**

$T_1\cos\theta_1 + T_2\cos\theta_2 = Mg$, $T_1\sin\theta_1 = T_2\sin\theta_2$, $\theta_1 = 50$, $\theta_2 = 70$,

$T_1\cos50 + T_2\cos70 = 10\times9.8$, $T_1\sin50 = T_2\sin70$,

$0.643T_1 + 0.342T_2 = 98$, $0.766T_1 = 0.940T_2$, $T_1 = 1.227T_2$, $T_2 = 86.65\mathrm{N}$.

$T_1 = 1.227T_2 = 1.227\times86.65 = 106.32\mathrm{N}$.

05 일과 에너지

1 피라미드 건설자들이 $1m^3$ 정육면체 모양의 석재를 옮기고 있다. 석재는 마찰이 있는 평면에서 매우 천천히 움직이다가 사람들이 손을 놓자 그 자리에 섰다. 평면에 평행한 힘을 가하여 석재를 50m 이동시킨다면 이들이 하는 일은 얼마인가? 석재의 질량은 1 톤, 운동마찰계수는 0.3이다. 중력가속도는 $10m/s^2$이라고 하자.

■■ 풀이

사람들이 미는 힘은 3000N, 이 힘으로 50m를 이동시켰으므로 사람들이 한 일은 150,000J이다. 이만한 일을 당하였으므로 석재는 그 속력이 변해야 하겠지만, 사람들이 미는 동안 마찰력도 동시에 일을 하였다. 마찰력이 한 일은 −150,000J로써 사람들이 한 일을 정확히 상쇄시켰다. 그래서 석재는 운동에너지가 생기지 않고 사람들이 손을 놓자 그 자리에 섰다.

2 어떤 물체가 마찰이 없는 평면 위에 놓여 있다. 물론 중력은 $-z$ 방향으로 작용하고 있다. 사람이 그 물체에 $F = (2i + 4k)N$ 의 힘을 가하자 그 물체는 미끄러지면서 $s = (6i + 8j)m$만큼 움직였다. 이 때 그 사람이 한 일은 얼마인가? 그 물체의 질량은 3kg이고 중력가속도는 $10m/s^2$이라고 할때. 사람이 손을 떼면 그 물체의 속력은 얼마인가?

■■ 풀이

$W = 12J$. $v = 2.8m/s$.

3 용수철에 어떤 물체가 매달려 있는데 그 물체를 5cm 잡아당기는 데 드는 일이 25J이다. 이 물체를 5cm 잡아당긴 후 다시 10cm를 더 잡아당긴다면, 10cm를 더 잡아당기는 데 드는 일은 얼마인가?

■■ 풀이

200 J

4 이번에는 어떤 용수철을 천정에 매달고 늘어뜨렸다. 이 용수철은 1cm 잡아당기는 데 2N의 힘이 필요하다. 이 용수철에 4kg의 물체를 매달고 손으로 받치고 있다가 손을 천천히 밑으로 내렸다. 그랬더니 용수철이 원래보다는 좀 더 늘어나더니 물체가 손바닥에서 떨어졌다. 용수철은 얼마나 늘어났는가? 중력가속도는 $10m/s^2$이라고 하자.

■■ 풀이

용수철이 늘어나는 동안 용수철이 한 일이 있고 중력이 한 일이 있다. 용수철이 x만큼 늘어났다면 중력이 한 일은 $mgx = 40x$가 되고, 용수철이 한 일은 $-(1/2)kx^2$가 된다. 용수철 상수 k는 2N/cm이다. 이 두 힘에 의한 일이 서로 상쇄되어 물체는 용수철에 얌전히 매달려 있는 것이다.
따라서 $x = 40$ ㎝.

5 질량 10kg의 어떤 물체가 x축 방향으로 4m/s의 속도로 일정하게 움직이고 있는데, 어떤 힘이 작용하기 시작하였다. 그 힘이 사라진 후에 물체의 속도를 보니 y축 방향으로 6m/s이었다. 물체에 작용한 힘이 한 일은 얼마인가?

■■ 풀이

힘이 작용하기 전의 운동에너지는 80J. 힘이 작용한 후의 운동에너지는 180J. 따라서 힘이 한 일은 100J. 단, 그 힘이 시간적으로나 공간적으로 어떻게 작용하였는지는 알 수 없고, 결과적으로 보아 100J의 일을 하였다는 말이다.

6 마찰이 있는 평면에 어떤 물체를 가지고 실험을 한다. 그 물체를 2m/s의 속도로 밀었더니 5m를 움직인 후 정지하였다. 같은 물체를 6m/s의 속도로 민다면 얼마나 이동한 후에 정지하는가?

■■ 풀이

물체의 질량, 마찰계수 등을 알 수 없지만 비례관계를 사용하여 답을 구할 수 있다. 물체가 가지고 있던 운동에너지가 마찰력이 한 일에 의하여 상쇄되는 현상이기 때문이다. 물체의 운동에너지는 속도의 제곱에 비례하고, 마찰력이 하는 일은 이동거리에 비례한다. 따라서 속도가 3배 증가하면 이동거리는 9배 증가하는 것이다. 따라서 45m 이동한 후 정지한다.

7 어떤 자동차는 정지상태에서 출발하여 10초 후에 시속 60km가 되는 반면에 어떤 자동차는 출발하여 4초 후에 시속 100km가 된다. 이처럼 자동차의 운동에너지가 증가하는 것을 단순히 엔진이 하는 일로 생각하기로 하자. 두 자동차의 무게가 같다면 두 자동차의 엔진의 일률의 비는 얼마인가?

■■ 풀이

두 자동차의 엔진의 일률의 비는 $(60)^2/10$대 $(100)^2/4 = 36$대 250이다. 대체로 일반적인 자동차의 엔진이 70마력이라고 한다면 성능이 좋은 자동차는 500마력의 엔진을 장착하고 있는 셈이다.

8 다음의 탄성계수들이 사용되기 위한 수식을 알기 쉽게 나타내어라. (a) Hooke's 법칙, (b) 영률(γ; Young's Modulus), (c) 층밀리기 탄성률(S; Shear Modulus), (d) 체적 탄성률(B; Bulk Modulus), (e) 용수철의 Potential Energy(PE).

■■ 풀이

(a) $F = k\Delta x$, (b) $F/A = \gamma \Delta L/L_o$ (c) $F/A = S\Delta x/L_o$ (d) $F/A = B\Delta V/V_o$ (e) $PE = 0.5kx^2$.

9 운동하는 물체의 평형과 관련하여 (a) 평형이 이루어지기 위한 힘의 작용 조건 2가지를 열거하고 (b) 평형의 안정성 및 불안정성에 대해서 설명하라.

풀이

(a) 힘의 평형과 돌림힘(Torque)의 평형 즉, Net F=0 and Net τ=0,

(b) 외부의 적은 힘의 작용에 의해 평형이 유지되는지 쉽게 깨지는지 판별하는 기준. 즉, 적은 외력이 작용했을 때 평형상태로 다시 돌아오면 안정, 평형이 깨져서 다른 상태로 바뀌면 불안정하다고 함.

10 우리 고유의 전통 막대저울은 Torque 원리를 잘 이용하고 있는 기구이다. 전체의 길이가 60cm이고 질량이 100g인 막대의 한 쪽에 질량이 50g인 받침대가 달려 있고 여기서 7cm 위치에 저울을 들기 위한 손잡이가 달려 있으며 다른 쪽에 질량이 300g인 추를 움직이면서 평형을 맞추어 물건의 질량을 재는 기구이다. 이 저울의 받침대에 질량 M인 어떤 물체를 놓고 손잡이로 들어 올린 후 추로 조절한 결과 손잡이에서 45cm 멀어진 곳에서 저울이 수평을 이루었다.

(a) 이 상태에서 저울의 무게중심은 어디에 있는가?

(b) 물체의 질량(M)은 얼마일까?

(c) 손잡이에서 들어 올리고 있는 총 힘의 크기는 얼마인가?

풀이

(a) 손잡이의 위치

(b) $7\times(50+M)\,\mathrm{g}=23\times100\times\mathrm{g}+45\times300\mathrm{g},\ \ M=2{,}207\,\mathrm{g}$

(c) $(100+50+300+2{,}207)\times9.8/1000=2.657\times9.8=26.0N$

11 전체의 길이가 60cm이고 질량이 100g인 막대저울의 한 쪽에 질량이 50g인 받침대가 달려 있고 여기서 10cm 위치에 저울을 들기 위한 손잡이가 달려 있다. 이 저울의 받침대에 질량 M인 어떤 물체를 놓고 손잡이로 들어 올린 후 손잡이에서 40cm인 곳에 300g의 추로 저울이 수평을 이루었다.

(a) 이 상태에서 저울의 무게중심은 어디에 있는가?

(b) 물체의 질량(M)은 얼마일까?

(c) 손잡이에서 들어 올리고 있는 총 힘의 크기는 얼마인가?

풀이

(a) 손잡이의 위치

(b) $10\times(50+M)\,\mathrm{g}=20\times100\times\mathrm{g}+40\times300\times\mathrm{g},\ \ M=1{,}350\,\mathrm{g}$

(c) $(100+50+300+1{,}350)\times9.8/1000=2.657\,\mathrm{kg}f=2.657\times9.8=17.64\,\mathrm{N}$

12 높이가 7m 되는 깃발을 20cm 깊이의 땅 속에 꼽아 놓았는데 강풍이 불면서 90N에 달하는 힘으로 깃발을 쓰러뜨리려 한다. 땅이 깃발을 지탱해주는 힘은 1,000N 인데 이 사람이 1.5m 높이에서 깃발을 붙잡으려고 하면 어느 쪽으로 얼마의 힘을 가지고 깃대를 밀어야 할까?

■■ 풀이

$7 \times 90 = 900 \times 0.2 + 1.5F$, $F = 300N$으로 바람의 반대 방향.

13 길이 1m 되는 질량 50g 막대기의 20cm 되는 곳마다 길이의 수치에 해당하는 gram 단위 질량의 추가 매달려 있다.

(a) 이 막대기의 무게 중심이 어디에 있는지 밝혀 보아라.

(b) 막대의 무게를 무시하면 무게 중심이 어떻게 되는가?

■■ 풀이

(a) 총질량(M)은 $M = 20 + 40 + 50 + 60 + 80 + 100 = 350\text{g}$

총 Torque

$T/g_c = (20 \times 20 + 40 \times 40 + 50 \times 50 + 60 \times 60 + 80 \times 80 + 100 \times 100) = 24,500 = 350x$

$x = 24,500/350 = 70$, 끝에서 70cm 되는 곳.

(b) 총질량(M)은 $M = 20 + 40 + 60 + 80 + 100 = 300\text{g}$

총 Torque

$T/g_c = (20 \times 20 + 40 \times 40 + 60 \times 60 + 80 \times 80 + 100 \times 100) = 22,000 = 300x$

$x = 22,000/300 = 70$, 끝에서 73.3cm 되는 곳.

06 퍼텐셜에너지와 에너지 보존

1 무게가 1,000kg인 자동차가 속력 $v = 360\text{km/h}$로 달리고 있다. 자동차가 100m 전방에 갑자기 나타난 장애물을 발견하고 정지하기 위해서 급제동을 걸었다. 이 자동차가 장애물 바로 앞에서 정지할 수 있는 바퀴와 도로 사이의 마찰계수를 구하라. 이 경우 바퀴와 도로 사이의 마찰에 의해서 소모된 에너지는 얼마인가?

■■ 풀이

$\triangle K + \triangle U = W_{app} = f_k d$ 의 관계식에서, 이 문제의 경우, $\triangle U = 0$이므로, $f_k = mv^2/2d$ 이고, $f_k = mg\mu_k$ 이므로,

$$\mu_k = (mv^2)/(mg2d) = v^2/(g2d) = 1.28$$

이고 마찰에 의해 소모된 에너지는

$$\frac{1}{2}mv^2 = \frac{1}{2}\times 1000\times 50^2 = 1.25\times 10^6\,\text{J}$$

2 $U_f = -\int_{x_i}^{x_f} F_x dx + U_i$의 관계식을 이용하여, 탄성력 $F = -kx$에 대한 퍼텐셜에너지를 계산하라. 이 경우 초기상태의 퍼텐셜에너지 U_i의 의미는 무엇인가?

■■ 풀이

$U_f = -\int_{x_i}^{x_f} F_x dx + U_i$ 의 식을 이용. $F_x = -kx$ 를 대입하면, $U_f = \frac{1}{2}k(x_f^2 - x_i^2) + U_i = \frac{1}{2}kx_f^2$, 그러므로 U_i는 임의의 기준점으로 생각할 수 있다.

3 질량 m_1과 m_2 사이에 작용하는 인력은 다음과 같이 주어진다.

$$F = k\frac{m_1 m_2}{x^2}$$

k는 양의 상수이고, x는 두 입자 사이의 거리이다.

(a) 퍼텐셜에너지 함수와

(b) 이 두 질량을 $x = x_1$에서 $x = x_1 + d$로 떼어 놓는데 필요한 일을 구하라.

■■ 풀이

(a) $U - \int F\cdot dx = -\int k\frac{m_1\cdot m_2}{x^2} = -km_1m_2\int\frac{dx}{x^2} = k\frac{m_1\cdot m_2}{x} + U_i$

(b) $U = -\int_{x_1}^{x_{1+d}} F dx = km_1m_2\left(\frac{1}{x_1+d} - \frac{1}{x_1}\right) = km_1m_2\left(\frac{-d}{x_1(x_1+d)}\right)$

4 10kg의 탄환이 500m/s의 속력으로 위로 곧게 발사된다.
(a) 궤적의 정상에서 탄환의 퍼텐셜에너지는 얼마인가?
(b) 탄환이 45° 각도로 발사된다면 최대 퍼텐셜에너시는 얼바인가?

■■ **풀이**

(a) 초기에너지 $\frac{1}{2}mv^2 + mgh = \frac{1}{2} \times 10 \times 500^2 + 0 = 1.25 \times 10^6$J

한편 궤적의 정상에서는 속도가 0이므로

$$0 + mgh = \frac{1}{2}mv^2 = 1.25 \times 10^6 \text{J}$$

(b) 퍼텐셜에너지는 최대 높이에서 최대가 되기 때문에 이때의 퍼텐셜에너지와 수평방향으로의 운동에너지의 합이 처음에너지와 같기 때문에

$E_p + \frac{1}{2}mv_x^2 = 1.25 \times 10^6$ 에서

$$E_p = 1.25 \times 10^6 - \frac{1}{2} \times 10 \times (500\cos 45^o)^2 = 6.25 \times 10^5 \text{J}$$

5 육상경기에서 몸무게 99kg인 투창 선수가 질량이 1kg인 투창을 가지고 전력 질주하여 속력 v = 5m/s의 속력으로 달려오다 정지하며 45° 각도로 투창을 던졌다. 역학적 에너지가 보존된다고 가정하여 이 투창이 날아갈 수 있는 비행거리를 계산하라. 얻은 답과 실제 육상기록과의 차이를 어떻게 설명할 수 있는가?

■■ **풀이**

$\frac{1}{2}(M+m)v_i^2 = \frac{1}{2}mv_f^2$ 의 관계식에서

$$v_f = v_i\sqrt{\frac{m+M}{m}} = 50 \text{ m/s}$$

초기속도 v_o 인 물체의 수평비행거리는

$$R = \frac{v_o^2 \sin 2\theta}{g} = 255.1 \text{ m}$$

이 결과는 실제적인 투창던지기 기록보다 훨씬 더 길다. 이러한 이유로는 첫 째, 공기의 저항을 무시하였고, 둘째, 투창선수가 가지고 있는 운동에너지가 100% 투창에 전달되기가 힘이 들기 때문이다.

6 레스링 경기를 하는 도중 몸무게 100kg인 레스링 선수가 로프의 반동을 이용하기 위해서 72km/h의 속력으로 달려와 로프에 기대었다. 이 때 링의 로프가 평형상태에서 2m 뒤로 이동하였다면, 이 로프의 탄성계수는 얼마인가? (이 경우, 로프도 스프링과 같이 퍼텐셜에너지를 $\frac{1}{2}kx^2$으로 표현할 수 있다고 가정한다.)

■■ **풀이**

$\frac{1}{2}mv^2 = \frac{1}{2}kx^2$ 의 에너지 보존 관계식에서 $k = mv^2/x^2 = \frac{100 \times 100}{0.5^2} = 4 \times 10^4$ N/m

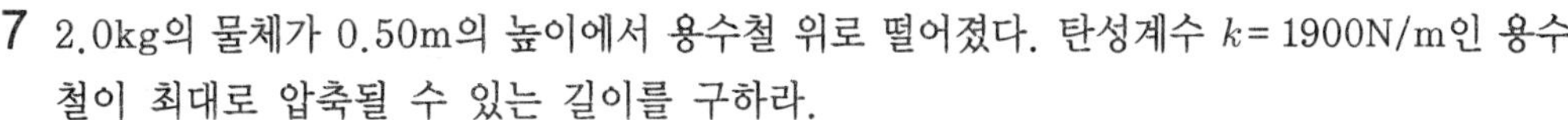

7 2.0kg의 물체가 0.50m의 높이에서 용수철 위로 떨어졌다. 탄성계수 $k=1900\text{N/m}$인 용수철이 최대로 압축될 수 있는 길이를 구하라.

■■ 풀이

$mgh = 2.0\times9.8\times0.5 = \frac{1}{2}kx^2$ 에서

$x = \sqrt{\frac{19.6}{1900}} = 0.1\text{m}$

8 몸무게 70.0kg인 사람이 20kg의 배낭을 메고 해발 700m인 산을 등산하였다. 이 등산객이 다시 집으로 돌아왔을 때, 중력이 배낭에 대해 한 일은 얼마인지를 계산하라. 만약 등산객이 30kg의 배낭을 메고 같은 등산을 하였다고 하면, 중력이 배낭에 한 일의 차이는 어떠한가?

■■ 풀이

중력은 보존력이므로, 등산객이 집으로 다시 돌아왔을 경우 운동경로는 폐경로이어서 중력이 배낭에 한 일은 0이다. 그러므로 배낭의 무게에 관계없이 한 일은 마찬가지로 0이다.

9 6.6절의 안정평형과 불안정 평형의 경우 나타나는 현상을 물체에 작용하는 힘을 기준으로 다시 설명하라.

■■ 풀이

$U=\frac{1}{2}kx^2$인 경우 이에 해당하는 힘은 $F_x = -\frac{dU}{dx} = -kx$ 로 힘의 방향과 물체가 움직이는 방향이 서로 반대이다. 즉 물체의 움직임에 대해 퍼텐셜은 항상 복원력으로 작용하기 때문에, 원래의 평형위치로 물체는 돌아오려고 한다. 반면, $U=-\frac{1}{2}kx^2$인 경우에는 $F=kx$로 힘의 방향이 물체가 움직이는 방향과 같으므로, 물체의 움직임에 대해 퍼텐셜은 물체를 점점 더 평형점으로부터 멀어지게 한다.

10 농촌에서 가뭄에 대비하기 위해 기계화된 우물을 개발하려 한다. 100L의 물을 1m/s의 속도로 길어올릴 수 있는 펌프를 설치하고자 할 때, 필요한 펌프의 일률은 얼마인가?

■■ 풀이

일율 $W=\vec{F}\cdot\vec{v}$ 이므로 필요한 모터의 일률은 $980W$이다.

11 지상에서 1200kg의 차를 운전하는 운전자가 6.0s 동안 20.0m/s에서 30m/s로 가속한다. 공기저항을 무시하고 엔진이 그 시간동안 공급해야하는 평균 역학적 일률을 W로 계산하라.

■■ 풀이

필요한 일은 운동에너지의 변화이므로 $\frac{1}{2}\times1200\times(30^2-20^2)=3.0\times10^5\text{J}$

평균 역학적 일률은 $\frac{3.0\times10^5 J}{6.0s} = 5\times10^4 W$

12 고속도로에는 브레이크 고장에 대비하여 내리막길에 안전충돌장치가 설치되어 있다. 이 장치는 충격을 잘 흡수할 수 있는 모래나 완충기 등을 설치하여 자동차가 이 장치로 진입할 경우 자동차를 정지시킬 수 있도록 한 장치이다. 20m/s의 일정한 속도로 달려 오던 질량 1,000kg의 자동차가 브레이크 고장으로 30m 아래에 있는 안전충돌장치에 부딪쳐 10m를 이동한 후 정지하였다. 이 때, 안전충돌장치에 의해 자동차에 작용된 비보존력은 얼마인가?

■■ **풀이**

$\Delta K + \Delta U = W_{app} = f_k d$ 의 관계식에서, $\Delta K = \frac{1}{2}mv^2 = 200{,}000\,\text{J}$이고,

$\Delta U = mgh = 196{,}000\,\text{J}$이므로, $W_{app} = f_k d = 396{,}000\,\text{J}$. 그러므로, $f_k = 39{,}600\,\text{N}$이다.

13 지렛대에 의해서 수직하향으로 힘을 가하면 지렛대의 반대편에 있는 물체를 수직상향으로 움직일 수 있다. (이 경우 지렛대에 의해 소모되는 에너지는 없다고 가정한다.) 이러한 지렛대를 이용하여 70kg인 사람을 10m 높이의 나무위로 올리기 위해서 100kg의 돌을 최소한 얼마의 높이에서 지렛대로 떨어뜨려야 하는가?

■■ **풀이**

$m_1 g h_1 = m_2 g h_2$ 그러므로, $h_1 = m_2 h_2 / m_1 = 7\,\text{m}$

14 4.0kg의 물체가 132J의 운동에너지를 가지고 30° 경사면을 올라가기 시작한다. 마찰계수가 0.30이라면 경사면을 얼마나 미끄러져 올라가겠는가?

■■ **풀이**

$132\text{J} = 4.0 \times 9.8 \times \cos 30^o \times 0.3 \times d + 4.0 \times 9.8 \times d \sin 30^o$ 에서 $d = 1.5\text{m}$

15 질량 m이 1,000kg인 자동차가 5.00m/s의 속력으로 달려와 스프링 상수가 200N/m인 스프링에 부딪쳐 10m를 이동한 후 잠시 정지하였다가 다시 스프링에 저장된 탄성 퍼텐셜 에너지에 의해 튕겨나갔다. 자동차와 바닥과의 마찰에 의해 소모된 에너지는 얼마인가? 자동차가 다시 되튕겨나갈 때, 자동차의 속력은 얼마인가? (자동차와 바닥과의 마찰력은 스프링과 접촉할 때에만 작용된다고 가정한다.)

■■ **풀이**

$\Delta K = \Delta U + f_k d$ 에서 $\Delta K = \frac{1}{2}mv^2 = 125{,}000\,\text{J}$.

$$\Delta U = \frac{1}{2}kx^2 = 10{,}000\,\text{J}.$$

그러므로, 마찰력에 의한 에너지손실은 25,000 J이다.
자동차가 다시 튀어나갈 때, 마찰에 의해 소모되는 에너지는 다시 25,000 J이므로,

$$\frac{1}{2}mv^2 = 10{,}000 - 2{,}500 = 7{,}500\,\text{J},$$

그러므로, $v^2 = (2)(7{,}500)/m$ 즉, $v = \sqrt{15}$ m/s이다.

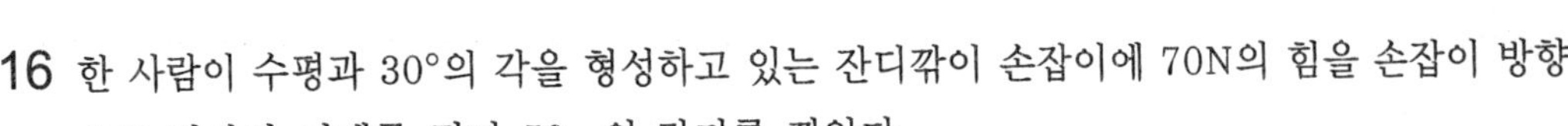

16 한 사람이 수평과 30°의 각을 형성하고 있는 잔디깎이 손잡이에 70N의 힘을 손잡이 방향으로 가하여 기계를 밀며 50m의 잔디를 깎았다.

(a) 이 사람이 한 일은 얼마인가?

(b) 이 기계의 질량이 10kg이라고 할 때 기계를 수평으로 밀 때에 비해 마찰력이 얼마나 증가하겠는가?

■■ 풀이

(a) $W = 70 \times cos30 \times 50 = 3031\text{J}$,

(b) $F/F_o = (10 \times 9.8 + 70 \times sin30)/(10 \times 9.8) = 1.357$, 즉 35.7% 증가한다.

17 어떤 펌프를 사용하여 1시간 동안에 10m 높이의 탱크에 3톤의 물을 퍼 올렸다. 물의 마찰에 의한 에너지 손실을 무시할 경우, (a) 펌프가 한 일의 양은 얼마인가? (b) 이 시간 동안 펌프는 얼마의 동력(power)으로 일을 한 셈인가?

■■ 풀이

(a) $W = 3000 \times 9.8 \times 10 = 294,000\text{J}$

(b) $P = 294,000/3600 = 81.7watt$

18 어떤 펌프를 사용하여 10m 높이의 탱크에 5톤의 물을 퍼 올려야 한다. 물의 마찰에 의한 에너지 손실을 무시할 경우, (a) 펌프가 해야 할 일의 양은 얼마인가? (b) 펌프의 동력(power)이 200W이고 효율이 60%라면 몇 시간을 퍼 올려야 하는가?

■■ 풀이

(a) $W = 5000 \times 9.8 \times 10 = 490,000\text{J}$

(b) $P = 2000watt$, $Eff = 0.6$, $W = Eff \times P \times t = 0.6 \times 200t = 490,000$, $t = 4083sec = 68\text{min}$.

19 질량 2,000kg의 roller-coaster가 지상 70m 높이의 마찰을 무시할 수 있는 궤도에서 활강을 시작하였다.

(a) 이 roller-coaster가 15m 높이의 궤도에 도달하였을 때 속도는 얼마가 될 것이며,

(b) 다시 55m 높이의 궤도를 넘어갈 때의 속도는 얼마가 되겠는가?

(c) 만일 궤도에서 초기에 가지고 있던 에너지의 20%를 마찰로 소모하였다면 다시 원래의 위치로 돌아가기 위해서 얼마의 일을 필요로 하는가?

■■ 풀이

(a) $PE = 2,000 \times (70-15) \times 9.8 = 0.5 \times 2,000 \times v_1^2$, $v_1 = (2 \times 55 \times 9.8)^{1/2} = 32.83\text{m/s}$

(b) $v_2 = [2 \times (70-55) \times 9.8]^{1/2} = 17.15\text{m/s}$

(c) $PE = 2,000 \times (70-15) \times 9.8 = 1,078\text{kJ}$,

소모한 에너지 즉 필요한 일 $W = 0.2 \times 1,078 = 215.6\text{kJ}$

07 운동량과 충돌

1 v의 속력을 갖는 질량 m의 물체가 45°의 각으로 강철판을 때린 후 같은 속력, 같은 각으로 되튀었다. 이 물체가 강철판에 가한 충격량은 얼마인가?

■■ 풀이

충격량은 전체 운동량의 변화와 같다. 강철판에 나란한 방향으로는 변화가 없으며, 수직인 방향으로만 변하였으므로, 최초의 운동량 중 수직인 방향성분 $= mv\sin 45°$, 나중의 운동량 중 수직인 성분 $= -mv\sin 45°$, 따라서 전체 변화량은 $2mv\sin 45° = mv\sqrt{2}$가 강철판에 가해진 충격량이다.

2 질량이 0.05kg인 탄환이 400m · s^{-1}의 속도로 날아가 땅에 견고하게 부착된 나무토막 속으로 0.1cm 박히었다. 가속되는 힘은 일정하다고 가정하고 다음을 계산하여라.
(a) 탄환의 가속도
(b) 가속되는 힘
(c) 가속시간
(d) 충격량

■■ 풀이

(a) $2as = v^2 - v_o^2$에서 $a = -8\times10^5\mathrm{m/s^2}$

(b) $F = ma = 0.05\times8\times10^5 = 4\times10^4\mathrm{N}$

(c) $F\cdot t = \Delta(mv) = mv - mv_0$이므로

$$t = \frac{\Delta(mv)}{F} = \frac{0.05\times400}{4\times10^4} = 5\times10^{-4}\mathrm{s}$$

(d) $P = F\cdot\Delta t = \Delta(mv) = 20\mathrm{Ns}$

3 그림 7.12에서와 같이 길이 l의 두 흔들이가 처음에는 그림과 같이 m_1이 d만큼 높이 들려 있다. m_1을 놓아주었더니 내려가서 m_2를 때린다. 충돌이 완전탄성적이고 줄의 질량은 무시되며 마찰효과도 없다고 하자. 질량중심은 얼마나 올라가겠는가?

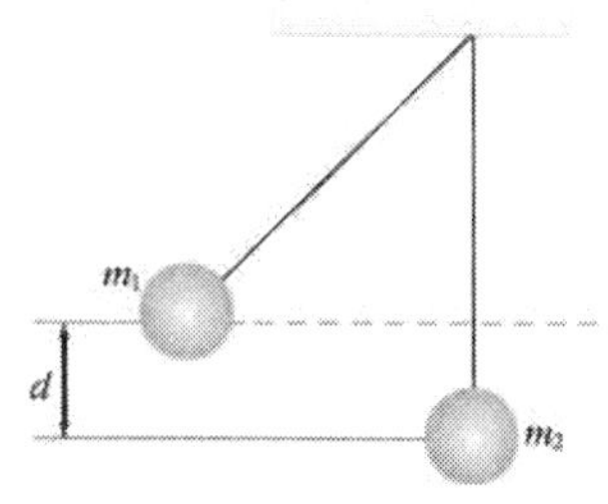

그림 7.12

■■ 풀이

충돌직전 m_1의 속력을 v_i, 충돌 직후의 속력을 v_i라 한다면,

$$m_1gd = \frac{1}{2}m_1v_i^2,\ mv_i = (m_1+m_2)gh,\ h = \left(\frac{m_1}{m_1+m_2}\right)^2 d$$ 가 된다.

4 그림 7.13은 총알 속도 측정계인 탄동진자를 보여준다. 질량 m인 총알이 진자처럼 매달려 있는 질량 M인 나무토막에 충돌하여 완전 비탄성 충돌을 한다. 총알의 충격 후 나무토막은 최대 높이 y로 상승한다. 주어진 y, m, M을 이용하여 총알의 처음속도 v를 구하라.

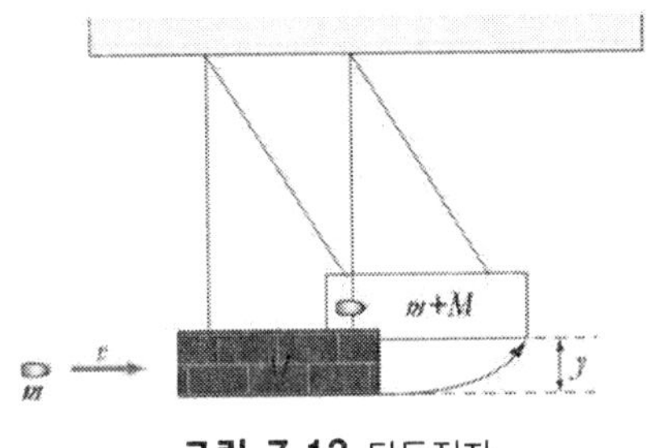

그림 7.13 탄동진자

■■ **풀이**

$\frac{1}{2}mv^2 = \frac{1}{2}(m+M)V^2 + (m+M)gy$에서 $V=0$(최대높이)이므로

$$v = \sqrt{\frac{2(m+M)}{m}gy}$$

5 10.0g 질량의 총알이 350m/s의 속력으로 정지해 있는 6.00kg 질량의 탄동진자에 발사된다. 탄동진자의 끈의 길이는 70.0cm이다.

(a) 충돌 후 탄동진자가 솟아오르는 수직 높이를 계산하라.

(b) 총알이 탄동진자에 박힌 직후의 총알과 탄동진자의 운동에너지를 구하라.

■■ **풀이**

(a) $\frac{1}{2}mv^2 = (m+M)gy$ 에서 $y = 10.4\text{m}$

(b) 날아오는 총알의 운동에너지와 동일하다.

따라서 $\frac{1}{2}mv^2 = \frac{1}{2} \times 0.01 \times 350^2 = 612.5\text{J}$

6 수평방향으로 날아가는 질량 5g의 탄환이 수평면 위에 정지하고 있는 질량 3kg의 나무토막에 박혀 나무토막은 수평면을 따라 25cm 미끄러져 정지하였다. 나무토막과 수평면 사이의 마찰계수는 0.20이다, 이 탄환의 속도는 얼마였는가?

■■ **풀이**

$\frac{1}{2}mv^2 = \mu(m+M)gd$이므로

$v = 24.27\text{m/s}$

7 질량 m인 전자가 정지하고 있는 질량 M의 한 원자와 충돌한 결과 일정량의 에너지 E가 원자 내부에 저장된다. 전자가 가져야 할 최소의 속력 v_0는 얼마인가?

■■ **풀이**

전자의 나중 속력을 v, 원자의 나중 속력을 V라 하고 운동량 보존 원리를 적용하여 원자의 나중 속력 V를 v와 v_0의 함수로 바꾼다. 이것을 에너지 보존법칙에 적용하여 운동에너지를 v_0와 v의 함수로 만든다. 여기서 v의 근이 실수이기 위한 조건을 구하면 v_0의 최소값이 정해진다.

$$mv_0 = -mv + MV \rightarrow V = \frac{m}{M}(v_0 + v)$$

$$\frac{1}{2}mv_0^2 = \frac{1}{2}mv^2 + \frac{1}{2}MV^2 + E$$

$$\rightarrow \frac{m+M}{M}mv^2 + 2\frac{m^2}{M}v_0 v + \left(\frac{m-M}{M}\right)mv_0^2 + 2E = 0$$

로부터

$$v_0 \geq \left(\frac{m+M}{mM}\right)^{1/2}(2E)^{1/2}.$$

8 지상에서 발사된 로케트가 처음의 1초간에 그 질량의 1%를 2000m/s의 속력으로 분사한다. 처음 1초간의 평균 가속도를 구하라.

■■ **풀이**

식 7.10을 참고하면, 우선 추진력은 2,000 m/s × 0.01M_0/s 이며, 로케트의 1초 후의 실상승력 = 추진력 − 1초 후의 로케트의 무게 = 20 M_0 m/s^2 − 0.99 M_0g이며, 실상승력으로 0.99 M_0의 물체가 가속도 a로 운동한다. 따라서 점화 1초 후의 실 상승 가속도 a는 a = 10.402 m/s^{2}이다.

9 70kg의 사람이 마찰이 없는 연못의 얼음판을 3m/s의 속도로 미끄러지고 있다. 이 사람이 운동방향과 수직으로 무게 200g, 속도 30m/s의 눈덩어리에 얻어맞아, 눈덩어리가 몸에 붙은 채로 움직이고 있다. 이 사람의 속력은 얼마인가?

■■ **풀이**

x 성분 : 70 kg × 3 m/s = 70.2 × v_x ; v_x = 210/70.2

y 성분 : 0.2 × 30 m/s = 70.2 × v_y ; v_y = 6/70.2

$$v = \sqrt{v_x^2 + v_y^2} = 3\ \text{m/s}$$

10 무게 W인 활차가 마찰이 없는 직선 수평철로를 따라 구르고 있다. 처음에 무게 w인 사람이 속력 v_0로 오른쪽으로 움직이는 차 위에 서 있다. 그 사람이 왼쪽으로 달려서 왼쪽 끝에서 뛰어 내리기 직전에 그 사람의 차에 대한 상대속력이 v'이면 차의 속도 변화는 얼마나 되는가?

■■ 풀이

$\frac{W+w}{g}v_0 = \frac{w}{g}(-u) + \frac{W}{g}(v_0+\Delta v)$; $u = v' - (v_0 + \Delta v)$

여기서 v는 지상의 관측자가 본 사람의 속도.

따라서

$$\Delta v = \frac{wv'}{W+w}$$

11 질량 m, 속력 v인 한 물체가 무중력 공간에 두 개의 같은 조각으로 폭발하여 한 조각은 정지하였다면 이 계에 얼마의 운동 에너지가 첨가되었는가?

■■ 풀이

$\frac{1}{2}(\frac{m}{2})v^2 = \frac{1}{4}mv^2$

12 짐을 싣지 않은 질량 10,000kg 무게의 화물차가 1m/s의 속도로 마찰이 없는 수평궤도를 따라 미끄러져 가고 있다. 연직하방으로 비가 내리고 있다. 이 화물차가 충분히 오랫동안 달려 1,000kg의 빗물이 괴었을 때의 속도는 얼마인가?

■■ 풀이

운동량 보존법칙에 따라 $10000 \times 1 = 11000 \times v$에서 $v = 0.9\text{m/s}$

13 정지해 있는 한 핵이 세 입자로 분해되었다. 그 중 두 입자는 서로 수직으로 질량과 속도가 각각 17×10^{-27}kg, 6.0×10^6m/s 와 8.0×10^{-27}kg, 8.0×10^6m/s로 움직이는 것이 검출되었다. 이 때 질량이 12×10^{-27}kg으로 알려진 제 3의 입자의 운동량은 얼마나 되는가?

■■ 풀이

$m_3v_3 = \sqrt{(m_1v_1)^2 + (m_2v_2)^2}$ 따라서 1.2×10^{-19} kg m/s

14 두 물체가 일직선상에서 충돌할 때,

(a) 운동량 보존의 법칙을 수식으로 나타내고,

(b) 뉴튼의 가속도 법칙($F = ma$)으로부터 충돌시간에 대한 운동량의 변화식으로 나타낸 다음,

(c) 충격력이 어떻게 나타나는지 설명하라.

■■ 풀이

(a) $m_1 v_1 + m_2 v_2 = m_1 v_1' + m_2 v_2'$,

(b) $F = ma = m(dv/dt)$,

(c) $f\Delta t = m_1(v_1' - v_1) + m_2(v_2' - v_2)$; 충돌시간(Colliding Time, Δt)과 충격력은 반비례 관계로 충돌시간이 길수록 충격력이 작아지고 충돌시간이 짧을수록 충격력이 커진다.

15 질량 3kg의 총으로부터 30g의 총알이 발사될 때 속도가 500m/s이다.

(a) 총의 반동속도는 얼마가 되는가?

(b) 총이 갖게 되는 운동에너지는 얼마인가?

(c) 이 총이 총을 잡고 있는 사람의 어깨를 10cm 밀어내고 있다면 어깨를 치는 힘은 얼마인가?

■■ 풀이

(a) $v = 0.03 \times 500/3 = 5\,\mathrm{m/s}$,

(b) $E_k = \frac{1}{2}mv^2 = \frac{1}{2} \times 3 \times 5^2 = 37.5\,\mathrm{J}$,

(c) $F \times d = E_k$, $F = 37.5/0.1 = 375\,\mathrm{N}$

16 질량 500kg의 포를 이용하여 3kg의 포탄이 발사될 때 속도가 50m/s이다.

(a) 포의 반동속도는 얼마가 되는가?

(b) 포가 갖는 운동에너지는 얼마인가?

(c) 이 포가 반동으로 바닥을 10cm 밀어내고 있다면 바닥에 작용하는 평균 힘은 얼마인가?

■■ 풀이

(a) $v = 3 \times 50/500 = 0.3\,\mathrm{m/s}$

(b) $E_k = \frac{1}{2}mv^2 = \frac{1}{2} \times 500 \times 0.3^2 = 22.5\,\mathrm{J}$

(c) $F \times d = E_k$, $F = 22.5/0.1 = 225.0\,\mathrm{N}$

17 121km/h(33.6m/s)의 속력으로 달리던 질량 1,400kg의 중형 자동차가 81km/h(22.5m/s)의 속도로 앞에서 달리던 질량 700kg의 소형 자동차를 들이 받았다. 1초 동안의 충돌시간으로 인해 소형차가 30cm 우그러지면서 두 차의 운동에너지가 40% 소멸되었다면,

(a) 충돌 시 두 차에 가해진 힘(충격력)은 얼마인가?

(b) 충돌 후 두 자동차의 속도는 어떻게 될까?

(c) 충돌 후 중형차 및 소형차의 가속도는 각각 얼마였는가?

(d) 완전 탄성의 경우였다면 충돌 후 두 자동차의 속도는 어떻게 될까?

■■ **풀이**

(a) 운동량 및 에너지 보존의 법칙으로부터, 충돌시간 $t = 1.0$, $s = 30\text{cm} = 0.3\text{m}$일 때,

$Ft = F \times 1 = F = m_1 v_1 + m_2 v_2 - m_1 v_{1o} - m_2 v_{2o} = 1{,}400 \times (v_1 - 33.6) + 700 \times (v_2 - 22.5)$

$F = 1{,}400 \times (v_1 - 33.6) + 700 \times (v_2 - 22.5) = 1{,}400 v_1 + 700 v_2 - 62{,}790$ ---- (1)

$E = 0.5 \times (m_1 v_{1o}^2 + m_2 v_{2o}^2)$

$= 0.5 \times (1{,}400 \times 33.6^2 + 700 \times 22.5^2) = 0.5 \times (1400 \times v_1^2 + 700 \times v_2^2) + Fs$,

$F \times s = 0.5 \times (1{,}400 \times 33.6^2 + 700 \times 22.5^2) - 0.5 \times (1400 \times v_1^2 + 700 \times v_2^2)$

$0.3 \times F = 967{,}459.5 - 700 v_1^2 - 350 v_2^2 = 0.4 \times 967{,}459.5 = 386{,}984 J$ --- (2)

$F = 13{,}289{,}946 N$

(b) From 식 (1)(2)로부터

$1{,}400 v_1 + 700 v_2 = 13{,}352{,}736 \rightarrow 2v_1 + v_2 = 19{,}075$, $v_2 = 19{,}075 - 2v_1$

$700 v_1^2 + 350 v_2^2 = 580{,}476 \rightarrow 2v_1^2 + v_2^2 = 1{,}659$,

$v_1^2 + 0.5 \times (19{,}075 - 2v_1)^2 - 0.5 \times 1{,}659 = 0$

$v_1^2 - 12{,}717 v_1 + 60{,}642{,}328 = 0$

(c) (b)에서 구한 v_1과 v_2를 이용하면,

중형차의 가속도는 $(v_1 - 33.6)/1\text{s}(\text{m/s}^2)$이고

소형차의 가속도는 $(v_2 - 22.5)/1\text{s}(\text{m/s}^2)$이다.

(d) 완전탄성인 경우 운동에너지가 보존되기 때문에

$m_1 v_1 + m_2 v_2 = m_1 v_{10} + m_2 v_{20}$ --- (3)

$0.5 m_1 v_1^2 + 0.5 m_2 v_2^2 = 0.5 m_1 v_{10}^2 + 0.5 m_2 v_{20}^2$ --- (4)

식 (3)과 (4)를 각각 인수분해하여 나누면,

$v_1 + v_{10} = v_2 + v_{20}$ --- (5)

이므로,

$v_1 = \dfrac{(m_1 + m_2) v_{10} - 2 m_2 v_{20}}{m_1 + m_2}$, $\quad v_2 = v_1 + v_{10} - v_{20}$

를 이용하여 속도를 구한다.

08 회전운동

1 (a) 태양 주위를 도는 지구의 각속력은 얼마인가?
(b) 지구 주위를 도는 달의 각속력을 구하라.
(힌트: 1년은 365.256일이고, 음력 1달은 27일 7시간 43분이다.)

■■ **풀이**

(a) 지구의 각속력은

$$\omega_E = \frac{\theta}{t} \qquad ①$$

이다. 지구가 태양을 한바퀴 돌며 쓸고 지나간 라디안 각은 2π rad이므로 각속력에 관한 ①식에 수치를 대입하면 다음과 같다.

$$\omega_E = \frac{\theta}{t} = \frac{2\pi \text{rad}}{(365.256\text{일})(24\text{시간/일})(60\text{분/시간})(60\text{초/분})}$$

$$= 1.991 \times 10^{-7}\text{rad/s}$$

(b) 같은 방법으로 달이 지구를 한바퀴 돌 때 각속력은 다음과 같다.

$$\omega_m = \frac{\theta}{t} = \frac{2\pi \text{rad}}{[\{(27\text{일})(24\text{시간/일}) + 7\text{시간}\}(60\text{분/시간}) + 43\text{분}](60\text{초/분})}$$

$$= 1.870 \times 10^{-6}\text{rad/s}$$

2 어떤 항공기가 착륙장에 도착하여 엔진을 껐다. 엔진을 끄기 전의 회전자의 회전 속도는 2,000rad/s로 시계방향으로 돌고 있었다. 엔진을 끄고 난 후 회전자는 각가속도 80.0rad/s^2으로 그 회전속도가 감소하였다.
(a) 10.0초 후의 각속력을 구하라.
(b) 회전자가 정지할 때까지 걸린 시간을 구하라.

■■ **풀이**

(a) 임의의 시간 t 일 때 각속도에 관한 공식은

$$\omega = \omega_o + \alpha t \qquad ①$$

이다. 따라서 10.0초 후에 각속력은

$$\omega = \omega_o + \alpha t = (2000\text{rad/s}) + (-80.0\text{rad/s}^2)(10.0\text{s}) = 1200\text{rad/s}$$

이다.

(b) $\omega = \omega_o + \alpha t$ 에서 ω가 0이 될 때 걸린 시간 t 을 구하는 문제이다.

$$\omega = 0 = \omega_o + \alpha t \qquad ②$$

②식을 t에 대하여 푼 후 수치을 대입하면 다음과 같다.

$$t = \frac{\omega_o}{\alpha} = -\frac{(2000\text{rad/s})}{(-80.0\text{rad/s}^2)} = 25\text{s}$$

이다. 결과적으로 25초 후에 정지한다.

3 어떤 회전판이 78rev/min에서 모우터가 꺼진 다음 30s 뒤에 정지하였다.

(a) 각가속도를 구하라.

(b) 이 시간 동안 몇 회전 하였는가?

■■ 풀이

(a) $\alpha = \frac{\Delta\omega}{\Delta t} = \frac{78}{60 \times 30} = 0.043\text{rev/s}^2$

(b) $\theta = \omega_o t - \frac{1}{2}\alpha t^2 = \frac{78}{60} \times 30 - \frac{1}{2} \times 0.043 \times 30^2 = 19.65\text{rev}$ 19.65 회전한다.

4 반경 20cm의 바퀴가 정지한 상태에서 일정한 각가속도 60rad/s^{2}으로 가속되고 있다. 0.12초 후 바퀴 가장자리의 한 점의 선속도는 얼마인가?

■■ 풀이

바퀴가 일정한 각가속도를 가지므로 각속도는

$$\omega = \omega_0 + \alpha t = 0\,\text{rad/s} + (60\text{rad/s}^2)(0.12\text{S}) = 7.2\,\text{rad/s} \qquad ①$$

이 된다. 그리고 접선속도는

$$v = rw = (0.2\,\text{m})(7.2\,\text{rad/s}) = 1.44\,\text{m/s} \qquad ②$$

가 된다.

5 회전반지름이 110m인 길을 30m/s로 돌고 있는 자동차의 각속도를 구하라.

■■ 풀이

$$\omega = \frac{r}{v} = \frac{110}{30} = 3.67\text{rad/s}$$

6 그림 8.15와 같이 반지름이 R_1과 R_2로 된 원통이 z축에 관하여 자유롭게 회전할 수 있다.
$F_1 = 5.0\text{N}$, $R_1 = 1.0\text{m}$, $F_2 = 6.0\text{N}$, $R_2 = 0.5\text{m}$인 경우 돌림힘의 크기와 방향을 구하라.

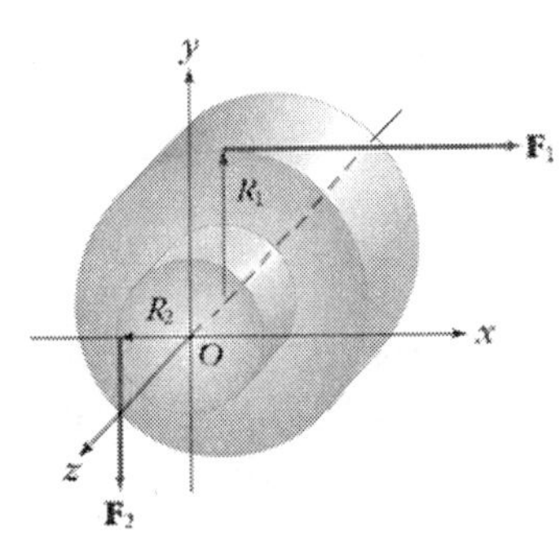

그림 8.15

■■ **풀이**

F_1에 의한 돌림힘을 τ_1이라 하고, F_2에 의한 돌림힘을 τ_2라 하면, 총 돌림힘 τ_{total}은

$$\begin{aligned}\tau_{total} &= \tau_1 + \tau_2 \\ &= -R_1 F_1 + R_2 F_2 \\ &= -(1.0\,\mathrm{m})(5.0\,\mathrm{N}) + (0.5\,\mathrm{m})(6.0\,\mathrm{N}) \\ &= -2\,\mathrm{N}\cdot\mathrm{m}\end{aligned}$$

이 된다. 돌림힘은 음이므로 원통은 시계방향으로 회전한다.

7 길이가 L이고 무게가 W인 사다리가 그림 8.16에서와 같이 거친 바닥과 마찰이 없는 벽에 기대어 놓여져 있다. 바닥의 정지마찰계수 $\mu_s = 0.6$이다. 각 θ를 증가시킬 때 사다리가 미끄러지기 직전의 각을 구하고, 또 이 때 벽이 사다리에 가하는 힘 N_2는 얼마인가?

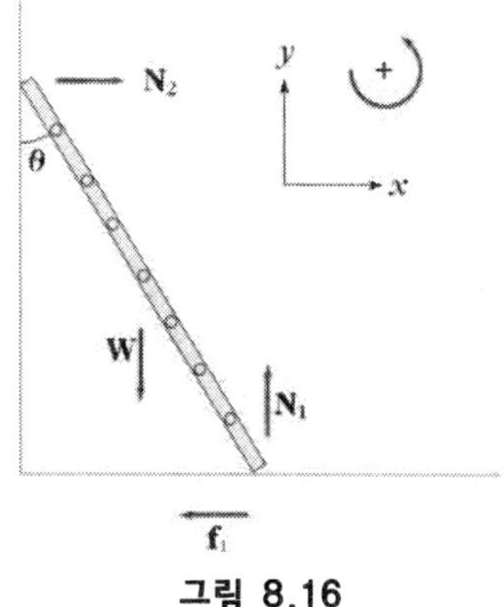

그림 8.16

■■ **풀이**

직각좌표계와 돌림힘에 대한 기호 약속은 그림에 나타나 있다. 각 부분에 나타나는 힘은 직각좌표계의 성분식으로 분리하여 문제를 푼다.
첫 번째 평형조건으로부터

x 축 성분 ; $\sum F_x = N_2 - f_1 = 0$ ①

y 축 성분 ; $\sum F_y = N_1 - W = 0$ ②

이 된다. 그리고
두 번째 평형조건을 사닥다리 끝의 축에 대하여 적용하면

사닥다리의 위쪽 끝 ; $\sum \tau_u = -W(\frac{L}{2}sin\theta) - f_1(L\cos\theta) + N_1(L\sin\theta) = 0$ ③

사닥다리의 아래쪽 끝 ; $\sum \tau_d = W(\frac{L}{2}sin\theta) - N_2(L\cos\theta) = 0$ ④

이 된다.
미끄러지기 직전의 정지마찰력의 최대 값은

$f_1 = \mu_s N_1$ ⑤

이다.

②식에서

$$N_1 = W \qquad ⑥$$

이다. 그리고 ①식에서

$$N_2 = f_1 \qquad ⑦$$

이다. ⑤식을 ⑦식에 대입하면 다음과 같다.

$$N_2 = \mu_s N_1 \qquad ⑧$$

⑥식을 ⑧식에 대입하고, 바닥의 정지마찰계수 $\mu_s = 0.6$를 대입하면 벽이 사닥다리에 가하는 힘을 얻는다.

$$N_2 = \mu_s W = 0.6W \qquad ⑨$$

④식에서

$$\frac{1}{2}W\sin\theta = N_2\cos\theta \qquad ⑩$$

이 된다. 이식을 다시 정리하면

$$\tan\theta = \frac{2N_2}{W} \qquad ⑪$$

이 된다. ⑪식에 ⑨식을 대입하면 다음과 같이 된다.

$$\tan\theta = \frac{2\times 0.6W}{W} = 1.2$$

이므로

$$\theta = \tan^{-1}1.2 = 50.2° \qquad ⑫$$

이 된다. 따라서 미끄러지기 직전의 각 $\theta = 50.2°$를 얻는다.

8 질량 m의 입자가 그림 8.17에서와 같이 P점에 정지해 있다가 y축에 평행하게 중력에 의하여 떨어진다.

(a) 임의의 시간에 대한 원점 O에 대한 m에 작용하는 돌림힘을 구하라.

(b) 임의의 시간에 원점 O에 대한 각운동량을 구하라.

(c) 이 문제에서 구한 각운동량을 $\tau = dL/dt$식에 대입하면 돌림힘이 됨을 보여라.

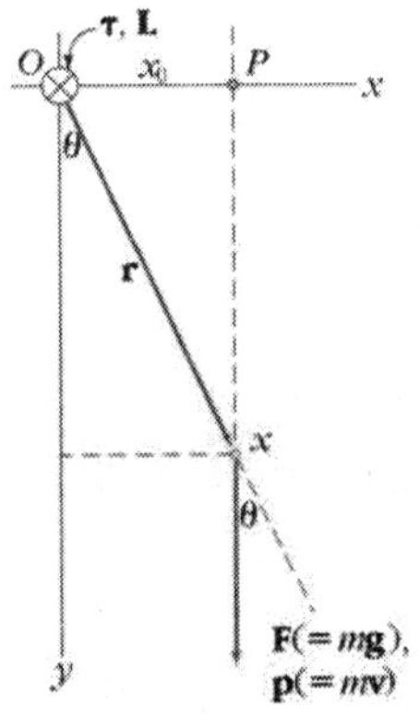

그림 8.17

■■ 풀이

(a) 돌림힘에 관한 식은

$$\tau = \mathrm{r} \times \mathrm{F} \quad ①$$

이며, 그 크기는

$$\tau = rF\sin\theta \quad ②$$

이다. 그림에서

$$r\sin\theta = x_0 \quad ③$$

$$F = mg \quad ④$$

③식과 ④식을 ②식에 대입하면

$$\tau = mgx_0 = \text{일정} \quad ⑤$$

이 된다. 돌림힘은 힘(mg)과 모우먼트 팔의 길이(x_0)와의 곱으로서, 이와 같은 상황에서는 일정한 값을 가진다. 그리고 돌림힘 τ의 방향은 지면에 수직한 방향으로 들어가는 방향이다.

(b) 각운동량에 관한 식은

$$\mathrm{L} = \mathrm{r} \times \mathrm{p} \quad ⑥$$

이며, 그 크기는

$$L = rp\sin\theta \quad ⑦$$

이다. 그림에서

$$r\sin\theta = x_0 \quad ⑧$$

$$p = mv = m(gt) \quad ⑨$$

⑧식과 ⑨식을 ⑦식에 대입하면

$$L = mgx_0t \quad ⑩$$

이 된다. 각운동량 L의 방향도 τ의 방향과 같다. L벡터는 이 경우 시간에 따라 크기만 변하며 방향은 일정하다.

(c) 벡터 L과 τ가 평행하므로 벡터식 $\tau = d\mathrm{L}/dt$를 스칼라식으로 바꾸어 쓰면 다음과 같다.

$$\tau = \frac{dL}{dt} \quad ⑪$$

⑩식을 ⑪식에 대입하면

$$\tau = \frac{d}{dt}(mgx_0t) = mgx_0 \quad ⑫$$

이 된다. 따라서 $\tau = d\mathrm{L}/dt$가 성립한다.

9 그림 8.18에서와 같이 질량 $M = 1\text{kg}$, 반지름 $R = 0.4\text{m}$인 고리가 지름 축을 중심으로 회전하고 있다. 이 축에 대한 고리의 관성모우먼트 $I_b = \frac{1}{2}MR^2$이다.

질량 $m = 0.5\text{kg}$인 작은 구슬이 고리를 따라 마찰 없이 미끄러질 수

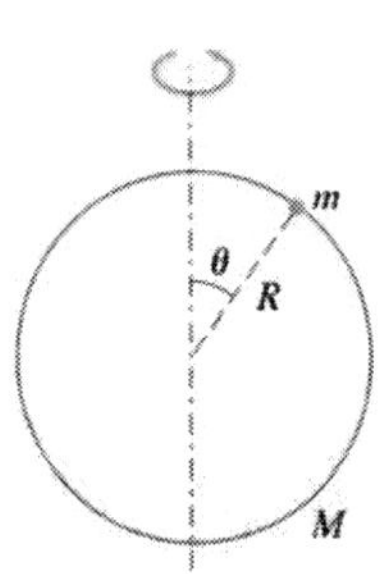

그림 8.18

있다. 구슬이 맨 꼭대기에 있을 때 각속도 $\omega_b = 5\text{rad/s}$이라고 한다면, $\theta = 45°$ 되었을 때 고리의 각속도는 얼마인가?

■■ **풀이**

각 운동량 보존법칙을 이용하여 문제를 풀기 위하여 먼저 구슬이 $\theta = 45^o$ 되었을 때, 이 계의 관성모멘트 I_a를 구하여야 한다. 따라서 I_a는 고리의 관성모멘트 더하기 구슬의 관성모멘트이다. 즉,

$$I_a = \frac{1}{2}MR^2 + m(R\sin\theta)^2 \quad ①$$

이다. 또 각운동량의 보존법칙은

$$L_a = L_b \quad ②$$

이다. 여기서 L_a는 구슬이 $\theta = 45^o$ 되었을 때 각운동량이고, L_b는 구슬이 $\theta = 0^o$에 있을 때 각운동량이다. 또 각운동량 L은

$$L = I\omega \quad ③$$

이므로 ③식을 ②식에 대입하면 다음과 같이 된다.

$$I_a\omega_a = I_b\omega_b \quad ④$$

④식에서 ω_a를 구하기 위하여 식의 모양을 바꾸면

$$\omega_a = \frac{I_b}{I_a}\omega_b \quad ⑤$$

이다. ⑤식에 $I_b = \frac{1}{2}MR^2$와 ①식을 대입하면 다음과 같이 된다.

$$\omega_a = \frac{\frac{1}{2}MR^2}{\frac{1}{2}MR^2 + mR^2\sin^2\theta}\omega_b$$

$$= \frac{M}{M + 2m\sin^2\theta}\omega_b \quad ⑥$$

⑥식에 $M = 1\,\text{kg}$, $m = 0.5\,\text{kg}$, $\omega_b = 5\,\text{rad/s}$ 그리고 $\theta = 45°$를 대입하면 다음과 같다.

$$\omega_a = 2.5\,\text{rad/s}$$

따라서 구슬이 $\theta = 45^o$ 되었을 때 고리의 각속도는 3.3rad/s 이다.

10 길이 L인 가벼운 막대의 양 끝에 질량이 각각 m인 두 물체가 부착되어 있다. 막대의 한 쪽 끝으로부터 그 길이의 $\frac{1}{4}$이 되는 점을 지나 막대의 수직인 축에 관한 계의 관성모우멘트를 구하여라. 단 막대의 관성모우멘트는 무시하라.

■■ **풀이**

$$I = I_1 + I_2 = m\left(\frac{1}{4}L\right)^2 + m\left(\frac{3}{4}L\right)^2 = \frac{5}{8}mL^2$$

11 그림 8.19와 같은 총질량이 M이고 반경 R인 균일한 원판에 수직인 중심축에 대한 관성 모우먼트를 구하라.(힌트 : 원판의 면밀도는 σ이다.)

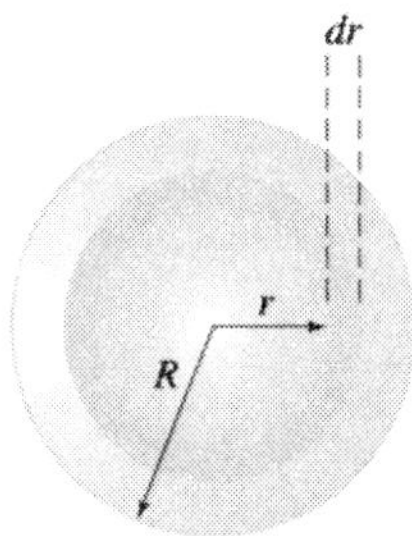

그림 8.19

■■ 풀이

원판에서 반지름 r 에 있는 질량요소는 폭 dr 를 갖는 고리 모양이다. 이 고리 모양의 넓이 dA는 고리의 원둘레 곱하기 고리의 폭이 된다. 따라서

$$dA = (2\pi r)dr \qquad ①$$

이 되고, 미소 면적의 질량은 고리의 넓이 곱하기 면밀도 σ 이다. 그러므로

$$dm = \sigma dA = \sigma(2\pi r)dr \qquad ②$$

이다.

연속체의 관성모멘트를 구하는 공식은 다음과 같다.

$$I = \int r^2 dm \qquad ③$$

②식을 ③식에 대입하면

$$I = \int_{r=0}^{R} r^2 \sigma(2\pi r)dr$$

$$= 2\pi\sigma \int_{r=0}^{R} r^3 dr$$

$$= (2\pi\sigma)\frac{R^4}{4}$$

$$= \frac{1}{2}(\pi R^2 \sigma)R^2 \qquad ④$$

이 된다. ④식에서 $\pi R^2 \sigma$가 원판의 총질량 M이므로 ④식은 다음과 같이 된다.

$$I = \frac{1}{2}MR^2 \qquad ⑤$$

12 반지름 R, 질량 M인 원반이 그림 8.20에서와 같이 회전축에 걸려 있다. 회전축에는 마찰이 없고, 원반에는 가벼운 줄이 감겨 있고, 줄에는 질량 m이 달려있다.

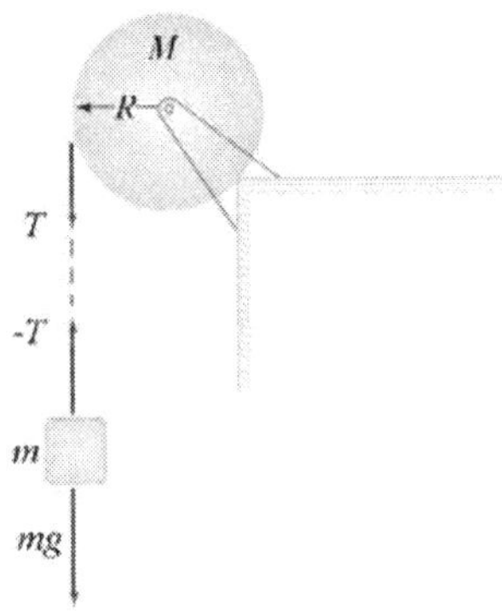

그림 8.20

(a) 원반의 각가속도와 그 원주상 한 점의 접선가속도를 줄의 장력 T로 나타내어라.

(b) 원반의 각가속도와 그 원주상 한 점의 접선가속도를 mg로 나타내어라.

풀이

(a) 회전축에 관한 돌림힘은

$$\tau = RT \qquad ①$$

이고, 원반의 관성모멘트는

$$I = \frac{1}{2}MR^2 \qquad ②$$

이다. 그리고 회전에 관한 뉴톤의 제2법칙은

$$\tau = I\alpha \qquad ③$$

이다. 따라서 ②식을 ③식에 대입하면

$$\tau = (\frac{1}{2}MR^2)\alpha \qquad ④$$

이 된다. 또 ④=①이므로

$$\left(\frac{1}{2}MR^2\right)\alpha = RT$$

가 되어, 각가속도는

$$\alpha = \frac{2T}{MR} \qquad ⑤$$

가 된다.
또 원주상의 한 점의 접선가속도는

$$a_T = R\alpha \qquad ⑥$$

로 주어진다.
⑤식을 ⑥식에 대입하면, 접선가속도는

$$a_T = R\left(\frac{2T}{MR}\right) = \frac{2T}{M} \qquad ⑦$$

이 된다.

(b) 장력 T를 구하여 ⑤식과 ⑦식에 대입하면 원반의 각가속도와 그 원주상 한점의 접선가속도를 구할 수 있다.

아래로 향하는 중력 mg는 물체에 작용하는 위쪽으로 향하는 장력 T보다 커야 한다. 매달린 질량 m은 아래쪽으로 가속도가 생기며, 그 크기는 원반의 원주상의 접선가속도 a_T와 같다.

그러므로 뉴톤의 제2법칙으로부터

$$mg - T = ma_T \qquad ⑧$$

이다. 접선가속도를 구하기 위하여, ⑧식을 ⑦식에 대입하면

$$a_T = \frac{2}{M}T = \frac{2}{M}(mg - ma_T)$$

이 되어

$$a_T = \left(\frac{2m}{M+2m}\right)g \qquad ⑨$$

이 된다. 그리고 장력 T를 구하기 위하여, ⑨식에 ⑧식을 대입하면

$$T = mg - ma_T = mg - m\left(\frac{2m}{M+2m}\right)g$$

$$= \left(\frac{mM}{M+2m}\right)g \qquad ⑩$$

이 되고, 각가속도를 얻기 위하여, ⑩식을 ⑤식에 대입하면

$$\alpha = \frac{2T}{MR} = \frac{2}{MR}\left(\frac{mM}{M+2m}\right)g$$

이 되어

$$\alpha = \frac{1}{R}\left(\frac{2m}{M+2m}\right)g = \frac{a_T}{R} \qquad ⑪$$

가 된다.

13 반지름 0.5m, 질량 50kg인 균질한 원통형의 연마기가 있다.

(a) 이 연마기가 정지상태로부터 10초 내에 300rev/min의 각속도에 도달하는데 필요한 돌림힘의 크기는 얼마인가?

(b) 300rev/min으로 회전할 때의 운동에너지는 얼마인가?

■■ 풀이

(a) 각가속도 $\alpha = \frac{300}{60\times10} = 0.5rev/s^2$ 이고

원통형 연마기의 관성모멘트 $I = \frac{1}{2}MR^2 = \frac{1}{2}\times50\times0.5^2 = 6.25\text{kg}\cdot\text{m}^2$ 이므로

이에 필요한 돌림힘 $\tau = I\alpha = 6.25\times0.5 = 3.125Nm$

(b) $K_R = \frac{1}{2}I\omega^2 = \frac{1}{2}\times6.25\times\left(\frac{300}{60}\right)^2 = 78.125\text{J}$

14 질량 20kg인 물통이 지름 0.4m, 질량 30kg인 단단한 원통형 도르레에 감긴 밧줄에 매달려 있다. 이 물통이 정지상태에서 우물의 꼭대기로부터 수면까지 25m을 낙하한다.
(a) 물통이 수면에 도달할 때의 속도를 구하여라.
(b) 낙하하는데 걸리는 시간은 얼마인가?

■■ 풀이

도르레의 관성모멘트는 $I=\frac{1}{2}MR^2=0.5\times30\times0.2^2=0.6\text{kg}\cdot\text{m}^2$이다.

(a) $\frac{1}{2}I\omega^2+mgh=\frac{1}{2}mv^2$, $\frac{1}{2}I(\frac{v}{R})^2+mgh=\frac{1}{2}mv^2$에서

$$v^2=\frac{2mgh}{(m+I/R^2)}=280,\quad v=16.73\text{m/s}$$

(b) $t=\frac{\theta}{\omega}, \omega=\frac{v}{R}$이고, 25m 떨어지는 동안 도르레가 회전한 각도 $\theta=125rad$이므로

$$t=\frac{125}{83.65}=1.49\text{s}$$

15 그림 8.21과 같이 관성모우먼트가 $4\text{kg}\cdot\text{m}^2$인 원판 B가 각속도 3rad/s로 돌고 있다. 그 위에 관성모우먼트가 $2\text{kg}\cdot\text{m}^2$인 원판 A를 떨어뜨려 같이 돌게 하였다.
(a) 함께 도는 원판들의 각속도는 얼마인가?
(b) 이 계의 운동에너지 변화는 얼마이며, 변화된 에너지는 어떤 형태로 전환되었는가?

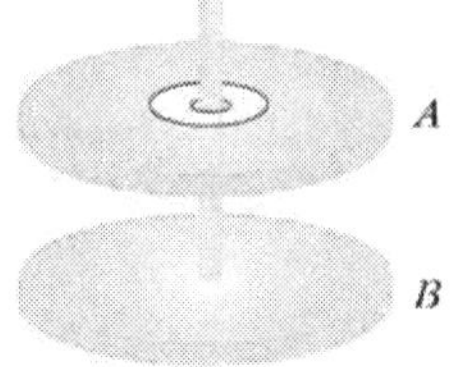

그림 8.21

■■ 풀이

(a) 외부에서 돌림힘이 작용하지 않기 때문에 각운동량 보존법칙을 이용한다. 따라서 원판이 같이 돌기 전후에 있어서

$$L_a=L_b \qquad ①$$

이다.
여기서 L_a는 원판 A와 B가 같이 돌 때의 각운동량이고, L_b는 A만이 돌 때의 각운동량이다. 또 각운동량 L은

$$L=I\omega \qquad ②$$

이다.

②식을 ①식에 대입하면 다음과 같이 된다.

$$I_a \omega_a = I_b \omega_b \quad ③$$

③식에서 ω_a 를 구하기 위하여 식의 모양을 바꾸면

$$\omega_a = \frac{I_b}{I_a}\omega_b \quad ④$$

이다. ④식에 수치를 대입하면 원판 A와 B가 함께 돌 때의 각속도

$$\omega_a = \frac{I_b}{I_a}\omega_b = \frac{(4\,\text{kg·m}^2)}{(4\,\text{kg·m}^2)+(2\,\text{kg·m}^2)}(3\,\text{rad/s})$$

$$= 2\,\text{rad/s} \quad ⑤$$

를 얻는다.

(b) 함께 돌기 전의 운동에너지는

$$K_b = \frac{1}{2}I_b\omega_b^2 = \frac{1}{2}(4\,\text{kg·m}^2)(3\,\text{rad/s})^2$$

$$= 18\text{J} \quad ⑥$$

이고, 함께 도는 경우의 후의 운동에너지는

$$K_a = \frac{1}{2}I_a\omega_a^2 = \frac{1}{2}(4\text{kg·m}^2 + 2\text{kg·m}^2)(2\text{rad/s})^2$$

$$= 12\text{J} \quad ⑦$$

이다.

⑥식과 ⑦식에서 함께 도는 경우의 운동에너지는 마찰열로 전환된다. 왜냐하면 두 원판이 같이 돌기 위해서는 마찰이 있어야 한다.

16 다음의 사항에 대하여 수식을 동원하여 설명하라.

(a) 구심력(Centripetal Force),

(b) 구심 가속도,

(c) 만유인력의 법칙(Universal Law of Gravitation).

■■ 풀이

(a) $F = mr\omega^2 = mv^2/r$,

(b) 직선운동에서 원운동을 하도록 방향을 바꾸는 데 필요한 힘에 대응하는 가속도로 $a = r\omega^2 = v^2/r$,

(c) $F = GMm/r^2$

17 Newton의 중력 원리와 구심력의 관계를 이용하여 Kepler의 제 3법칙인 $T_2^2/T_1^2 = r_2^3/r_1^3$ 관계가 타당함을 증명하여라.

■■ 풀이

$F = GMm/r^2 = mr\omega^2$, $\omega = 2\pi/T$, $\omega^2 = 4\pi^2/T^2$, $GMm/r^2 = 4\pi^2 mr/T^2$, $r^3/T^2 = GM/4\pi^2$ =Constant,

그러므로 $r_1^3/T_1^2 = r_2^3/T_2^2$, 혹은 $T_2^2/T_1^2 = r_2^3/r_1^3$

18 지구의 반경은 약 6,400km이고 달은 지구반경의 60배 정도 떨어져 있다.

(a) 달의 공전반경은 얼마인가?

(b) 지구의 중력에 의한 달의 중력가속도는 얼마가 될까?

(c) 달의 공전주기가 29일이면 달의 선속도는 얼마인가?

(d) 달의 지구에 대한 구심 가속도는 얼마인가?

(e) (b)에서 얻은 중력가속도와 (d)에서 얻은 구심가속도를 비교하여 논하라. 지구 표면에서의 중력가속도는 9.8m/s^{2}이다.

■■ **풀이**

(a) 지구에서 달까지의 거리 $S = 60 \times 6,400,000 = 384,000,000\,\text{m}$

(b) $F = GMm/R^2$, $g = GM/R^2 = 9.8\,\text{m/s}^2$, $g_m = GM/(60 \times R)^2 = (GM/R^2)/60^2 = 9.8/60^2 = 0.00272\,\text{m/s}^2$

(c) $v = \omega S = 2\pi/(29 \times 24 \times 3600) \times 384,000,000 = 963\,\text{m/s}$

(d) $a = v^2/S = 963^2/384,000,000 = 0.00242\,\text{m/s}^2$

(e) 거리 및 공전주기의 오차에 인한 차이가 나타났으나 근본적으로 같아야 한다.

19 지구의 상공 어느 한 곳에 위치하는 고정 인공위성은 (a) 지상에서 얼마의 높이에 떠 있게 되며, (b) 지구 주위를 회전하는 선속도는 얼마가 되겠는가? 달의 공전주기는 29일이고 거리는 지구반경(6,400km)의 60배임과, 고정위성의 공전주기가 1일이 됨을 이용한다.

■■ **풀이**

Kepler의 제 3법칙을 이용할 수 있다. 즉,

(a) $1^2/29^2 = r_2^3/(6,400 \times 60)^3$. $r_2^3 = 384,000^3/29^2 = 67,328,304,399,524$, $r_2 = 40,682\,\text{km}$,

$s = r_2 - 6,400 = 34,282\,\text{km}$ 상공

(b) $v = r\omega = 2\pi r/24h = 2 \times 40,682\pi/24 = 10,650\,\text{km/h} = 2,958\,\text{m/s}$

09 만유인력

1 질량 50kg인 물체가 20kg인 물체와 1m 떨어져 있다.

(a) 20kg 물체가 50kg 물체에 작용하는 중력과 (b) 50kg 물체가 20kg 물체에 작용하는 중력은 얼마이며, (c) 두 물체가 모두 자유로이 움직일 수 있다면 가속도는 각각 얼마인가? 단, 다른 힘은 작용하지 않는다고 가정한다.

풀이

(a), (b) 두힘의 크기는 같으며 다음과 같다.

$$F=\frac{Gm_1m_2}{r^2}=\frac{(6.67\times10^{-11}\,\mathrm{N\cdot m^2/kg^2})(20\,\mathrm{kg})(50\,\mathrm{kg})}{(1\,m)^2}=6.67\times10^{-8}\,\mathrm{N}$$

(c) 50 kg 물체의 가속도 : $a=\frac{F}{m}=\frac{6.67\times10^{-8}\,\mathrm{N}}{50\,\mathrm{kg}}=1.3\times10^{-9}\,\mathrm{m/s^2}$

20 kg 물체의 가속도 : $a=\frac{F}{m}=\frac{6.67\times10^{-8}\,\mathrm{N}}{20\,\mathrm{kg}}=3.3\times10^{-9}\,\mathrm{m/s^2}$

2 질량이 각각 200kg과 500kg인 두 물체가 0.40m 떨어져 있다.

(a) 두 물체의 중간 지점에 질량 50kg인 물체를 놓았을 때 이 물체가 받는 총 중력을 구하라.

(b) 질량 50kg인 물체가 받는 총 힘이 영이 되는 지점을 구하라. (단 무한대로 먼 지점은 제외함)

풀이

(a) 200 kg에 의해 왼쪽으로 $G\frac{200\times50}{0.2^2}$의 힘을 받고 500 kg에 의해 오른쪽으로 $G\frac{500\times50}{0.2^2}$의 힘을 받기 때문에 결국 50 kg의 물체가 받는 힘은,

$G\left(\frac{50}{0.2^2}\right)(500-300)=6.67\times10^{-11}\times1250\times200=1.68\times10^{-5}N$의 힘을 오른쪽으로 받는다.

(b) 200 kg에서 50 kg 까지의 거리를 x라 하면, $G\frac{200\times50}{x^2}=G\frac{500\times50}{(0.4-x)^2}$에서 $x=0.155\,\mathrm{m}$에 놓이면 양쪽에서 당기는 힘이 같아져서 총 힘이 영이 된다.

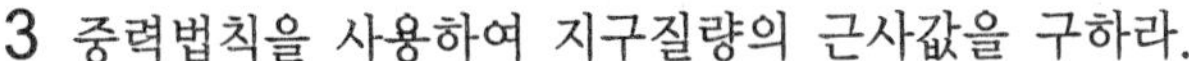

3 중력법칙을 사용하여 지구질량의 근사값을 구하라.

■■ **풀이**

질량 m인 골프공이 중력가속도 g 인 지구상의 어떤 위치로 떨어진다고 할 때, 공의 무게 w는 지구가 골프공에 미치는 중력의 크기와 같으므로

$$w = mg = G\frac{M_E m}{R_E^2}$$

가 성립한다. 여기서 M_E와 R_E는 지구의 질량과 반지름인데, 떨어지는 골프공은 지표면에 충분히 가까이 있으므로 지구중심과 골프공 사이의 거리를 지구의 반지름 $R_E = 6.37\times 10^6\,m$로 사용하였다. 따라서

$$M_E = \frac{gR_E^2}{G} = \frac{(9.80\,m/s^2)(6.37\times 10^6\,m)^2}{6.67\times 10^{-11}\,N\cdot m^2/kg^2} = 5.96\times 10^{24}\,kg$$

4 달 표면에서 중력장은 지구 표면 중력장의 약 1/6이다. 만약 달의 반지름이 지구 반지름의 약 1/4이면 지구 평균밀도에 대한 달의 평균밀도의 비를 구하라.

■■ **풀이**

중력장 $g = \frac{GM}{R^2}$ 에서 질량 $M = \frac{R^2 g}{G}$이므로 중력장이 1/6이고, 반경이 1/4면 질량은 $\left(\frac{1}{4}\right)^2\left(\frac{1}{6}\right)$이므로,

달의 밀도 ρ_m은 지구의 밀도 ρ_e의 $\frac{\rho_m}{\rho_e} = \frac{(1/4)^2(1/6)}{(1/4)^3} = \frac{2}{3}$배가 된다.

5 목성의 위성인 이오(I_o)의 궤도 주기는 1.77일이며 궤도 반지름은 4.22×10^5 km이다. 이로부터 목성의 질량을 구하라.

■■ **풀이**

$T^2 = (\frac{4\pi^2}{GM_s})r^3$ 에서

$$M_s = \frac{4\pi^2 r^3}{GT^2} = \frac{4\pi^2\times(4.22\times 10^8)^3}{6.67\times 10^{-11}\times(1.77\times 24\times 3600)^2} = 1.9\times 27\,kg$$

6 1960년 Explorer 8호 인공위성이 전리층 조사를 위해 근지점이 지상 459km이고 원지점이 2,289km이며 주기가 112.7분인 궤도에 올려졌는데, 이 경우 v_p/v_a를 구하라.

■■ **풀이**

케플러의 둘째법칙 즉 각운동량 보존법칙으로부터

$$mv_a r_a = mv_p r_p$$

이며, 지구의 반지름을 $R_E = 6.37\times 10^6\,m$라고 하면

$$mv_a(R_E + 2{,}289\,km) = mv_p(R_E + 459\,km)$$

$$\frac{v_p}{v_a} = \frac{R_E + 2{,}289\,km}{R_E + 459\,km} = \frac{8{,}659\,km}{6{,}829\,km} = 1.27$$

7 한 위성이 초속 5,000m/s의 속력으로 지구 주위를 원운동하고 있다.
(a) 지구 표면으로부터 이 위성의 고도를 구하라.
(b) 이 위성의 궤도 운동 주기를 구하라.

■■ 풀이

(a) $r = \dfrac{GM_E}{v^2} = 1.595\times10^7 m$ 이므로 고도 h는

$$h = r - R_E = 1.595\times10^7 - 6.37\times10^6 = 9.58\times10^6\text{m}$$

(b) $T = \sqrt{\dfrac{4\pi^2}{GM_E}r^3} = 2\times10^4\text{s}$

8 지구상의 정지궤도의 고도는 얼마인가?

■■ 풀이

주기 T가 24시간 즉, $8.64\times10^4\,\text{s}$가 되어야 하므로 9.4식을 r에 대해 정리하면

$$r = \left(\frac{GM_ET^2}{4\pi^2}\right)^{1/3} = \left[\frac{(6.67\times10^{-11}\,\text{N}\cdot\text{m}^2/\text{kg}^2)(5.97\times10^{24}\,\text{kg})(8.64\times10^4\,\text{s})^2}{4\pi^2}\right]^{1/3}$$

$$= 4.22\times10^7\,\text{m}$$

인데, 이것은 지구중심으로부터의 거리이다.
따라서 지구표면위 고도는 이 값에서 지구의 반지름($6.38\times10^6\,\text{m}$)을 뺀 것으로 대략 3,600 km이다.

9 질량 200kg인 위성을 적도상에서 지구 표면 상공 200km 지점으로 발사한다.
(a) 만약 위성의 궤도가 원형이라면, 이 위성의 주기는 얼마인가?
(b) 궤도상에서 위성의 속력을 구하라.
(c) 공기 저항을 무시할 때 위성을 위의 궤도로 위치시키기 위하여 필요한 최소 에너지를 구하라.

■■ 풀이

(a) $T = \sqrt{\dfrac{4\pi^2}{GM_E}r^3}$ 이고 $r = R_E + h = 6.37\times10^6 + 2\times10^5 = 6.57\times10^6\text{m}$ 이므로

$$T = 5.3\times10^4 s$$

(b) $v^2 = \dfrac{GM_E}{r} = 6.07\times10^7$ 이므로 $v = 7.79\times10^3\text{m/s}$

(c) 지구 중력장을 이기고 이 궤도를 탈출하기 직전에 가기 위한 운동에너지

$$\frac{1}{2}mv_i^2 = \frac{GM_Em}{R_E} - \frac{GM_Em}{(R_E+h)} = GM_Em\left(\frac{1}{R_E} - \frac{1}{R_E+h}\right)$$

이므로 최소에너지는 $3.81\times10^8\,\text{J}$.

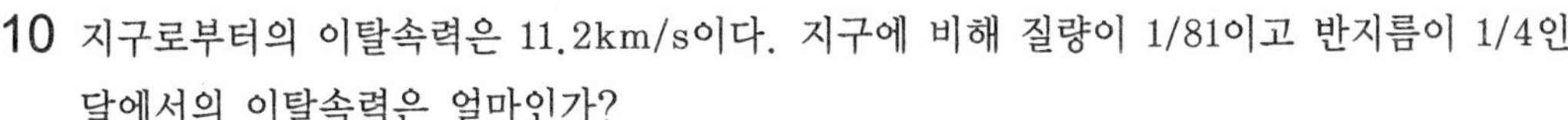

10 지구로부터의 이탈속력은 11.2km/s이다. 지구에 비해 질량이 1/81이고 반지름이 1/4인 달에서의 이탈속력은 얼마인가?

■■ 풀이

$$v_{esc}(\text{지구}) = \sqrt{\frac{2GM_E}{R_E}} = \sqrt{\frac{2G(81M_M)}{4R_M}} = \sqrt{\frac{2GM_M}{R_M}}\sqrt{\frac{81}{4}} = v_{esc}(\text{달})\sqrt{\frac{81}{4}}$$

$$v_{esc}(\text{달}) = v_{esc}(\text{지구})\sqrt{\frac{4}{81}} = (11.2\text{km/s})\sqrt{\frac{4}{81}} = 2.49\text{km/s}$$

11 우주선이 초속 2.00×10^4m/s로 지구표면에서 발사되었을 때, 마찰을 무시한다면 지구에서 아주 먼 곳에서의 우주선의 속력은 얼마인가?

■■ 풀이

$$\frac{1}{2}mv_0^2 - \frac{GM_Em}{R_E} = \frac{1}{2}mv_f^2 - \frac{GM_Em}{\infty}$$

$$v_f^2 = v_0^2 - \frac{2GM_E}{R_E} = v_0^2 - v_{esc}^2$$

$$v_f = \sqrt{v_0^2 - v_{esc}^2} = \sqrt{(2.00\times10^4\,\text{m/s})^2 - (1.12\times10^4\,\text{m/s})^2} = 1.66\times10^4\,\text{m/s} = 16.6\text{km/s}$$

12 지구로부터 높이 h_1인 궤도에 있는 질량 m인 인공위성이 궤도의 높이를 h_2로 바꾸는 데 필요한 에너지는 얼마인가($h_2 > h_1$)?

■■ 풀이

$$\Delta E = E_2 - E_1 = -\frac{GM_Em}{2r_2} - \left(-\frac{GM_Em}{2r_1}\right) = \frac{GM_Em}{2}\left(\frac{1}{r_1} - \frac{1}{r_2}\right)$$

$$= \frac{GM_Em}{2}\left(\frac{1}{R_E+h_1} - \frac{1}{R_E+h_2}\right) = \frac{GM_Em}{2}\frac{h_2-h_1}{(R_E+h_1)(R_E+h_2)}$$

(M_E 및 R_E : 지구의 질량 및 반지름)

13 천왕성은 지구 질량의 약 14배 반지름은 지구의 약 3.7배이다.

(a) 천왕성 표면에서 중력가속도를 지구 표면의 중력가속도 g로 나타내어라.

(b) 행성의 자전을 무시하면 천왕성의 이탈속도는 얼마인가?

■■ 풀이

중력가속도 $g = \frac{GM}{R^2}$이므로 지구질량의 14배와 지구 반지름의 3.7배를 갖는 천왕성은

(a) $g_{\text{천}} = \frac{14}{3.7^2}g = 1.02\text{g}$

(b) 이탈속도 $v_{esc} = \sqrt{\frac{2GM}{R}}$ 이므로 $\sqrt{\frac{14}{3.7}} = 1.95$배 정도된다.

14 질량 m인 인공위성이 이탈속력 2배의 초기속력으로 질량 M이고 반지름 R인 행성으로부터 연직방향으로 발사될 때, 이 위성의 속력을 행성중심으로부터의 거리 r의 함수로 표시하라.

■■ **풀이**

$$v_0 = 2v_{esc} = 2\sqrt{\frac{2GM}{R}} = \sqrt{\frac{8GM}{R}}$$

$$\frac{1}{2}mv_0^2 - \frac{GMm}{R} = \frac{1}{2}mv^2 - \frac{GMm}{r}$$

$$v^2 = v_0^2 - \frac{2GM}{R} + \frac{2GM}{r} = \frac{6GM}{R} + \frac{2GM}{r} = 2GM\left(\frac{3}{R} + \frac{1}{r}\right)$$

$$v = \sqrt{2GM\left(\frac{3}{R} + \frac{1}{r}\right)}$$

15 회전하고 있는 원반형 물체의 질량이 m이고 반경이 r 인 경우 회전한 총 각도 및 시간을 각각 θ및 t라 할 때, 다음의 각 사항을 수식으로 나타내어라.

(a) 각속도 ω, (b) 각가속도 α, (c) 돌림힘 τ,

(d) 관성모멘트 (I; Moment of Inertia), (e) 각운동량 (L; Angular Momentum)

■■ **풀이**

(a) $\omega = d\theta/dt$, (b) $\alpha = d\omega/dt = d^2\theta/dt^2$, (c) $\tau = rF = mra = mr^2\alpha$, (d) $I = 0.5mr^2$, (e) $L = I\omega$.

16 높이 3m 되는 곳에서부터 속이 가득 찬 드럼통이 경사면을 따라 굴러 내려오고 있다. 드럼통의 질량이 200kg이고 반경이 45cm 일 때, (a) 드럼통의 관성모멘트 I를 구하고, (b) 바닥에서의 속도 v를 구하여라.

■■ **풀이**

(a) $I = 0.5 \times mr^2 = 0.5 \times 200 \times 0.45^2 = 20.25kgm^2$

(b) $mgh = 0.5mv^2 + 0.5I\omega^2 = 0.5mv^2 + 0.5 \times 0.5 \times mr^2\omega^2 = 0.75mv^2$, $v^2 = gh/0.75 = (9.8 \times 3)/0.75 = 39.2$,
$v = 6.26\,\mathrm{m/s}$

17 반경이 1.5m이고 질량이 80kg 되는 원반형 놀이기구가 있다. 한 어린이가 가장자리에 힘을 가하여 놀이기구가 120rpm의 회전을 하도록 하려 한다.

(a) 이 어린이가 10N의 힘으로 민다면 최소한 얼마 동안 이 기구를 돌려야 하는가?

(b) 원반이 120rpm이 되었을 때 20kg인 이 어린이가 원반의 가장자리에 올라탔다. 원반의 회전속도는 어떻게 되겠는가?

■■ **풀이**

(a) $I = 0.5mr^2$, $\tau = rF = I\alpha = 0.5mr^2\alpha$ 및 $\omega = \omega_o + \alpha t$ 의 식을 이용한다.
$I = 0.5 \times 80 \times 1.5^2 = 90\,\mathrm{kg \cdot m^2}$, $rF = I\alpha = 90\alpha$, $\alpha = (10 \times 1.5)/90 = 0.1667\,\mathrm{rad/s^2}$,
$\omega = 120 \times 2\pi/60 = 12.566\,\mathrm{rad/s} = \alpha t$, $t = 12.5666/0.167 = 75.4\,\mathrm{sec}$.

(b) 운동량 보존 법칙으로부터, $I\omega = I'\omega'$, $I' = I + 20\times1.5^2 = 135kgm^2$,
$\omega' = I\omega/I' = 90\times120/135 = 80\text{rpm}$.

18 반경이 1.5m이고 질량이 30kg 되는 원반형 놀이기구가 있다. 한 어린이가 가장자리에 힘을 가하여 놀이기구가 120rpm의 회전을 하도록 하려한다.

(a) 이 어린이가 10N의 힘을 낸다면 최소한 얼마동안 이 기구를 돌려야 하는가?

(b) 원반이 120rpm이 되었을 때 20kg인 이 어린이가 원반의 가장자리에 올라탔다. 원반의 회전속도는 어떻게 되겠는가?

■■ **풀이**

(a) $I = 0.5mr^2$, $\tau = rF = I\alpha = 0.5mr^2\alpha$ 및 $\omega = \omega_o + \alpha t$ 의 식을 이용한다.
$I = 0.5\times30\times1.5^2 = 33.75kgm^2$, $rF = I\alpha = 30\alpha$, $\alpha = 10\times1.5/33.75 = 0.444\text{rad/s}^2$,
$\omega = 120\times2\pi/60 = 12.566\text{rad/s} = \alpha t$, $t = 12.566/0.444 = 28.3\text{sec}$.

(b) 운동량 보존 법칙으로부터, $I\omega = I'\omega'$, $I' = I + 20\times1.5^2 = 33.75 + 45 = 88.75kgm^2$,
$\omega' = I\omega/I' = 33.75\times120/88.75 = 45.6\text{rpm}$.

19 반경이 1.5m이고 질량이 30kg 되는 원반형 놀이기구가 있다. 한 어린이가 가장자리에 힘을 가하여 놀이기구가 60rpm의 회전을 하도록 하려 한다.

(a) 이 어린이가 5N의 힘을 낸다면 최소한 얼마 동안 이 기구를 돌려야 하는가?

(b) 원반이 60rpm이 되었을 때 20kg인 이 어린이가 원반의 가장자리에 올라탔다. 원반의 회전속도는 어떻게 되겠는가?

■ ■ 풀이

(a) $I = 0.5mr^2$, $\tau = rF = I\alpha = 0.5mr^2\alpha$ 및 $\omega = \omega_o + \alpha t$ 의 식을 이용한다.
$I = 0.5\times30\times1.5^2 = 33.75kgm^2$, $rF = I\alpha = 30\alpha$, $\alpha = 5\times1.5/33.75 = 0.222\text{rad/s}^2$,
$\omega = 60\times2\pi/60 = 6.233rad/s = \alpha t$, $t = 6.233/0.222 = 28.3\text{sec}$.

(b) 운동량 보존 법칙으로부터, $I\omega = I'\omega'$, $I' = I + 20\times1.5^2 = 33.75 + 45 = 88.75kgm^2$,
$\omega' = I\omega/I' = 33.75\times60/88.75 = 34.4\text{rpm}$.

20 질량 20kg인 물통이 지름 0.4m, 질량 30kg인 단단한 원통형 도르레에 감긴 밧줄에 매달려 있다. 이 물통이 정지 상태에서 우물의 꼭대기로부터 수면까지 25m을 낙하한다.

■■ **풀이**

도르레의 관성모멘트는 $I = \frac{1}{2}MR^2 = 0.5\times30\times0.2^2 = 0.6kg\cdot m^2$이다.

(a) $\frac{1}{2}I\omega^2 + mgh = \frac{1}{2}mv^2$, $\frac{1}{2}I(\frac{v}{R})^2 + mgh = \frac{1}{2}mv^2$에서 $v^2 = \frac{2mgh}{(m + I/R^2)} = 280$, $v = 16.73\text{m/s}$

(b) $t = \frac{\theta}{\omega}$, $\omega = \frac{v}{R}$이고, 25m 떨어지는 동안 도르레가 회전한 각도 $\theta = 125rad$이므로

$t = \frac{125}{83.65} = 1.49\text{s}$

10 진 동

1 단순조화진동을 하고 있는 어떤 물체의 각진동수가 5.8rad/s일 때 진동의 주기를 구하라.

■■ 풀이

1.1 초

2 단순조화진동을 하고 있는 물체가 진폭 $A = 6.3\text{cm}$, 각진동수 $\omega = 4.1\,\text{rad/s}$, 초기 위상각 $\phi = 0$이다.

(a) 물체의 변위 x, 속도 v, 가속도 a를 시간의 함수로 나타내어라.

(b) 시간 $t = 1.7\,\text{s}$에서의 x, v, a를 구하라.

■■ 풀이

(a) $x(t) = (0.063\,\text{m})\cos(4.1t)$, $v(t) = (-0.26\,\text{m/s})\sin(4.1t)$,
$a(t) = (-1.1\,\text{m/s}^2)\cos(4.1t)$

(b) $x(1.7\,\text{s}) = 0.049\,\text{m}$, $v(1.7\text{s}) = -0.16\,\text{m/s}$, $a(1.7\text{s}) = -0.82\,\text{m/s}^2$

3 길이가 l이고 힘상수가 k인 용수철을 두 개의 용수철로 잘랐다. 길이의 비를 1:3으로 잘랐다면 용수철의 힘상수는 각각 어떻게 변하는가?

■■ 풀이

용수철 상수는 길이에 반비례 하므로 같은 힘이 작용할 때 용수철 상수는 3 : 1이 된다.

4 용수철상수 $k = 1.6 \times 10^2\,\text{N/m}$인 가벼운 용수철에 질량 0.4kg의 추를 달아 마찰이 없는 수평면 위에 놓았다. 이 추를 용수철의 평형점에서 30cm 되는 점까지 당겼다가 가만히 놓았을 때 추가 평형점을 지나는 순간의 속력은 얼마인가?

■■ 풀이

6.0m/s

5 주기가 T, 진폭이 A인 어떤 단순조화진동자가 $x = A$에서 $x = \dfrac{A}{2}$까지 이동하는 데 걸리는 시간은 얼마인가?

■■ 풀이

T/6

6 그림과 같이 두 용수철에 질량 m인 물체가 붙어 있다. 각 용수철의 힘상수가 k라면 물체의 진동수는 $\nu = \frac{1}{2\pi}\sqrt{\frac{k}{2m}}$ 임을 보여라. 마찰은 무시하라.

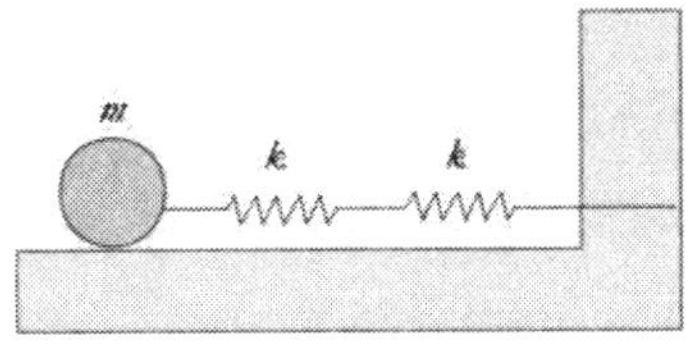

그림 10.12

■■ **풀이**

진동수 $\nu = \frac{1}{2\pi}\sqrt{\frac{k'}{m}}$ 에서 용수철이 직렬로 연결되어 있으면 같은 길이 x를 늘이는데 드는 힘이 용수철 하나가 있을 때의 절반(1/2)이 필요하다. 따라서 $k' = \frac{k}{2}$ 이므로

$$\nu = \frac{1}{2\pi}\sqrt{\frac{k/2}{m}} = \frac{1}{2\pi}\sqrt{\frac{k}{2m}}$$

이다.

7 그림과 같이 두 용수철에 질량 m인 물체가 붙어 있다. 각 용수철의 힘상수가 k라면 물체의 진동수는 $\nu = \frac{1}{2\pi}\sqrt{\frac{2k}{m}}$ 임을 보여라. 마찰은 무시하라.

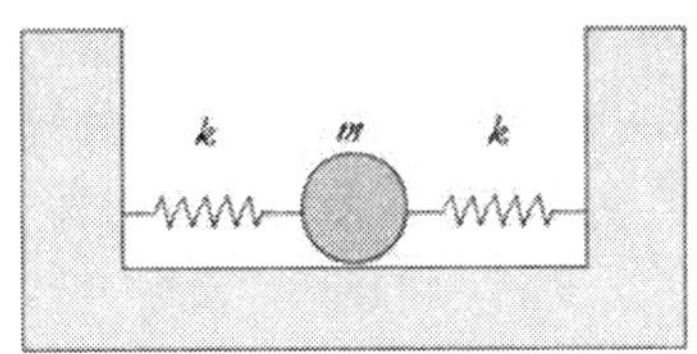

그림 10.13

■■ **풀이**

문제 10.12와 달리 이 경우는 양 쪽의 용수철 모두를 변형시켜야 하므로 두 배(2)의 힘이 필요하다. 따라서 $k' = 2k$ 이므로 $\nu = \frac{1}{2\pi}\sqrt{\frac{2k}{m}}$.

8 용수철상수 $k = 22$ N/m인 가벼운 용수철에 물체가 매달려 진폭 $A = 8.7$cm의 단순조화진동을 할 때 계의 총 역학적 에너지를 구하라.

■■ **풀이**

0.083 J

9 자동차는 수직방향으로 진동할 수 있는 용수철 위에 놓여 있는 것으로 간주할 수 있다. 자동차의 용수철이 5.0Hz의 진동수를 갖도록 조절되어 있다.

(a) 이 차의 질량이 1500kg이면 용수철의 힘상수는 얼마인가?

(b) 체중이 70kg인 사람이 다섯 명이 타고있다면 진동수는 어떻게 변하나?

■■ 풀이

(a) $f=5.0=\dfrac{1}{2\pi}\sqrt{\dfrac{k}{m}}$ 에서 $k=m(10\pi)^2=1.48\times10^6(\mathrm{N/m})$

(b) $f=\dfrac{1}{2\pi}\sqrt{\dfrac{k}{m}}=\dfrac{1}{2\pi}\sqrt{\dfrac{1.48\times10^6}{5\times70}}=10.3\mathrm{Hz}$

10 소리굽쇠의 한 끝이 진폭이 0.4mm이고 진동수가 500Hz으로 단순조화진동을 하고 있다. 소리굽쇠 끝의 최대가속도와 최대속력을 구하라.

■■ 풀이

$a_{\max}=\omega^2A=(2\pi f)^2A=3.96\times10^3\,\mathrm{m/s^2}$, $v_{\max}=\omega A=2\pi fA=1.26\,\mathrm{m/s}$

11 반경 $R=14\mathrm{cm}$의 미끄러운 원형 용기의 바닥 근처에서 얼음 조각이 작은 진폭의 단진동을 하고 있을 때 그 진동의 주기는 얼마인가?

■■ 풀이

0.75 초

12 주기가 0.11초인 단진자가 엘리베이터 안에 걸려있다.

(a) 엘리베이터가 가속도 $g/2$로 위로 올라가고 있을 때 단진자의 주기는 얼마인가?

(b) 엘리베이터가 3.5m/s의 일정한 속도로 위로 올라가고 있을 때 단진자의 주기는 얼마인가?

(c) 엘리베이터가 가속도 $g/2$로 아래로 내려가고 있을 때 단진자의 주기는 얼마인가?

■■ 풀이

(a) 0.09 초
(b) 0.11 초
(c) 0.16 초

13 어떤 행성 표면에서의 중력가속도의 크기가 지구에서의 값의 4배이다. 지구에서의 어떤 단진자의 주기가 2초이면 행성에서의 주기는 얼마인가?

■■ 풀이

1 초

14 길이가 1.0m의 단진자가 어떤 지점에서 일분동안 40번 진동한다. 이 지점의 중력가속도를 구하라.

■■ **풀이**

$f = 40/60 = \frac{2}{3}Hz$, $g = (2\pi f)^2 l = 17.53\mathrm{m/s^2}$

15 그림 10.9의 비틀림 진자에서 원반의 질량이 $M = 200\mathrm{g}$이고 반경이 $R = 8.0\mathrm{cm}$이며 줄의 비틀림 상수가 $\kappa = 1.5\mathrm{N \cdot m}$일 때 비틀림 진자의 진동 주기를 구하라. 원반의 관성모우먼트는 $I = \frac{1}{2}MR^2$이다.

■■ **풀이**

0.13 초

16 용수철에 부착된 어떤 물체가 감쇠 진동을 하고 있다. 진동의 진폭이 $t = 0$에서 12cm이고 2.4분 후에 진폭이 6.0cm가 되었다. 진폭이 3.0cm가 되는 시간을 구하라.

■■ **풀이**

4.8분

17 $F = kx$로 표현되는 Hooke의 법칙을 만족하는 진동체의 움직임이 $x = Xcos(\omega t)$로 나타난다.

(a) 진동체의 속도(v)를 구하는 식을 나타내어라.

(b) 가속도(a)는 어떻게 되겠는가?

(c) 주기는 어떻게 나타낼 수 있는가?

■■ **풀이**

(a) $v = -\omega Xsin(\omega t) = -v_{max}sin(\omega t)$, $kX^2 = mv_{max}^2$, $v_{max} = X(k/m)^{1/2}$

(b) $a = -\omega v_{max}cos(\omega t) = -\omega^2 Xcos(\omega t)$ 또는 $ma = -kx$로부터, $a = -(k/m)Xcos(\omega t)$

(c) $T = 2\pi/\omega$

18 Hooke의 법칙($F = kx$)을 따르는 질량 m의 물체가 $x = Xcos(2\pi t/T)$ 식으로 표현되는 주기운동을 한다.

(a) 이 주기운동이 가지는 에너지 보존의 식과,

(b) dx/dt로 나타나는 속도 v를 식으로 나타내고

(c) v_{max}를 진폭 X와의 관계식으로 나타내어라, 그리고

(d) 이 진동이 갖는 주기가 $T = 2\pi\sqrt{m/k}$가 됨을 증명하여라.

■■ 풀이

(a) $\frac{1}{2}mv^2 + \frac{1}{2}kx^2 = \frac{1}{2}kX^2$,

(b) $v = dx/dt = -(2\pi X/T)\sin(2\pi t/T)$,

(c) $mv_{max}^2 = kX^2$, $v_{max} = X\sqrt{k/m}$,

(d) $T = 2\pi X/v_{max} = 2\pi\sqrt{m/k}$

19 다음의 용어들을 수식을 동원하여 설명하여 보아라.

(a) Hooke의 법칙

(b) 복원력(Restoring Force)

(c) 탄성 퍼텐셜에너지(Elastic Potential Energy)

■■ 풀이

(a) $F = kx$,

(b) $F = -kx$,

(c) $PE = (1/2)kx^2$.

11 파 동

1 지구 속을 진행하는 지진파는 종파인 P파와 횡파인 S파를 함께 가지고 있다. 어느 관측점에서 측정한 P파와 S파의 평균 속력이 각각 $c_p = 6{,}000\,\mathrm{m/s}$, $c_s = 3{,}300\,\mathrm{m/s}$이었고, 이 파들은 1분 간격으로 관측되었다. 지진의 진원지는 관측점으로부터 얼마나 떨어져 있는가?

■■ 풀이

진앙지와 관측점 사이의 거리를 r로 두면 종파와 횡파의 도달시간 차이는

$$\Delta t = r/c_s - r/c_p = \frac{r\,(c_p - c_s)}{c_p\,c_s}$$

이다. 따라서

$$r = \frac{c_p\,c_s}{(c_p - c_s)}\Delta t$$

$$\therefore\ r = \frac{6000\ \mathrm{m/s}\,3300\ \mathrm{m/s}}{(6000\ \mathrm{m/s} - 3300\ \mathrm{m/s})}60\ \mathrm{s} = 440\ \mathrm{km}$$

2 다음 함수들 중 진행파를 나타내는 것은 어느 것인가?

(a) $A\log(2x - t)$

(b) $A\sin^2(x - 2t)$

(c) $A\sin^2(x - 2t)^2$

(d) $\mathrm{A}\,(x^2 + 2t)^{-2}$

(e) $Ae^{-\sigma(x-t)^2}$

(f) $Ae^{-2t}\cos(x - t)$

(g) $A\cos(x^2 - 2t^2)$

■■ 풀이

진행파는 $f(x \pm vt)$의 함수 꼴이어야 하므로 (a), (b), (c), (e)이다.

3 보통 인간이 귀로 들을 수 있는 가장 낮은 음의 진동수는 약 20Hz이고, 가장 높은 음의 진동수는 약 20,000Hz이다. 공기 중에서 이 두 음파의 파장은?

■■ 풀이

$v = f\lambda$에서 공기 중 소리의 속도는 343m/s이므로,

가장 낮은 진동수(20Hz)에서는 $\lambda = \frac{343}{20} = 17.15\,\mathrm{m}$

가장 높은 진동수(20,000Hz)에서는 $\lambda = \frac{343}{20000} = 1.715\,\mathrm{cm}$

4 박쥐는 초음파를 발사한다. 공중에서 박쥐가 발사하는 가장 짧은 파장은 3.3mm이다. 박쥐가 발사할 수 있는 가장 큰 진동수는 얼마인가?

■■ **풀이**

파장이 가장 짧을 때 진동수가 가장 크다. 따라서, 이때의 진동수는

$$f=\frac{v}{\lambda}=\frac{343}{3.3\times10^{-3}}=1.04\times10^{5}\,\mathrm{Hz}$$

5 줄 위에서 조화파에 대한 파동함수가 $y(x,t)$ $=(0.03\,\mathrm{m})\sin[(2.2\mathrm{m}^{-1})x-(3.5\mathrm{s}^{-1})t]$로 주어진다.

(a) 이 파의 진행방향과 속력은?

(b) 이 파의 파장, 진동수, 주기를 구하라.

(c) 줄 위의 임의의 한 부분에서의 최대변위는 얼마인가?

■■ **풀이**

(a) $k=2.2,\ \omega=3.5$이므로, $v=\frac{\omega}{k}=\frac{3.5}{2.2}=1.59\,\mathrm{m/s}$이며, 진행방향은 $y=Asin(kx-\omega t)$의 모양이므로 $+x$ 방향.

(b) 파장 $\lambda=\frac{2\pi}{k}=\frac{2\pi}{2.2}=2.85\,\mathrm{m}$, 진동수 $f=\frac{\omega}{2\pi}=\frac{3.5}{2\pi}=0.56\,\mathrm{s}^{-1}$

주기 $T=\frac{1}{f}=\frac{1}{0.56}=1.79\,\mathrm{s}$

(c) 최대변위는 진폭 0.03m

6 진폭 A가 0.01m이고, 진동수 f가 20.0Hz, 그리고 파장 λ가 0.10m인 사인파가 $+x$ 축 방향으로 진행하고 있다. $t=0$일 때 $x=0$ 지점에서의 변위가 5×10^{-3}m이었다. 파동함수를 구하라.

■■ **풀이**

$y(x,\ t)=A\sin(kx-\omega t+\phi)$에서

$$A=0.01\,\mathrm{m},\quad k=2\pi/\lambda=2\pi/0.10=20\pi,$$

$$\omega=2\pi f=2\pi\ 20=40\pi,$$

따라서

$$y(x,t)=0.01\sin(20\pi x-40\pi t+\phi)\,\mathrm{m}$$

이다. 한편 $y(0,0)=5\times10^{-3}\,\mathrm{m}$임으로

$$y(0,0)=0.01\sin(20\pi\ 0-40\pi 0+\phi)\mathrm{m}=0.01\sin(\phi)\mathrm{m}=5\times10^{-3}\,\mathrm{m}$$

$$\therefore \phi=\pi/6$$

이다. 구하고자 하는 파동함수는

$$y(x,t)=0.01\sin(20\pi x-40\pi t+\pi/6)\,\mathrm{m}$$

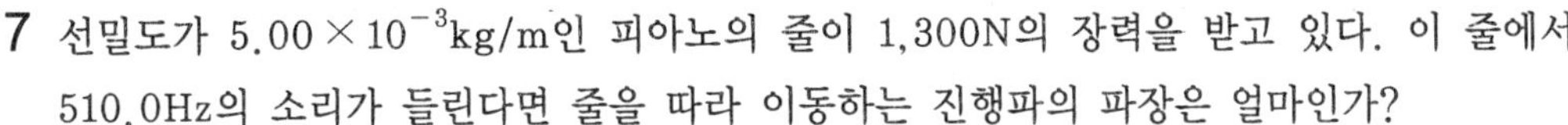

7 선밀도가 5.00×10^{-3}kg/m인 피아노의 줄이 1,300N의 장력을 받고 있다. 이 줄에서 510.0Hz의 소리가 들린다면 줄을 따라 이동하는 진행파의 파장은 얼마인가?

■■ 풀이

510.0 Hz의 소리가 들린다는 것은 줄이 이 진동수로 진동한다는 것을 의미하므로 줄 위에서의 파동속도는 $v=\sqrt{T_o/\rho_l}=f$, $\lambda=\sqrt{T_o/\rho_l}\,/f$ 이다. 따라서

$$\lambda=\sqrt{1300\text{ N}/5.00\times10^{-3}\text{ kg/m}}\;/510.0\text{ Hz}\simeq 1\text{ m}$$

8 550N의 장력을 받는 길이 80cm의 철사에서 횡파가 150m/s의 속력으로 진행한다. 철사의 질량을 구하라.

■■ 풀이

$v=\sqrt{\dfrac{T_o}{\rho}}$ 에서 $\rho=\dfrac{T_o}{v^2}$이고 철사의 질량 $m=\rho l$이므로, 철사의 질량은

$$m=\frac{T_o}{v^2}l=\frac{550\times0.8}{150^2}=0.0196\text{kg}=19.6\text{g}$$

9 줄 위에서 파동이 진행하고 있을 때 임의의 지점에서 운동에너지와 퍼텐셜에너지가 동일함을 보여라.

■■ 풀이

진행파의 파동함수가 $f(x\pm vt)$ 일 때 t 시간, x 지점의 dx 입자가 갖는 운동에너지는

$$dK=1/2\rho_l\,dx\,(df/dt)^2$$

이고, 위치에너지는

$$dV=1/2\;T_o\,dx\,(df/dx)^2$$

이다.

한편, $\dfrac{df(x\pm vt)}{dt}=\dfrac{df(x\pm vt)}{d(x\pm vt)}\dfrac{d(x\pm vt)}{dt}=\pm\dfrac{df(x\pm vt)}{d(x\pm vt)}v$이고,

$\dfrac{df(x\pm vt)}{dx}=\dfrac{df(x\pm vt)}{d(x\pm vt)}\dfrac{d(x\pm vt)}{dx}=\dfrac{df(x\pm vt)}{d(x\pm vt)}$ 임으로

$$dK=\frac{1}{2}\rho_l\,dx\left(\frac{df(x\pm vt)}{d(x\pm vt)}\right)^2v^2=\frac{1}{2}\rho_l\,dx\left(\frac{df(x\pm vt)}{d(x\pm vt)}\right)^2\frac{T_o}{\rho_l}=\frac{1}{2}T_o\,dx\left(\frac{df(x\pm vt)}{d(x\pm vt)}\right)^2$$

$$dV=\frac{1}{2}T_o\,dx\left(\frac{df(x\pm vt)}{d(x\pm vt)}\right)^2$$

이다. 따라서 $dK=dV$ 이다.

10 바이올린 현이 어떤 음에 조율할 때 본래의 진동수의 2배인 음을 내기 위해서는 현에 얼마의 장력을 더 가하여야 하나?

풀이

진동수가 2배인 음을 내기 위해서는 파의 전파속도가 2개가 되어야 한다. 파의 속도 $v=\sqrt{\frac{T_o}{\rho}}$ 에서 줄의 밀도가 일정하다면 속도가 2배가 되기 위해서는 장력이 4배가 되어야 한다. 즉 4배의 장력을 가해주면 본래 진동수의 2배인 음을 낼 수 있다.

11 $y(x,\ t) = A\cos(\pi \mathrm{x}/\mathrm{m} - 100\pi t/\mathrm{s})$로 표시되는 사인파가 선밀도가 ρ_ℓ, 그리고 장력이 T_0인 줄 위를 진행하고 있다. 시간이 $t=0$일 때 운동에너지밀도와 퍼텐셜에너지밀도를 위치의 함수로 표시하라.

풀이

$t=0$일 때의 운동에너지밀도는 $dK/dx = 1/2\rho_l\ ((dy/dt)\,|_{t=0})^2$이고, 위치에너지밀도는

$$dV/dx = 1/2\ T_o\,((dy/dx)\,|_{t=0})^2$$

이다. 여기서 $(dy/dt)\,|_{t=0} = A100\pi\ \sin\pi x$이고, $(dy/dx)\,|_{t=0} = -A\pi\sin\pi x$임으로

$$dK/dx = 1/2\rho_l\ A^2 10^4\pi^2\sin^2\pi x = 1/2\,T_o\,A^2\,\pi^2\sin^2\pi x$$

($\because v = \omega/k = 100\pi/\pi = 100 = \sqrt{T_o/\rho_l}$ 에서 $T_o = 10^4\rho_l$ 임으로)이다. 그리고

$$dV/dx = 1/2\ T_o\,(-A\pi\sin\pi x)^2 = 1/2\ T_o\,A^2\pi^2\sin^2\pi x$$

이 된다. 여기서도 $dK/dx = dV/dx$ 임을 알 수 있다.

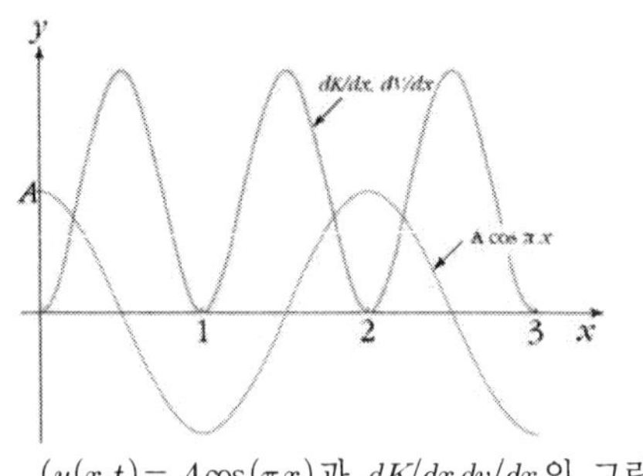

$(y(x,t) = A\cos(\pi x)$과 $dK/dx\ dv/dx$의 그림)

12 $y_1(x,\ t) = A\sin(2\pi x/\mathrm{m} - 40\pi t/\mathrm{s})$와 $y_2(x_1, t) = -A\sin(2\pi x/\mathrm{m} + 40\pi t/\mathrm{s})$인 두 개의 진행파가 서로 마주보며 줄 위를 진행하고 있다.

(a) $t=0$일 때 각 파동의 변위, 입자속도를 구하고, 그림을 그려보아라.

(b) 이 때 중첩파동의 변위, 입자속도를 구하고, 그림을 그려보아라.

(c) $t=(1/80)s$일 때 각 파동의 변위, 입자속도를 구하고, 그림을 그려보아라.

(d) 이 때 중첩파동의 변위, 입자속도를 구하고, 그림을 그려 보아라.

풀이

(a) $t=0$ 일 때, 변위는 $y_1(x,0)=A\sin(2\pi x)$, $y_2(x,0)=-A\sin(2\pi x)$임으로 두 파동의 변위는 위상이 180° 바뀌어져 있다.

그리고 입자속도는 $V_p=dy/dt$ 에서

$$dy_1/dt\,|_{t=0}=A(-40\pi)\cos(2\pi x),\ \ dy_2/dt\,|_{t=0}=-A(40\pi)\cos(2\pi x)$$

임으로 두 파동의 입자속도는 동일위상이다.

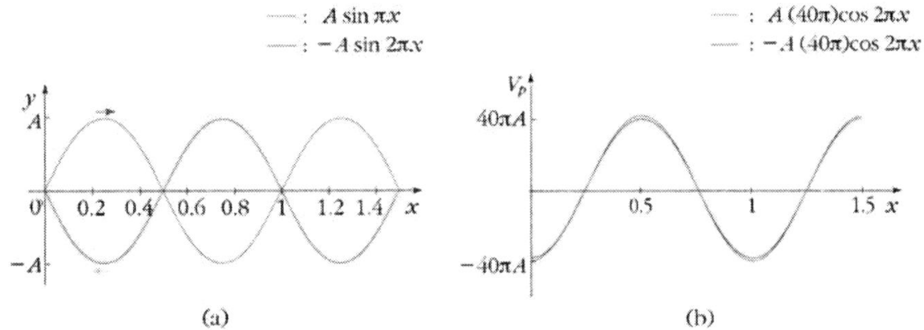

(a) $A\sin(2\pi x)$와$-A\sin(2\pi x)$, 그리고 (b) $A(-40\pi)\cos(2\pi x)$와 $-A(40\pi)\cos(2\pi x)$의 그래프)

(b) 이 때 중첩파동의 변위는 $y(x.0)=y_1(x,0)+y_2(x,0)=0$ 이다. 그리고 중첩파동의 입자속도는 $\left.\frac{dy_1}{dt}\right|_{t=0}+\left.\frac{dy_2}{dt}\right|_{t=0}=-2A(40\pi)\cos(2\pi x)$로 각 지점에서의 속도는 2배로 증가한다.

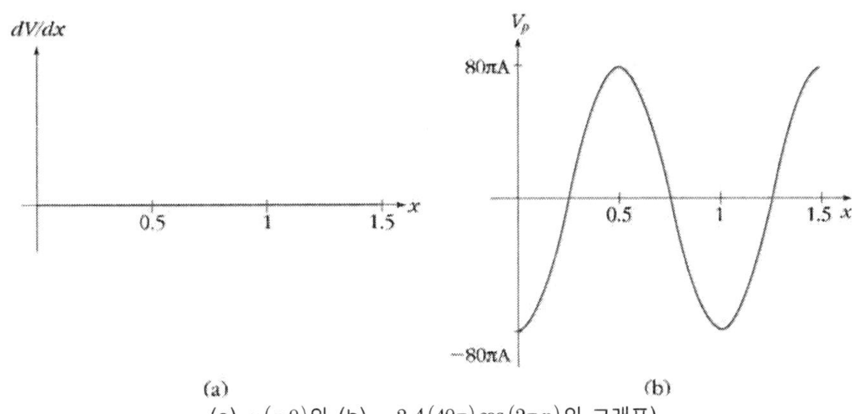

(a) $y(x.0)$와 (b) $-2A(40\pi)\cos(2\pi x)$의 그래프)

(c) $t=1/80$일 때, 변위는 $y_1(x,0)=A\sin(2\pi x-0.5\pi)=-A\cos(2\pi x)$와 $y_2(x,0)=-A\sin(2\pi x+0.5\pi)$ $=-A\cos(2\pi x)$임으로 동일위상이다.

그리고 입자속도는

$dy_1/dt\,|_{t=1/80}=A(-40\pi)\cos(2\pi x-0.5\pi)=A(-40\pi)\sin(2\pi x)$와

$dy_2/dt\,|_{t=1/80}=-A(40\pi)\cos(2\pi x+0.5\pi)=A(40\pi)\sin(2\pi x)$로 위상이 180° 만큼 차이가 난다.

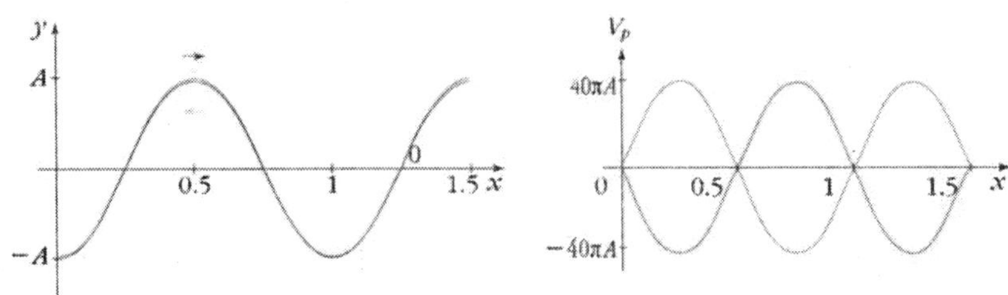

(a) $-A\cos(2\pi x)$와 $-A\cos(2\pi x)$, 그리고 (b) $A(-40\pi)\sin(2\pi x)$와 $A(40\pi)\sin(2\pi x)$의 그래프)

(d) 이 때 중첩파동의 변위는 $y(x,0) = y_1(x,0) + y_2(x,0) = -2A\cos(2\pi x)$이다. 그리고 중첩파동의 입자 속도는 $dy_1/dt\mid_t = 1/80 + dy_2/dt\mid_t = 1/80 = 0$이다.

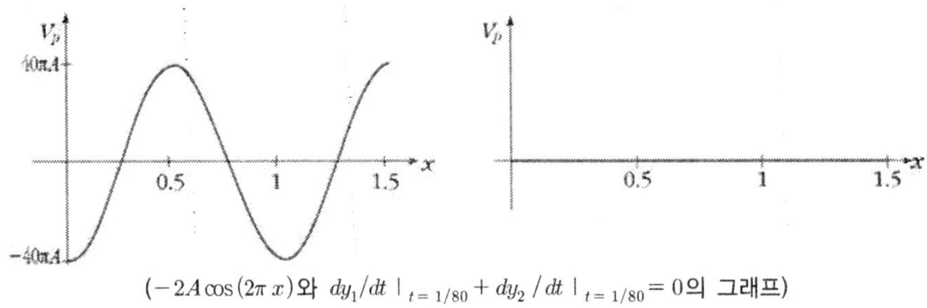

($-2A\cos(2\pi x)$와 $dy_1/dt\mid_{t=1/80} + dy_2/dt\mid_{t=1/80} = 0$의 그래프)

13 문제 12와 같은 두 진행파가 있을 때,

(a) $t = 0$일 때 각 파동의 운동에너지밀도와 퍼텐셜에너지밀도를 구하고, 그림을 그려보아라.

(b) 이 때 중첩파동의 운동에너지밀도와 퍼텐셜에너지밀도를 구하고, 그림을 그려보아라.

(c) $t = (1/80)$일 때 각 파동의 운동에너지밀도와 퍼텐셜에너지밀도를 구하고, 그림을 그려보아라.

(d) 이 때 중첩파동의 운동에너지밀도와 퍼텐셜에너지밀도를 구하고, 그림을 그려보아라.

■■ **풀이**

(a) $t=0$에서 각 파동의 운동에너지밀도는

$dK_1/dx = 1/2\rho_l\,((dy_1/dt)\mid_{t=0})^2 = 1/2\rho_l A^2(-40\pi)^2\cos^2(2\pi x)$,

$dK_2/dx = 1/2\rho_l\,((dy_2/dt)\mid_{t=0})^2 = 1/2\rho_l(-A)^2(40\pi)^2\cos^2(2\pi x)$

로 둘 다 같다. 또한 위치에너지밀도는

$dV_1/dx = 1/2\ T_o\,((dy_1/dx)\mid_{t=0})^2 = 1/2\ T_o(A)^2(2\pi)^2\cos^2(2\pi x)$와

$dV_2/dx = 1/2\ T_o\,((dy_2/dx)\mid_{t=0})^2 = 1/2\ T_o(-A)^2(2\pi)^2\cos^2(2\pi x)$

$= 1/2\ \rho_l^2 A^2(40\pi)^2\cos^2(2\pi x)$

로 서로 같을 뿐만 아니라 운동에너지밀도와도 동일하다.

(여기서 $v = 40\pi/2\pi = \sqrt{T_o/\rho_l}$ 로부터 $T_o = 20^2\rho_l$)

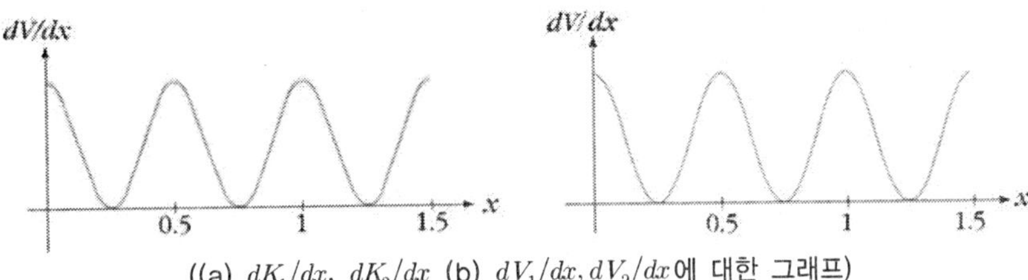

((a) dK_1/dx, dK_2/dx (b) $dV_1/dx, dV_2/dx$에 대한 그래프)

(b) 문제 11.7의 나)에서 중첩파의 입자속도는 $-2A(40\pi)\cos(2\pi x)$ 임으로 선운동에너지밀도는 $dK/dx = 1/2\rho_l\,((d(y_1+y_2)/dt)\,|_{t=0})^2 = 1/2\rho_l(-2)^2A^2(-40\pi)^2\cos^2(2\pi x) = 4dK_1/dx$로 dK_1/dx이나 dK_2/dx에 비해 4배 증가한다. 한편 선위치에너지밀도는 $dV/dx = 1/2\ T_o\,((d(y_1+y_2)/dx)\,|_{t=0})^2 = 0$이 된다.

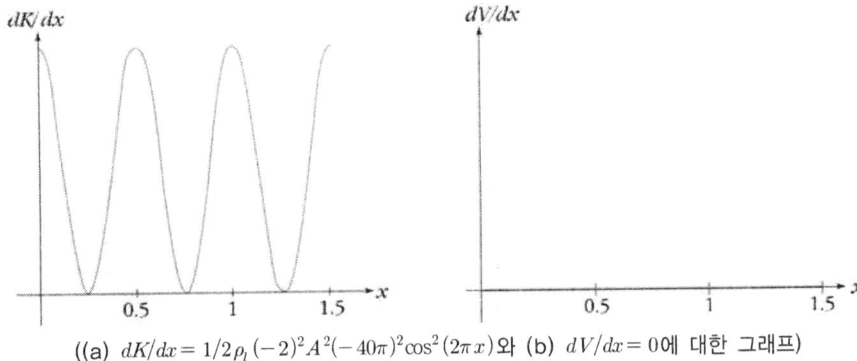

((a) $dK/dx = 1/2\rho_l(-2)^2A^2(-40\pi)^2\cos^2(2\pi x)$와 (b) $dV/dx = 0$에 대한 그래프)

(c) $t = 1/80$에서 각 파동의 운동에너지밀도는

$$dK_1/dx = 1/2\rho_l\,((dy_1/dt)\,|_{t=1/80})^2 = 1/2\rho_l A^2(-40\pi)^2\sin^2(2\pi x)$$와

$$dK_2/dx = 1/2\rho_l\,((dy_2/dt)\,|_{t=1/80})^2 = 1/2\rho_l A^2(40\pi)^2\sin^2(2\pi x)$$

로 서로 같다. 그리고 위치에너지밀도는

$$dV_1/dx = 1/2\ T_o\,((dy_1/dx)\,|_{t=1/80})^2 = 1/2\ T_o\,(A)^2(2\pi)^2\sin^2(2\pi x)$$와

$$dV_2/dx = 1/2\ T_o\,((dy_2/dx)\,|_{t=1/80})^2 = 1/2\ T_o\,(A)^2(2\pi)^2\sin^2(2\pi x)$$

$$= 1/2\rho_l A^2(40\pi)^2\sin^2(2\pi x)$$

로 서로 같을 뿐만 아니라 운동에너지밀도와도 같다.

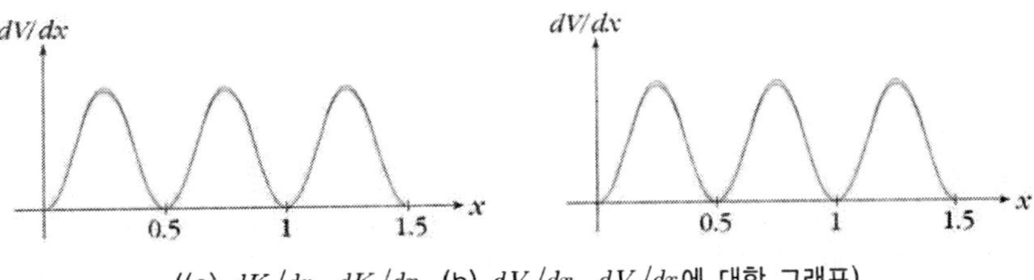

((a) dK_1/dx, dK_2/dx, (b) dV_1/dx, dV_2/dx에 대한 그래프)

(d) 이 때 중첩파에 대한 운동에너지밀도는

$$dK/dx = 1/2\rho_l\ ((d(y_1+y_2)/dt)\mid_{t=1/80})^2 = 0$$

이 되고, 위치에너지밀도는

$$dV/dx = 1/2\ \ T_o\ ((d(y_1+y_2)/dx)\mid_{t=1/80})^2 = 1/2\ \ T_o\ 2^2(A)^2(2\pi)^2\sin^2(2\pi x)$$

로 dV_1/dx나 dV_2/dx에 비해 4배 증가한다.

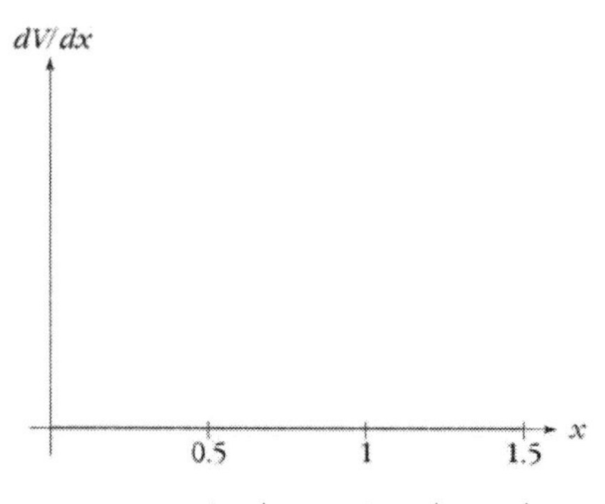

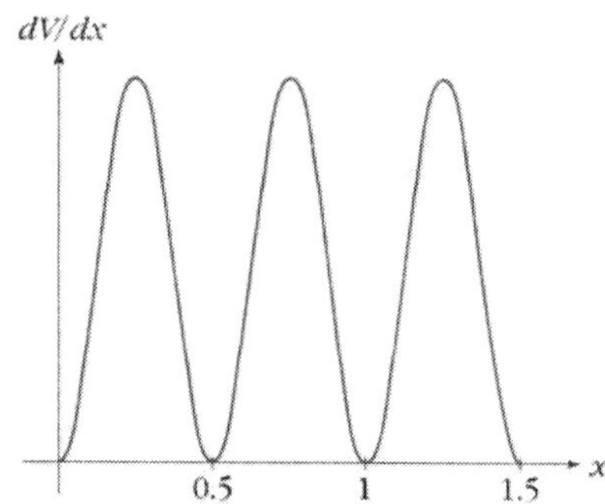

($dK/dx = 0$과 $dV/dx = 1/2\ \ T_o\ 2^2(A)^2(2\pi)^2\sin^2(2\pi x)$의 그래프)

14 음압에 대한 어떤 파동함수가 $p(x,t) = \rho_0\sin(kx-\omega t)$일 때, 입자속도 V_p와의 관계는 $p = \rho c V_p$이다. 여기서 ρ는 밀도, c는 음속이다.

(a) 음압과 입자속도의 위상차가 0임을 보여라.

(b) 음압과 변위의 위상차가 90°임을 보여라.

풀이

(a) $p = \rho c V_p$임으로 $V_p = p_o/\rho c\sin(kx-\omega t)$이다. 따라서 V_p와 p는 동일위상이다.

(b) 변위는 $y = \int V_p\,dt$임으로 $y = p_o/(\omega\rho c)\cos(kx-\omega t)$이 된다. 따라서 압력 p의 위상이 변위 y의 위상보다 90° 늦다.

15 자동차 경적의 진동수는 400Hz이다.

(a) 경적음의 파장과, (b) 차가 정지된 공기 중에서 정지해 있는 관측자를 향하여 34m/s의 속력으로 움직인다고 할 때, 관측되는 진동수를 구하라. 공기 중에서 음속은 340m/s로 하라. (c) 차가 정지해 있고 관측자가 차를 향하여 34m/s로 움직일 때, 수신되는 진동수를 구하라.

풀이

(a) $\lambda = \dfrac{c}{f_o} = \dfrac{340}{400} = 0.85\,\text{m}$

(b) $f = \dfrac{c}{c-v_s}f_o = \dfrac{340}{340-34}\times 400 = 444.44\,\text{Hz}$

(c) $f = \dfrac{c+v_o}{c}f_o = \dfrac{340+34}{340}\times 400 = 440\,\text{Hz}$

16 경찰용 과속측정기가 3×10^{10} Hz의 초단파를 발사한다. 공기 중에서 이 파의 속력은 3×10^{8} m/s이다. 정지해 있는 경찰차로부터 멀어져가는 자동차의 속력이 140km/h 라고 가정하자. 보내진 신호와 멀어져 가는 차가 수신하는 신호의 진동수 차이는 얼마인가?

■■ **풀이**

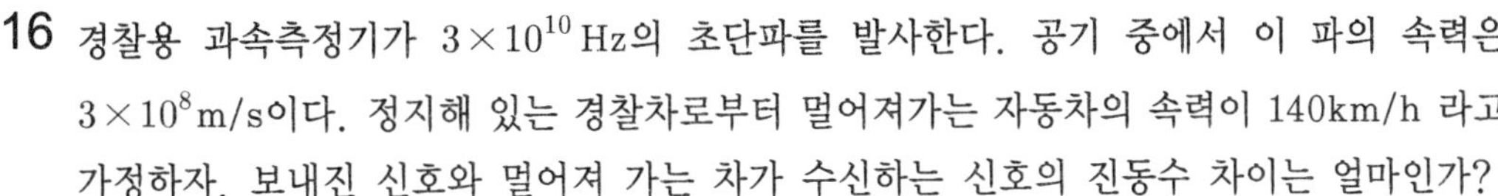

$$f_o - f = f_o - \frac{c-v_o}{c} f_o = f_o(1-\frac{c-v_o}{c}) = f_o \frac{v_o}{c} = 3\times10^{10}\times\frac{38.9}{3\times10^{8}} = 3.89\times10^{3}\,\text{Hz}$$

17 20°C의 공기 중에서 초속 8m/s의 속력으로 날고 있는 박쥐가 초속 5m/s의 속력으로 접근하고 있는 사마귀에 대하여 77kHz의 진동수를 갖는 초음파를 내 보냈다.

(a) 사마귀가 듣는 초음파의 진동수는 얼마인가?

(b) 박쥐에게 되돌아오는 초음파의 진동수는 얼마인가?

■■ **풀이**

예제 11.4로부터 기온이 20°C 일 때 공기중의 음속은 343m/s이다.

(a) 박쥐가 음원이고, 사마귀가 관측자임으로 사마귀가 듣게되는 초음파의 진동수 f_1은

$$f_1 = \frac{c+v_o}{c-v_s} = \frac{343\,\text{m/s}+5\,\text{m/s}}{343\,\text{m/s}-8\,\text{m/s}} 77\,\text{kHz} \simeq 80\,\text{kHz}$$

이다.

(b) 이제는 사마귀로부터 되돌아가는 f_1이 음원이 되고, 박쥐가 초음파를 듣는 관측자가 되므로 최종 진동수 f_2는

$$f_2 = \frac{c+v_o}{c-v_s} = \frac{343\,\text{m/s}+8\,\text{m/s}}{343\,\text{m/s}-5\,\text{m/s}} 80\,\text{kHz} \simeq 83\,\text{kHz}$$

가 된다.

18 음파와 관련하여 (a) 소리의 세기(Intensity)와 (b) 데시벨(Decibel, dB)을 정의하고 (c) 기준세기(Reference Intensity)의 값은 얼마인지 나타내어라. 그리고 (d) 90 dB의 소리가 1cm^2의 고막을 울리는 일률은 얼마인지 계산하여라.

■■ **풀이**

(a) $I=P/A$, P: 면적 A를 지나는 일률.

(b) $\beta(dB) = 10log_{10}(I/I_o)$.

(c) $I_o = 10^{-12}\,\text{W/m}^2$.

(d) $I = I_o\times10^9 = 10^{-3}$, $P = IA = 0.001\times0.0001 = 10^{-7}\,\text{W}$

19 음파와 관련하여 (a) 한쪽 끝이 닫힌 관의 공명현상에 대하여 그림을 그려 자세히 설명하고 (b) 일어날 수 있는 진동수를 식으로 나타내어라.

■■ **풀이**

(a) 기본진동수(Fundamental), 배음(Overtone), 조화파(harmonics) 등 그림과 더불어 설명. 교재의 그림 16-17 참조.

(b) $f_n = nv_w/(4L)$, $n = 1,3,5,...$

20 음파와 관련하여 (a) 양쪽 끝이 열린 관의 공명현상에 대하여 그림을 그려 자세히 설명하고 (b) 일어날 수 있는 진동수를 식으로 나타내어라.

■■ **풀이**

(a) 기본진동수(Fundamental), 배음(Overtone), 조화파(harmonics) 등 그림과 더불어 설명. 교재의 그림 16-19 참조.

(b) $f_n = nv_w/(2L)$, $n = 1,2,3,...$

21 음속이 342.0m/s일 때 어떤 물체가 진동수 1,000Hz의 소리를 내며 90km/h의 속력으로 다가오고 있다. 이 소리를 듣는 관찰자는 실제 소리의 진동수와 다르게 느껴지는데 (a) 이 현상에 대하여 설명하고 (b) 맞은 편 관찰자가 느끼는 소리의 진동수를 계산하라. (c) 물체가 멀어져갈 때 소리의 진동수는 얼마가 되겠느냐? (d) 각각의 경우 사람의 가청범위와 비교하여라.

■■ **풀이**

(a) Doppler 효과; $f_{obs} = f_s v_w/(v_w \pm v_s)$, - 접근 시, + 멀어져갈 때.

(b) $v_s = 90\text{km/h} = 25\text{m/s}$, $f_{obs} = f_s v_w/(v_w \pm v_s) = 1{,}000 \times 342/(342.0 - 25) = 1{,}079\,\text{Hz}$,

(c) $f_{obs} = f_s v_w/(v_w \pm v_s) = 1{,}000 \times 342/(342.0 + 25) = 932\,\text{Hz}$,

(d) 사람의 가청범위가 $20 - 20{,}000\,\text{Hz}$ 이며 다가오는 물체의 소리가 약간 크게 들린다.

22 스프링이 진폭 A, 각속도 ω로 진동하고 있다.

(a) 한 주기의 진동 후에 평균 속도

(b) 최대속도

(c) 최대속도에 대한 평균속도의 비를 구하여라.

■■ **풀이**

(a) 평균 속력은 이동한 전체 거리를 전체 시간으로 나눈 값이다.

$$v_{av} = \frac{\Delta x}{\Delta t} = \frac{4A}{T} = \frac{4A}{2\pi/\omega} = \frac{2}{\pi}\omega A$$

(b) 단조화진동의 최대속력은 $v_m = \omega A$

(c) $\dfrac{v_{av}}{v_m} = \dfrac{\frac{2}{\pi}\omega A}{\omega A} = \dfrac{2}{\pi}$

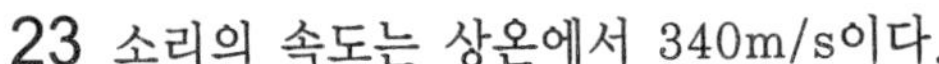

23 소리의 속도는 상온에서 340m/s이다.
(a) 파장 1m인 음파의 진동수,
(b) 같은 파장의 전파의 진동수를 구하여라.

■■ 풀이

(a) $f = \frac{v}{\lambda} = \frac{340m/s}{1.0m} = 340\,\text{Hz}$

(b) $f = \frac{v}{\lambda} = \frac{3.0\times10^{8}m/s}{1.0m} = 3.0\times10^{8}\,\text{Hz}$

24 번개가 보이고 나서 8.2s 후 천둥소리가 들렸다. 이때 온도는 12℃이다.
(a) 이 온도에서 소리의 속도,
(b) 번개가 친 곳이 떨어진 거리를 구하여라.
[빛의 속도는 3.0×10^{8}m/s이다.]

■■ 풀이

(a) $v = v_o\sqrt{\frac{T}{T_o}} = (331\,\text{m/s})\sqrt{\frac{273.15K+12K}{273.15K}} = 338\,\text{m/s}$

(b) 빛의 속도는 공기중의 소리의 속도보다 훨씬 더 빠르기 때문에 여기서 빛이 관측자에게 도달하는 시간은 무시할 수 있다.

$d = vt = (338\,\text{m/s})(8.2s) = 2.8\,\text{km}$

25 매우 큰 소리로 연주하는 트럼펫이 12.7cm 직경의 입구로부터 0.8W로 소리가 나온다.
(a) 트럼펫 바로 앞의 소리의 세기,
(b) 소리의 세기가 거리의 제곱에 반비례 할 때 10m 떨어진 곳의 소리의 세기를 구하여라.

■■ 풀이

(a) $\beta = (10\,\text{dB})\log\frac{I}{I_o} = (10\,\text{dB})\log\frac{P}{I_oA} = (10\,\text{dB})\log\frac{0.800\text{W}}{(10^{-12}\,\text{W/m}^2)\pi(\frac{0.127\text{m}}{2})^2} = 138\,\text{dB}$

(b) $\beta = (10\,\text{dB})\log\frac{0.800\,\text{W}}{(10^{-12}\,\text{W/m}^2)4\pi(10.0\,\text{m})^2} = 88.0\,\text{dB}$

26 양쪽 끝이 열린 파이프가 만약 적당히 여기(excited)되면 파이프의 양쪽 끝에 반마디(배)를 갖는 정상파를 만든다. 열린 파이프의 길이를 40cm라고 하자.
(a) 이 파이프의 기본 정상파를 그려보아라.
(b) 간섭을 일으켜 기본파를 만드는 음파의 파장은?
(c) 만약, 공기중의 음파의 속도가 340m/s이면, 이 음파의 주파수는 얼마인가?
(d) 만약 공기의 온도가 올라가서 음속이 350m/s이면 주파수가 얼마나 변하는가?
(e) 첫 번째 배진동 정상파의 파형을 그리고, 이 조화파의 주파수와 파장을 구하라.

■■ 풀이

(a) 중간에 마디가 있고, 양 끝에 반마디(배)가 있는 파.
(b) 기본 조화파의 파장은 파이프 길이의 두 배가 된다. 80cm가 된다.
(c) $\nu = v/\lambda = (340\,\mathrm{m/s})/0.8\,\mathrm{m} = 425\,\mathrm{Hz}$
(d) $\nu = v/\lambda = (350\,\mathrm{m/s})/0.8\,\mathrm{m} = 437.5\,\mathrm{Hz}$가 되어 12.5Hz가 증가한다.
(e) 첫 번째 조화파의 파장은 파이프 길이와 같은 40cm가 되고 주파수는 두 배인 850Hz가 된다.

27 길이가 0.8m인 줄의 양끝이 고정되어 있다.
(a) 이 줄에서 간섭에 의해 정상파를 형성할 수 있는 진행파 중 가장 긴 파장을 갖는 것은?
(b) 만약 파가 120m/s로 줄 위를 진행한다면 가장 긴 파장에 해당하는 주파수는?

■■ 풀이

(a) 양 끝이 고정되어 있을 때 기본 조화파(파장이 가장 긴 정상파)의 파장은 길이의 두 배이다. 1.6m가 된다.
(b) $\nu = v/\lambda = (120\,\mathrm{m/s})/1.6\,\mathrm{m} = 75\,\mathrm{Hz}$

28 한 쪽 끝이 막히고 그 반대쪽이 열려 있는 파이프오르간의 한 파이프의 길이가 1.5m이다.
(a) 이 파이프에서 만들 수 있는 기본 조화파의 파장은 얼마인가?
(b) 만약 음파의 속도가 340m/s이면 이 정상파에 해당하는 주파수는?
(c) 첫 번째 배진동 정상파의 파형을 그리고, 이 조화파의 파장과 주파수를 구하라.

■■ 풀이

(a) 한 쪽 끝이 막혀있는 파이프의 기본 조화파(파장이 가장 긴 정상파)의 파장은 파이프 길이의 네 배이며, 6m가 된다.
(b) $\nu = v/\lambda = (340m/s)/6m = 56.67\ \mathrm{Hz}$
(c) 파장 $\lambda = 1.5 \times (4/3) = 2m$, $f = v/\lambda = 340/2 = 170\,\mathrm{Hz}$

29 어떤 로프의 길이가 10m이고 질량이 1.2kg이다. 한쪽 끝이 고정되어 있고 다른 쪽이 48N의 장력으로 당겨진다. 로프의 끝이 2.5Hz의 주파수로 위 아래로 움직일 때
(a) 로프의 단위길이당 질량은 얼마인가?
(b) 로프 위 파동의 속도는?
(c) 주파수 2.5Hz인 파의 로프에서의 파장은?
(d) 이런 파들의 몇 개의 완전한 사이클로 이 로프에 맞출 수 있나?
(e) 파의 제일 앞단이 로프의 끝에 도달하여 되돌아오기 시작하는데 걸리는 시간은?

■■ 풀이

(a) $\mu = m/L = 1.2\,\mathrm{kg}/10\,\mathrm{m} = 0.12\,\mathrm{kg/m}$
(b) $v = \sqrt{\frac{F}{\mu}}$, $v = 20\,\mathrm{m/s}$
(c) $\lambda = v/\nu = (20\,\mathrm{m/s})/2.5\,\mathrm{Hz} = 8\,\mathrm{m}$
(d) 10/8 = 1.25 cycle
(e) $t = L/v = 10\,\mathrm{m}/(20\,\mathrm{m/s}) = 0.5\,\mathrm{s}$

30 기타에 매기 전에는 현의 길이가 1.2m이고 총 질량이 20g(0.02kg)이었다. 그러나 기타에 맨 후에는 기타의 양 고정점 사이의 길이가 70cm이었다. 그리고 1200N의 장력이 걸렸다.

(a) 이 줄의 단위길이당 질량은?

(b) 장력으로 당겨진 줄에서 이 파의 속도는?

(c) 이 줄에서 간섭으로 기본 정상파(마디가 양쪽 끝에 있는)를 만드는 진행파의 파장은?

(d) 기본파의 주파수는?

(e) 두 번째 조화파(마디가 줄의 가운데)의 주파수와 파장의 길이는?

■■ 풀이

(a) $\mu = m/L = 0.02\text{kg}/1.2\text{m} = 0.0167\text{kg/m}$

(b) $v = \sqrt{\frac{F}{\mu}}$, $v = 268.3\text{m/s}$

(c) 양 끝이 고정되어 있을 때 기본 조화파(파장이 가장 긴 정상파)의 파장은 길이의 두 배이다. 1.4m가 된다.

(d) $\nu = v/\lambda = (268.3\text{m/s})/1.4\text{m} = 191.6\text{Hz}$

(e) 두 번째 조화파의 주파수는 두 배가 되어 383.3Hz가 되며, 파장은 절반이 되어 0.7m가 된다.

12 파동의 중첩

1 같은 진동수, 파장과 진폭을 가진 두 파동이 같은 방향으로 진행하고 있다. 그들의 위상이 $\pi/2$ 만큼 다르고 각 파동의 진폭이 0.35m라면 합성파의 진폭은 얼마인가?

■■ 풀이

$x_1 = Asin(kx-\omega t)$, $x_2 = Asin(kx-\omega t-\phi)$라고 하면, $\phi = \frac{\pi}{2}$이고 $A=0.35m$이므로,

$$\text{합성파 } x_1 + x_2 = 2A\cos\frac{\phi}{2}sin(kx-\omega t-\frac{\phi}{2})$$

이다. 따라서 합성파의 진폭은

$$2Acos\frac{\phi}{2} = 2\times0.35\times\cos(\frac{\pi}{4}) = 0.495\,\text{m}$$

2 파장, 진폭, 진동수가 같고 위상만 다른 동일한 사인모양의 두 파동이 같은 매질에서 같은 방향으로 진행하고 있다. 이들 두 파동의 파수는 $\pi/3\text{ cm}^{-1}$, 진폭은 3.0cm, 각진동수는 300s^{-1}이고, 위상차는 $\pi/2$이다.

(a) 두 파동의 중첩에 의한 합성파의 진폭은 얼마인가?

(b) 합성파의 파장과 진동수는 얼마인가?

■■ 풀이

(a) 동일한 사인모양의 두 파동 y_1, y_2의 중첩에 의한 파동 y는

$$y = y_1 + y_2 = A\sin(kx-\omega t) + A\sin(kx-\omega t-\phi)$$

$$= (2A\cos\frac{\phi}{2})\sin(kx-\omega t-\frac{\phi}{2})$$

으로 주어진다. 따라서 진폭은

$$2A\cos\frac{\phi}{2} = 2(3.0\text{ cm})\cos(\pi/4) = 4.2\text{cm}$$

이다.

(b) 합성파의 파장 λ와 진동수 f는 각 파동의 파장, 진동수와 같으며, $\lambda = 2\pi/k$와 $f=\omega/2\pi$으로부터 구해진다. 여기서 $k=\pi/3\text{ cm}^{-1}$, $\omega = 300\text{ s}^{-1}$이다.
따라서

$$\lambda = 2\pi/k = \frac{2\pi}{\pi/3}(\text{cm}) = 6.0\text{ cm}$$

$$f = \omega / 2\pi = \frac{300}{2\pi}(s^{-1}) = 47.8\,s^{-1}$$

이다.

3 동일 진동자에 의해 작동되고 있는 한 쌍의 스피커가 3.00m 떨어져 있다. 두 스피커를 잇는 선의 중앙으로부터 수평방향으로 8.00m 떨어져 있던 한 청취자가 수직방향으로 0.350m인 지점에서 처음으로 음의 세기가 극소가 됨을 들었다. 진동자의 진동수는 얼마인가?

■■ 풀이

그림에서 P점에 있는 청취자가 최초의 소리의 극소를 듣기 위해서는 두 음파의 경로 차가 $\lambda/2$일 때이다. 두 경로의 길이는

$$r_1 = [(8.00\,\text{m})^2 + (1.15\,\text{m})^2]^{1/2} = 8.08\,\text{m}$$

$$r_2 = [(8.00\,\text{m})^2 + (1.85\,\text{m})^2]^{1/2} = 8.21\,\text{m}$$

이다. 따라서 경로 차 $\Delta r = r_2 - r_1 = 0.13\,\text{m}$이다. 최초의 극소치가 되기 위해서 이 경로 차는 $\lambda/2$이어야 하고, 따라서 파장은 $\lambda = 0.26\,\text{m}$이다. 진동자의 진동수 f는 $f = v/\lambda$으로부터 다음과 같이 구해진다.

$$f = v/\lambda = \frac{343\,\text{m/s}}{0.26\,\text{m}} = 1.3\,\text{kHz}$$

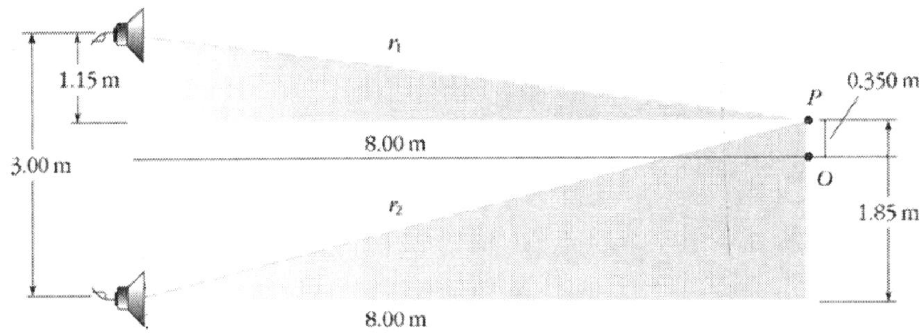

4 진동수 40Hz의 횡파가 줄을 따라 전파되고 있다, 5cm 떨어진 두 점의 위상이 $\pi/6$ 만큼 차이가 난다.

(a) 그 파의 파장은 얼마인가?

(b) 주어진 점에서 5m/s의 시간 간격을 갖는 두 변위점 간의 위상차는 얼마인가?

(c) 파의 속도는 얼마인가?

■■ 풀이

(a) 5cm 거리차에 $\pi/6$ 위상차이면 파장은 위상차가 2π일 때 이므로 파장의 크기는

$$5 \times 12 = 60\,\text{cm}$$

(b) $y = A(\frac{2\pi}{\lambda}x - \omega t)$에서 $\omega = 2\pi f = 2\pi \times 40 = 80\pi$이므로

위상차 $\omega t = 80\pi \times 5 \times 10^{-3} = 0.126$

(c) $v = f\lambda = 40 \times 0.6 = 24\,\text{m/s}$

5 음원 A는 $x=0$, $y=0$인 곳에 있고 B는 $x=0$, $y=2.4\text{m}$인 곳에 있다. 두 음원의 위상이 걸맞게 음파를 내보내고 있다.

$x=40\text{ m}$, $y=0$인 점에 서 있는 어떤 관측자가 $y=0$인 곳에서 y방향으로 몇 발자국 앞으로 나가거나 뒤로 나갈 때 소리의 세기가 약해짐을 느꼈다. 이러한 일이 일어날 수 있는 음원의 가장 낮은 진동수는 얼마인가?

■■ 풀이

이 위치는 보강간섭이 일어나는 장소이므로 위상차 ϕ가 $0, 2\pi, 4\pi, \ldots$일 때이다.

두 음원으로 부터의 변위가 0.072m 이므로 위상차 $\phi=0.072k=0.072\times\frac{2\pi}{\lambda}$ 이므로 진동수가 가장 낮을 때는 파장이 가장 길 때 이므로 위상차가 2π일 때의 파장으로부터 구하면 된다.

따라서 이 조건에 맞는 파장은 $\lambda=0.072\text{m}$이다.

가장 낮은 진동수는 $f=\frac{v}{\lambda}=\frac{334}{0.072}=4638.9\text{Hz}$.

6 두 음원이 100Hz의 진동수를 가지고 같은 위상으로 진동한다. 한 파원으로부터 5.50m, 다른 파원으로부터 6.25m 떨어진 점에서 다음을 구하라.

(a) 두 파원으로부터 온 음파의 위상차?

(b) 합성파의 진폭은? 각 파원으로부터 개별적으로 들어온 소리의 진폭은 A이다.

■■ 풀이

$\lambda=\frac{v}{f}$이므로 이 음원의 파장은 $\frac{334}{100}=3.34\text{m}$이다.

(a) 두 파원에서 온 파의 위상차는 $x_2-x_1=0.75\text{m}=\frac{\phi}{k}$이므로,

$$\phi=0.75k=0.75\frac{2\pi}{\lambda}=0.75\times\frac{2\pi}{3.34}=1.41$$

(b) 합성파의 진폭은 $2A\cos\frac{\phi}{2}=2A\cos0.705=1.52A$, 즉, 진폭이 1.52배 커진다.

7 줄에서 서로 반대방향으로 진행하는 두 파동이 다음과 같이 주어진다.

$$y_1=(1.0\text{ cm})\cos[\frac{\pi}{2}(x/\text{cm}-60\,t/\text{s})]$$

$$y_2=(1.0\text{ cm})\cos[\frac{\pi}{2}(x/\text{cm}+60\,t/\text{s})]$$

(a) 두 파동의 중첩에 의한 정상파의 파동방정식을 구하라.

(b) 정상파의 마디 위치를 구하라.

■■ 풀이

(a) 두 파동의 중첩에 의한 정상파의 파동방정식은

$$y=y_1+y_2=(1.0\text{ cm})\cos\left[\frac{\pi}{2}(x-60t)\right]+(1.0\text{ cm})\cos\left[\frac{\pi}{2}(x+60t)\right]$$

이다. 여기서 삼각함수 항등식

$$\cos(a \pm b) = \cos a \cos b \pm \sin a \sin b$$

을 이용하여 간단히 하면 합성파는 다음과 같이 주어진다.

$$y = (2.0\ \text{cm})\cos\left(\frac{\pi}{2}x\right)\cos(30\pi t)$$

(b) 마디의 위치는 최소 진폭이 영인 점들로서 $\cos\left(\frac{\pi}{2}x\right) = 0$일 때이다. 즉,

$$\frac{\pi}{2}x = \frac{\pi}{2}, \frac{3\pi}{2}, \frac{5\pi}{2}, \cdots$$

이므로 마디의 위치는

$$x = 1.0, 3.0, 5.0, \cdots\ (\text{cm})$$

이다.

(다른 방법) $\lambda = 2\pi/k = \dfrac{2\pi}{\pi/2} = 4.0\ \text{cm}$

인접한 마디 사이의 거리는 반파장에 해당되므로, 따라서 마디 사이의 거리는 2.0 cm이다.

(c) $v = f\lambda = (\omega/2\pi)\lambda = \left(\dfrac{30\pi}{2\pi}\right)4.0 = 60\ \text{cm/s}$

8 양 끝이 고정된 길이 3.0m의 줄에서 정상파를 만들려고 한다. 이 때 파동의 속력은 120m/s이다. 소리굽쇠의 공명에 의해 정상파를 만들고자 할 때 이에 필요한 소리굽쇠의 최소 진동수는 얼마인가?

■■ 풀이

양 끝이 고정된 줄위에서 생기는 정상파는 양 끝 점에서 반드시 마디가 되며, 가장 간단한 진동 방식은 중간 점에서 하나의 배를 갖는 경우이다. 이때 줄의 길이는 파장의 절반이다. 즉,

$$L = \lambda/2 = 3.0\ \text{m}$$

이다. 따라서 파장은 $\lambda = 6.0\ \text{m}$이다. 따라서 소리굽쇠의 최소 진동수는

$$f = v/\lambda = \frac{120\ \text{m/s}}{6.0\ \text{m}} = 20\ \text{Hz}$$

이다.

9 양 끝이 고정된 길이 6.0m, 질량이 0.06kg인 줄에 정상파가 생긴다. 줄의 장력이 144N일 때 줄에 생기는 정상파 중에서 진동수가 가장 낮은 것부터 차례로 3개를 구하라.

■■ 풀이

정상파의 고유진동수는

$$f = \frac{v}{\lambda}$$

으로부터 구한다. 진동 방식은 줄의 양 끝이 고정되어 있으므로 파동의 양 끝은 언제나 마디(N)가 되고, 여기에 배(A)가 1개, 2개, 3개 있는 경우이다. 즉, NAN, NANAN, NANANAN일 경우의 각각에 대한 파장은

$\lambda_1/2 = 6\text{ m}, \lambda_1 = 12\text{ m}$(NAN)

$2\lambda_2/2 = 6\text{ m}, \lambda_2 = 6\text{ m}$(NANAN)

$3\lambda_3/2 = 6\text{ m}, \lambda_3 = 4\text{ m}$(NANANAN)

이다. 또한 줄에서의 파동 속력은

$$v = \sqrt{F/\mu} = \sqrt{\frac{144\text{ kgm/s}^2}{0.06/6\text{kg/m}}} = 120\text{ m/s}$$

이다. 따라서 정상파의 진동수는 가장 낮은 것부터 다음과 같이 주어진다.

$$f_1 = \frac{v}{\lambda_1} = \frac{120\text{ m/s}}{12\text{ m}} = 10\text{ Hz}$$

$$f_1 = \frac{v}{\lambda_2} = \frac{120\text{ m/s}}{6\text{ m}} = 20\text{ Hz}$$

$$f_1 = \frac{v}{\lambda_3} = \frac{120\text{ m/s}}{4\text{ m}} = 30\text{ Hz}$$

10 줄의 길이가 40cm, 질량이 1.2g인 바이올린이 기본 진동의 진동수 f_G=392Hz로 G음을 내고 있다.

(a) 이 줄에서 정상파의 파장은 얼마인가?

(b) 이 줄의 장력은 얼마인가?

(c) 진동수 f_A =440Hz 인 A음을 내기위해서는 손가락으로 줄의 어느 부분을 짚어야 하는가?

■■ **풀이**

(a) 기본 진동에서의 줄의 길이(L_G)는 반파장($\lambda_G/2$)에 해당되므로, 따라서 파장은

$$\lambda_G = 2L_G = 2(0.40\text{ m}) = 0.80\text{ m}$$

이다.

(b) 바이올린 줄에서의 기본진동수는

$$f_G = \frac{1}{L}\sqrt{\frac{F}{\mu}}$$

이다. 이로부터 장력 F는

$$F = 4L_G^2 f_G^2 \mu = 4(0.40\text{ m})^2(392\text{ s}^{-1})^2(1.2\times 10^{-3}\text{ kg}/0.40\text{ m}) = 118\text{N}$$

이다.

(c) 동일한 장력하에서 A음(f_G= 440 Hz)을 내기 위한 줄의 길이를 L_A라 하면

$$\lambda_A = 2L_A = \frac{v}{f_G}$$

을 만족한다. 따라서 손가락을 짚는 부분은

$$L_A = \frac{1}{2}\frac{v}{f_G} = \frac{1}{2}\left(\frac{313.6}{440}\right)(\text{m}) = 35.6\text{ cm}$$

이다.

11 4×10^{-3}kg/m의 선밀도를 가진 줄의 장력이 360N이고, 양끝이 고정되어 있다. 공명 진동수의 하나는 375Hz이다. 다음으로 높은 공명진동수는 450Hz이다.

(a) 이 줄의 기본 진동수는 얼마인가?

(b) 이 진동수들은 어느 조화 진동에 해당하는가?

(c) 줄의 길이는 얼마인가?

■■ 풀이

공명진동수 $f_n = \frac{n}{2L}\sqrt{\frac{T}{\rho}} = \frac{n}{2L}\sqrt{\frac{360}{4\times10^{-3}}} = 150\left(\frac{n}{L}\right)$

(a) $150\left(\frac{n_1}{L}\right)=375$, $150\left(\frac{n_2}{L}\right)=450$으로 둘 때, $n_1=2.5L$, $n_2=3L$에서 가능한 가장 작은 수는 $n_1=5$, $n_2=6$ 따라서 $L=2m$이다. 기본진동수는 $f_1=\frac{1}{2L}\sqrt{\frac{T}{\rho}}=75\text{Hz}$

(b) 따라서 375Hz는 5번째 공명진동수이며, 450Hz는 6번째 공명진동수이다.

(c) 줄의 길이는 2m이다.

12 약간의 물이 채워진 1.0m 길이의 수직 유리관의 열린 위쪽 끝에 진동수 680Hz의 소리굽쇠가 진동하고 있다. 물의 높이를 조절하여 공기기둥의 길이가 어느 정도 될 때 공명이 일어나는가? 공기 중에서 음속의 속력은 343m/s이다.

■■ 풀이

한 쪽 끝이 닫힌 관의 경우로서

$$L=n\lambda/4 \text{ 또는 } \lambda=4L/n\ (n=1,3,5,)$$

이다. $f=v/\lambda$으로부터

$$680\ Hz=\frac{343(\text{m/s})}{\frac{4L}{n}(\text{m})}$$

따라서

$$L=\frac{n}{4}\frac{343}{680}(\text{m})=\text{n}(0.125\ \text{m})\,(\text{n}=1,3,5,)$$

즉, 공기기둥의 길이 L이 0.126 m, 0.378 m, 0.630 m, 0.882 m 일 때 공명이 일어난다.

13 열린 오르간 파이프의 기본 진동수는 중간 C음에 해당되는 261.6Hz이고, 이 진동수는 닫힌 오르간 파이프에서의 세 번째 공명 진동수와 같다. 이 때 두 오르간 파이프의 길이는 얼마인가? 공기 중에서 음속의 속력은 343m/s이다.

■■ 풀이

열린 관에서의 가장 간단한 진동 방식은 양 끝이 변위 배가되고 1개의 변위 마디를 갖는다. 이 경우 관의 길이 L은 반파장에 해당된다. 즉,

$$L_o=\lambda/2$$

이다. 여기서 파장 λ는

$$\lambda = v/f = \frac{343\ \mathrm{m/s}}{261.6/\mathrm{s}} = 1.31\ \mathrm{m}$$

이므로, 따라서 관의 길이 L_o는 0.656 m이다.

한 쪽 끝이 닫힌 관에서는 닫힌 끝이 변위 마디가 되고 열린 끝이 변위 배가된다. 기본 진동인 경우 관의 길이 L_c는 $\lambda/4$, 두 번째는 $3\lambda/4$, 세 번째는 $5\lambda/4$이다. 따라서

$$L_c = 5\lambda/4 = \frac{5}{4}(1.31\ \mathrm{m}) = 1.64\ \mathrm{m}$$

이다.

14 가늘고 긴 유리관이 물로 채워져 있다. 이 유리관은 물의 높이를 조절하여 공기 기둥의 길이를 조절한다. 열린 관의 끝에서 소리굽쇠가 진동수 425Hz로 진동한다. 어떤 사람이 공기 기둥의 길이가 0.60m에서 공명이 일어남을 듣고 그 다음 공명이 1.00m에서 일어남을 들었다면 유리관에서의 음파의 속력은 얼마인가? 관의 끝 효과는 무시한다.

■■ 풀이

한 쪽 끝이 닫힌 관에서 공명이 일어날 때 공기 기둥의 길이와 파장과의 관계는 다음과 같이 주어진다.

$$L_1 = \lambda/4(\mathrm{AN})$$

$$L_3 = 3\lambda/4(\mathrm{ANAN})$$

$$L_5 = 5\lambda/4(\mathrm{ANANAN})$$

여기서 파장은 두 개의 계속되는 공명점 사이의 거리를 측정하여 구할 수 있다. 즉,

$$L_3 - L_1 = L_5 - L_3 = \lambda/2$$

이므로, 파장 λ은 $\lambda = 2(1.00\ \mathrm{m} - 0.60\ \mathrm{m}) = 0.80\ \mathrm{m}$이다. 따라서 음파의 속력은

$$v = f\lambda = (425/\mathrm{s})(0.80\ \mathrm{m}) = 350\ \mathrm{m/s}$$

이다.

15 440Hz 소리굽쇠를 기타줄의 A음과 동시에 진동시켰더니 초당 세번의 맥놀이가 들렸다. 기타줄을 조금 조여서 그 진동수를 증가시킨 후에는 맥놀이 진동수가 초당 6으로 증가하였다.

(a) 줄을 조인 이후의 기타줄의 진동수는 얼마인가?

(b) 440Hz로 줄을 조율하기 위해서는 줄을 어떻게 해야 하는가?

■■ 풀이

(a) 줄을 조이지 않은 처음 상태에서의 기타줄의 진동수는 초당 맥놀이 수가 3이므로 443 Hz 이거나 437 Hz이다. 만약 437 Hz 일 경우 줄을 약간 조임에 따라 줄의 진동수가 증가하게 되고 그리고 줄의 진동수는 소리굽쇠의 진동수와 거의 가까워지기 때문에 맥놀이 진동수는 감소되어야 한다. 그러나 맥놀이 진동수가 초당 6으로 증가하였으므로 원래의 진동수는 443 Hz이어야 한다. 따라서 줄을 조인후의 기타줄의 진동수는 446 Hz이다.

(b) 기타줄의 진동수가 약간 높기 때문에 줄을 조금 늦춰야 한다.

16 다음 내용들을 식을 들어 설명하여라.

(a) 파동의 세기

(b) 횡파

(c) 종파

(d) 정상파

■■ 풀이

(a) $I = P/A$, $P \propto$ (진폭)2

(b) 횡파(Transverse Wave): 파의 진동과 전파 방향이 수직인 파,

(c) 종파(Longitudinal Wave): 압축파(Compressional Wave)라고도 하며 요동의 방향과 전파 방향이 같은 파동

(d) 진폭과 파장이 동일할 경우 보강간섭과 상쇄간섭이 교대로 일어나면서 파는 공간에 정지해 있는 것처럼 보이는 경우.

13 유체역학

1 물이 1.5m만큼 채워져 있는 탱크가 있다. 물이 탱크 바닥에 작용하는 압력은 얼마인가?

■■ 풀이

$P=\rho gh$ 에서 압력을 구할 수 있다. 물의 밀도는 약 10^3kg/m^{3}이고 높이 h는 1.5m이다.

$\therefore P=\rho gh=(10^3\ \text{kg/m}^3)(9.8\ \text{m/s}^2)(1.5\ \text{m}) \fallingdotseq 1.5\times10^4\ \text{N/m}^2 \fallingdotseq 1.5\times10^4\ \text{Pa}$

2 피스톤 단면의 반지름이 1.0cm인 주사기를 간호원이 42N의 힘으로 누를 때 주사액이 받는 압력은 얼마인가?

■■ 풀이

$$P=\frac{F}{A}=\frac{F}{\pi r^2}=\frac{42}{\pi\times(0.01)^2}=1.34\times10^5\ \text{Pa}$$

3 깊이 30.0m에 잠수 중인 스쿠바가 받는 압력을 계산하라.

■■ 풀이

$$P=P_o+\rho gh=1.01\times10^5+1.00\times10^3\times9.8\times30.0=3.95\times10^5\ \text{Pa}$$

4 어떤 플라스틱 공이 물에는 그 체적의 50%만 잠기고, 기름에서는 40%가 잠기었다. 이 기름의 밀도는 얼마인가?

■■ 풀이

공의 부피를 V, 물의 밀도를 ρ_w, 기름의 밀도를 ρ_o, 공의 밀도를 ρ라 하면,

$\rho gV=\rho_w g(0.5V)=\rho_o g(0.4V)$이므로 $\rho_o=\frac{5}{4}\rho_w=\frac{5}{4}\times1\ \text{g/cm}^3=1.25\ \text{g/cm}^3$

5 나무토막이 그 체적의 2/3을 물속에 담그고 있다. 기름에 띄웠더니 그 체적의 90%가 기름에 잠겼다. 나무와 기름의 밀도를 구하여라.

■■ 풀이

나무토막의 밀도를 ρ, 물의 밀도를 ρ_w, 기름의 밀도를 ρ_o이라 하면,

$\rho gV=\rho_w g(\frac{2}{3}V)=\rho_o g(0.9V)$에서, $\rho=\frac{2}{3}\rho_w=0.67\ \text{g/cm}^3$, $\rho_o=\frac{2}{3}\times\frac{1}{0.9}\times\rho_w=0.74\ \text{g/cm}^3$

6 안지름이 8.0cm이고, 바깥지름이 9.0cm인 속이 빈 구가 비중 0.80인 액체에 절반이 잠겨 있다. 구를 만든 물질의 밀도를 구하여라.

■■ **풀이**

$V=\frac{4\pi}{3}(9^3-8^3)=908.97\,\text{cm}^3$이고 $\rho g V=0.8\rho_w\left(\frac{1}{2}V\right)g$이므로 $\rho=0.4\rho_w=0.4\,\text{g/cm}^3$

7 어떤 여왕의 금관의 무게는 공기 중에서 1.30kg이고, 물에 완전히 잠겼을 때 1.14kg이었다. 이 금관의 순수한 금관이겠는가?

■■ **풀이**

금관의 밀도가 ρ라고 하면, $1.3-1.14=\rho_w g V$ 이고 $\rho g V=1.3\text{kg}$이므로 $\rho=\frac{1.3}{gV}=\frac{1.3}{0.16}\rho_w=8.125\,\text{g/cm}^3$

금의 밀도는 대략 $20\,\text{g/cm}^3$이다. 따라서 이 금관은 순수한 금관이 아니다.

8 지름이 3cm인 실린더에 손잡이가 달린 피스톤을 연결하여 유압기를 만들 수 있다. 이 실린더는 지름이 24cm인 더 큰 실린더에 연결되어 있다(그림 13.18). 만약 50kg의 여자가 자신의 체중을 작은 피스톤의 손잡이에 작용하면, 큰 실린더는 얼마만큼의 무게를 들어올릴 수 있는가?

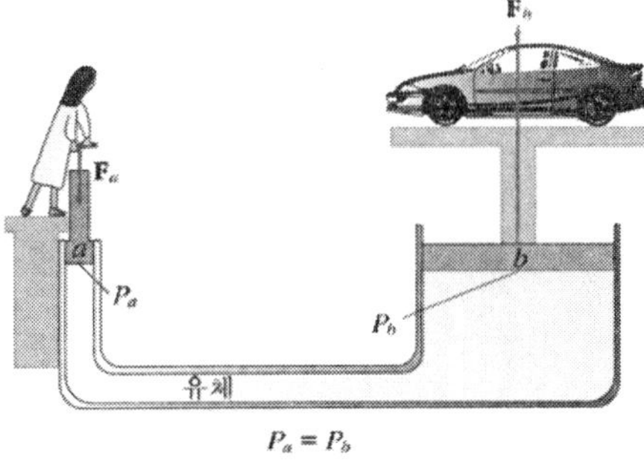

그림 13.18

■■ **풀이**

$P_a=P_b$이고, $\frac{F_a}{A_a}=\frac{F_b}{A_b}$이다. 원형 피스톤의 단면적은 πr^2이므로 $\frac{F_a}{\pi r_a^2}=\frac{F_b}{\pi r_b^2}$이다.

F_b에 대하여 정리하면 $F_b=F_a\left(\frac{r_b}{r_a}\right)^2$이다. 점 b에서의 힘은 작은 실린더에 가해진 힘에 두 실린더 반지름 비의 제곱을 곱한 값과 같다. 이 경우에 작은 실린더에 가해진 힘은 $F_a=mg$ 이므로,

$$\therefore F_b=mg\left(\frac{r_b}{r_a}\right)^2=50\,\text{kg}\times 9.8\,\text{m/s}^2\left(\frac{12\,\text{cm}}{1.5\,\text{cm}}\right)^2=31{,}360\,\text{N} \fallingdotseq 3.14\times 10^4\,\text{N}$$

9 밀도 ρ와 질량 m인 물체가 밀도 ρ_0인 액체에 잠겨 있다. 여기서 ρ_0는 ρ보다 작다. 잠겨 있는 물체의 유효무게가 $w_{\text{eff.}} = mg\left(1 - \frac{\rho_0}{\rho}\right)$ 임을 보여라.

■■ 풀이

물체의 무게는 mg 이다. 부력은 변위된 유체의 무게와 같다.

$$\text{부력} = \rho_o Vg$$

여기서 변위된 액체의 부피 V는 잠긴 물체의 부피와 같다. 물체의 부피는 다음과 같이 밀도로 표현할 수 있다.

$$V = \frac{m}{\rho}$$

유효무게 $w_{eff.}$는 중력에서 부력을 뺀 크기이다.

$$\therefore W_{eff.} = mg - \rho_o Vg = mg - \rho_o\left(\frac{m}{\rho}\right)g = mg\left(1 - \frac{\rho_o}{\rho}\right)$$

10 단면적이 25cm^{2}인 수평관이 3.0m/s의 속도로 물을 송수하고 있다. 단면적이 15cm^{2}인 관으로 송수한다면, (a) 작은 지름의 관에서 물의 속도는 얼마인가? 또 (b) 큰 지름의 관에서 작은 지름의 관으로 유체가 이동할 때 발생하는 압력의 변화는 얼마인가?

■■ 풀이

(a) 연속방정식 $v_1 A_1 = v_2 A_2$에서 $v_1 = 3.0\ \text{m/s}$, $A_1 = 25\ \text{cm}^2$, $A_2 = 15\ \text{cm}^2$이다.

$$\therefore v_2 = \frac{v_1 A_1}{A_2} = \frac{3.0\ \text{m/s} \times 25\ \text{cm}^2}{15\ \text{cm}^2} = 5.0\ \text{m/s}$$

(b) 관이 수평이기 때문에, 압력의 변화 $P_2 - P_1$을 구할 수 있다.

$$\Delta P = P_2 - P_1 = \rho v_2^2 \frac{(A_2^2 - A_1^2)}{2A_1^2}$$

여기서, 물의 밀도 $\rho = 10^3\ \text{kg/m}^3$이다.

$$\therefore \Delta P = (10^3\ \text{kg/m}^3)(5.0\ \text{m/s})^2\left[\frac{(15\ \text{cm}^2)^2 - (25\ \text{cm}^2)^2}{2(25\ \text{cm}^2)^2}\right] = -8 \times 10^3\ \text{Pa}$$: 파스탈의 단위

11 수면의 높이가 3m인 탱크 밑의 넓이 1cm^{2}인 구멍에서 물이 흘러나오고 있다. 1초 동안에 흘러나오는 물의 부피를 구하라.

■■ 풀이

단위 시간당 흘러나오는 물의 부피는

$$R = vA = \sqrt{2gh}\ A = \sqrt{2 \times (9.8\ \text{m/s}^2) \times (3\text{m})} \times (10^{-4}\text{m}^2) = (7.668\ \text{m/s}) \times (10^{-4}\ \text{m}^2)$$

$$= 7.7 \times 10^{-4}\ \text{m}^3/\text{s}$$

12 균일한 액체로 채워진 U자 관이 있다. 이 액체가 한쪽의 피스톤으로 잠시 동안 올라갔다. 피스톤을 없애면 액체는 양쪽으로 진동한다. 이진동의 주기가 $\pi\sqrt{2L/g}$ 임을 보여라. 여기서 L은 관 내의 액체의 총 길이이다.

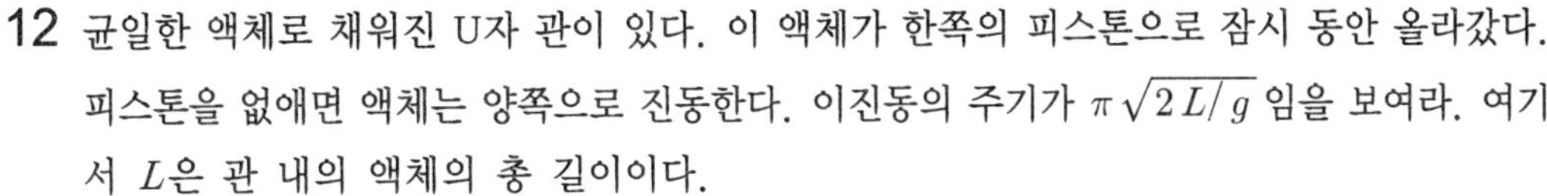

■■ **풀이**

$F=\rho gV=\rho gA(2)h=kh$라 하면, $k=2\rho gA$이므로

$$T=2\pi\sqrt{\frac{m}{k}}=2\pi\sqrt{\frac{\rho AL}{2\rho gA}}=2\pi\sqrt{\frac{L}{2g}}=\pi\sqrt{\frac{2L}{g}}$$

13 그림 13.19에 나타낸 바와 같이 폭 L이고 깊이가 H인 댐에 작용하는 힘과 댐의 바닥부분을 축으로 가정했을 때의 회전력을 각각 구하라. 이 회전력은 수압으로 인한 힘이 댐의 어떤 부위에 집중적으로 작용하는 것과 같은 결과를 나타내는가?

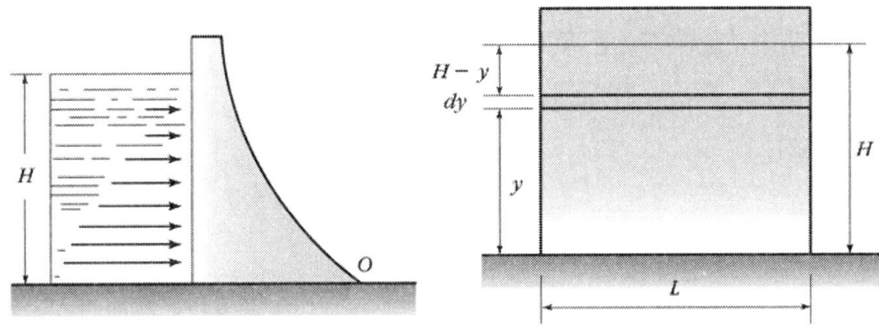

그림 13.19

■■ **풀이**

댐의 바닥으로부터 y 되는 높이에서의 압력은 $P=\rho g(H-y)$이며 폭이 L이고 깊이가 dy인 면적소 dA에 작용하는 힘 dF는 $dF=PdA=\rho g(H-y)Ldy$ 이므로

$$F=\int dF=\rho gL\int_o^H(H-y)\,dy=\frac{1}{2}\rho gLH^2$$

한편 dA에 작용하는 힘 dF에 의한 회전력 $d\tau$는 $d\tau=ydF=\rho gLy(H-y)\,dy$ 이므로

$$\tau=\int d\tau=\rho gL\int_o^H \mathbf{y}(H-y)dy=\frac{1}{6}\rho gLH^3$$

이 회전력이 바닥으로부터 $\overline{H}$되는 높이에서 전 힘이 작용한 결과와 같다고 생각하면 $F\overline{H}=\frac{1}{6}\rho gLH^3$이 되어야 하므로

$$\overline{H}=\frac{\frac{1}{6}\rho gLH^3}{F}=\frac{\frac{1}{6}\rho gLH^3}{\frac{1}{2}\rho gLH^2}=\frac{1}{3}H$$

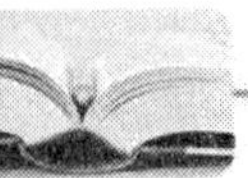

14 진공에서 5kg인 어떤 물체가 물 속에서 1kg이었다면 이 물체의 밀도는 얼마인가? (단, 물의 밀도 $\rho = 10^3 \text{kg/m}^3$)

■■ **풀이**

물 속에 잠겼을 때 무게가 4 kg 중 줄었으므로 부력은 4kg중이다. 부력 B는 $B=\rho g V$이므로

$$V = \frac{B}{\rho g} = \frac{4}{10^3} = 4\times 10^{-3}\ \text{m}^3$$

물체의 밀도 ρ'는

$$\rho' = \frac{M}{V} = \frac{5}{4\times 10^{-3}} = 1.25\times 10^3\ \text{kg/m}^3$$

15 질량이 32g인 어떤 물체의 비중을 측정하기 위하여 비중 1의 4℃ 물에 담갔더니 전체의 7/8 만이 물에 잠겼다.

(a) 잠긴 부분의 부피는 얼마인가?

(b) 물체의 밀도는 얼마로 판단되는가?

■■ **풀이**

(a) V=잠긴 부피=밀려난 물의 부피, $V_\rho = 1.0V = 32\text{g}$, $V = 32\text{cm}^3$

(b) $\rho = 1\times 7/8 = 0.875\text{g/cm}^3$.

16 질량이 32g인 어떤 물체의 비중을 측정하기 위하여 비중 0.998의 20℃ 물에 담갔더니 전체의 7/8 만이 물에 잠겼다.

(a) 잠긴 부분의 부피는 얼마인가?

(b) 물체의 밀도는 얼마로 판단되는가?

■■ **풀이**

(a) $32/0.998 = 32.064\text{cm}^3$

(b) $\rho = 32/(32.174\times 8/7) = 0.870\text{g/cm}^3$

17 질량이 50g인 어떤 물체의 비중을 측정하기 위하여 비중 1의 4℃ 물에 담갔더니 전체의 8/10 만이 물에 잠겼다.

(a) 잠긴 부분의 부피는 얼마인가?

(b) 물체의 밀도는 얼마로 판단되는가?

■■ **풀이**

(a) V=잠긴 부피= 밀려난 물의 부피, $V_\rho = 1.0V = 50\text{g}$, $V = 50\text{cm}^3$,

(b) $\rho = 1\times 8/10 = 0.8\text{g/cm}^3$

18 어떤 물체의 공기 중 질량이 15g이었고 비중 1인 4℃ 물에서의 무게는 12.50g을 나타내었다.

(a) 이 물체의 부피는 얼마인가? 그리고

(b) 물체의 밀도는 얼마인가?

(c) 만약 비중 0.99823의 20℃ 물에서라면 무게가 얼마로 나타날지 소수점 5자리까지 표시해 보아라. 단, 공기에 의한 부력은 무시할 수 있다고 가정한다.

■■ **풀이**

(a) $v = 2.5\text{cm}^3$,

(b) $\rho = 15/2.5 = 6.0\text{g/cm}^3$,

(c) $15 - 2.5 \times 0.99823 = 12.50443\text{g}$

19 어떤 물체의 공기 중 질량이 150.00g이었고 비중 1인 4℃ 물에서의 무게는 125.00g을 나타내었다.

(a) 이 물체의 부피는 얼마인가? 그리고

(b) 물체의 밀도는 얼마인가?

(c) 만약 비중 0.99823의 20℃ 물에서라면 무게가 얼마로 나타날지 소수점 3자리까지 표시해 보아라.

■■ **풀이**

(a) $v = 2.5\text{cm}^3$,

(b) $\rho = 15/2.5 = 6.0\text{g/cm}^3$,

(c) $15 - 2.5 \times 0.99823 = 12.504\text{g}$

20 부력 원리의 응용문제로, 어떤 물체의 공기 중 질량이 120g이지만 물속에 갈아 앉지 않아 밀도가 15g/cm^{3}인 30g의 추를 달아 물속에서 총 무게 25g을 얻었다. 물의 밀도를 1g/cm^{3}이라 할 때, (a) 이 물체의 부피와 밀도는 각각 얼마인가? (b) 만일 추를 달지 않고 이 물체를 물에 넣을 경우 총 부피의 몇 %가 잠기겠느냐?

■■ **풀이**

(a) 총 부피 $V_t = 150 - 25 = 125\text{cm}^3$, 추의 부피 $V_w = 30/15 = 2\text{cm}^3$,

(b) $V = V_t - V_w = 123\text{cm}^3$, $d = 120/123 = 0.9756\text{g/cm}^3$.

21 유체 정력학과 관련, (a) 표면장력에 대하여 설명하고 (b) 모세관 현상에서 올라온 수주의 높이를 h라고 할 때 표면장력과의 관계식을 유도하여라.

■■ **풀이**

(a) $\gamma = F/L$,

(b) $h = 2\gamma\cos(\theta)/(\rho g r)$.

22 그림 13.20에서와 같이 물과 기름이 유리로 된 U자 관의 양쪽에 각각 들어 있다. 그림에서처럼 이 액체들이 정지하고 있다면 기름의 밀도는 얼마나 되겠는가? 단, 온도는 20℃라고 하자.

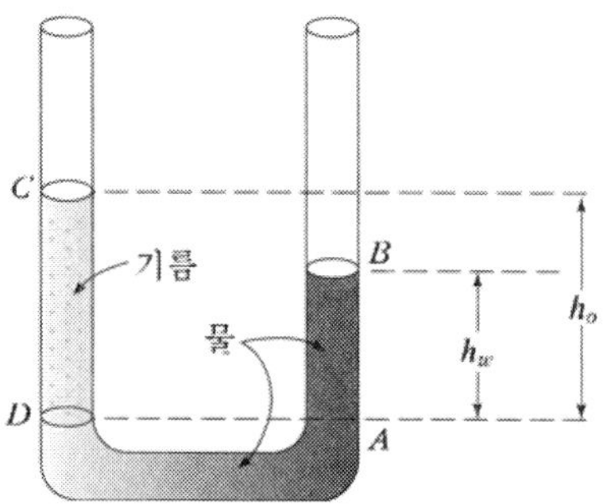

그림 13.20

■■ 풀이

관내의 두 점 D와 A 밑에 있는 물을 생각하자. D와 A에서 압력이 같지 않다면 물은 흐를 것이다. 물이 흐르지 않으므로 D와 A에서 액체의 압력은 똑같다. D점에서의 압력을 P_D, A점에서의 압력을 P_A라면 $P=\rho gh$ 로부터 $P_D=\rho_o gh_o$, $P_A=\rho_w gh_w$ 이므로

$$\rho_o=\frac{h_w}{h_o}\rho_w$$

여기서 h_o와 h_w는 각각 기름 기둥과 물기둥의 높이이다. $\rho_w=1000\ \mathrm{kg/m^3}$이므로 ρ_o는 h_o와 h_w만 알면 계산할 수 있다.

23 단면적 A_1인 관과 단면적이 A_2인 관이 연결되어 수평으로 놓여져 있다. 그리고 A_2인 관의 끝은 대기압이 작용하고 있다. 대기압을 P_0라 하고 점성을 무시한다면 A_2의 관에서 물이 v_2의 속도로 흘러나가기 위하여 (a) A_1인 관내에서의 압력은 얼마이어야 하겠는가? 또 (b) A_1인 관에서의 물의 유속은 얼마이겠는가? (c) A_2의 관에서 Δt시간 사이에 물이 흘러나오는 양은 얼마이겠는가? 답을 P_0, v_2, A_1, A_2, Δt로써 표시하라.

■■ 풀이

(a) $A_1v_1=A_2v_2$, $v_1=\left(\frac{A_2}{A_1}\right)v_2$이고, $P_o+\frac{1}{2}\rho v_2^2=P_1+\frac{1}{2}\rho v_1^2$이므로

$$P_1=P_o+\frac{1}{2}\rho(v_2^2-v_1^2)=P_o+\frac{1}{2}\times 1000\left[v_2^2-\left(\frac{A_2}{A_1}\right)^2v_2^2\right]=P_o+500\left[1-\left(\frac{A_2}{A_1}\right)^2\right]v_2^2$$

(b) $v_1=\left(\frac{A_2}{A_1}\right)v_2$

(c) $\Delta m=PV\Delta t=Pv_2\Delta tA_2=1000v_2\Delta tA_2$

24 유체의 동력학과 관련하여 (a) Newton 유체의 Viscosity 특성을 나타내는 식을 표시하고 설명하라.

(b) Reynolds Number(NR)란 무엇인가?

(c) 층류(Laminar Flow)와 난류(Turbulent Flow)를 설명하라.

■■ **풀이**

(a) $F=\eta A(dv/dx)$, 혹은 $F=\eta Av/L$ (b) $N_R = Dv\rho/\eta$, (c) $N_R < 2100$; 층류, $N_R > 2100$; 난류

25 점성이 없는 비압축성 유체의 경우 압력, 유속 및 높이 등에 따른 에너지 보존식을 Bernoulli's Equation 이라 한다. (a) 일반적인 Bernoulli 식을 나타내고, (b) 용기에 저장하고 있는 유체를 다른 용기로 이송할 때 20m/s의 유속을 내기 위한 높이의 차이를 구하라. (c) 이송하는 관을 직경이 1.5배가 되는 관으로 바꿔 사용할 경우 유속 및 유량은 어떻게 되는가? 압력은 동일하다고 가정한다.

■■ **풀이**

(a) $P_1 + \rho v_1^2/2 + \rho g h_1 = P_2 + \rho v_2^2/2 + \rho g h_2$,

(b) $\rho g h_1 = \rho v_2^2/2 + \rho g h_2$, $(h_1 - h_2) = v_2^2/(2g) = 20^2/(2\times 9.8) = 20.4\,\text{m}$.

(c) 유속은 일정, $q' = 1.5^2 q = 2.25q$.

26 직경 7cm 관을 이용하여 저수지에서 20m 낮은 논으로 물을 보내려 한다. 물의 점도에 의한 저항을 무시할 경우 Bernoulli 식에 의하여 (a) 관을 통하여 흘러나오는 물의 유량을 구하여라. (b) 만일에 관의 중간 부분은 그대로 두고 아랫부분을 직경이 10cm인 관으로 바꿨을 경우 흐르는 물의 유량은 어떻게 되겠느냐? (c) 흐르는 물의 양이 달라진다면 그 이유를 설명하여 보아라.

■■ **풀이**

(a) $\rho g h = \rho v^2/2$, $v = (9.8\times 20\times 2)^{0.5} = 19.8\,\text{m/s}$, $A = 3.14\times 0.07^2/4 = 0.00385\,\text{m}^2$,
$q = Av = 0.00385\times 19.8 = 0.0762\,\text{m}^3/\text{s} = 76.2(\ell/\text{s})$

(b) $A = 3.14\times 0.1^2/4 = 0.00785\,\text{m}^2$ 이면, $q = 0.00785\times 19.8 = 0.1555\,\text{m}^3/\text{s}$.

(c) Bernoulli 식은 점도에 의한 마찰 등 중간 과정을 고려하지 않는다.

27 수은 압력계(Manometer)를 사용하여 관을 흐르고 있는 유체의 두 지점의 압력차를 측정한 결과 수은주의 높이의 차가 20cm로 나타났다.

(a) 유체 및 수은의 밀도를 각각 ρ=1g/cm^3 및 ρ'=13.6/cm^{3}라고 할 때 압력차는 얼마인가?

(b) 압력이 높은 곳의 유속이 v_1=20m/s일 때 다른 지점의 유속 v_2를 구하여라.

(c) 유속의 차이와 압력의 차이를 상대적으로 비교하는 소견을 말해 보아라. 계산 과정에서 단위에 유의할 것.

■■ 풀이

(a) $P_1 + \rho gh = P_2 + \rho' gh$,

$\Delta P = P_1 - P_2 = \rho' gh - \rho gh = (\rho' - \rho)gh = (13.6 - 1) \times 1000 \times 9.8 \times 0.20 = 24,696 \mathrm{N/m^2}$,

(b) $\Delta P = \rho(v_2^2 - v_1^2)/2$, $v_2 = \sqrt{v_1^2 + 2\Delta P/\rho} = \sqrt{20^2 + 2 \times 24,696/1000} = 449.4^{0.5} = 21.2 \mathrm{m/s}$

(c) Bernoulli 식에 나타난 바와 같이 압력 P는 $\rho v^2/2$와 연계하여 작용하므로 적은 유속의 차이도 비교적 정확한 값을 제공할 수 있다.

28 반경 R, 길이 L인 Pipe에서 일어나는 (a) Pressure Drop Δp와 Shear Stress τ에 의한 힘의 평형관계식을 나타내고, (b) 관내 중심에서의 거리 r에 대한 유속과 (c) 이에 따른 평균유속 $\bar{u}$를 구하여라.

(힌트: Hagen-Poiseulle Equation을 유도하는 과정으로 작용하는 힘의 Balance $\Sigma F_i = 0$의 관계식과 Newtonian Viscosity 특성식을 이용한다.

■■ 풀이

(a) $\pi r^2 \Delta P = 2\pi r L\tau$, $r\Delta P = 2L\tau$,

(b) $r\Delta P = 2L\tau$, $-du/dr = r\Delta P/(2\eta L)$, $u = \Delta P/(2\eta L)\int rdr = \Delta P(R^2 - r^2)/(4\eta L)$

(c) $\bar{u} = (2/R^2) \times \int urdr = (2/R^2) \times \Delta P/(4\eta L)\int (R^2 - r^2)rdr = (2/R^2) \times \Delta P/(4\eta L)(R^4/4) = \Delta PR^2/(8\eta L)$

29 어떤 비행기의 질량이 1.60×10^4kg이고 한쪽 날개의 넓이는 $40.0\mathrm{m}^2$이다. 수평 비행할 때 날개의 아래쪽 면의 압력이 7.00×10^4Pa이다. 날개의 위 쪽 면의 압력을 결정하라.

■■ 풀이

위쪽의 압력과 비행기 무게에 의한 압력의 합이 날개 아래쪽의 압력과 같아야 한다. 따라서,

$$P + \frac{mg}{A} = 7.0 \times 10^4, \quad P = 7.0 \times 10^4 - \frac{1.60 \times 10^4 \times 9.8}{40.0} = 6.608 \times 10^4 Pa$$

30 물 저장 탱크에 물이 높이 h_0까지 채워져 있고, 탱크의 바닥에서 높이 h인 곳에 있는 구멍으로부터 물줄기가 뿜어져 나오고 있다. 물의 속력이 $\sqrt{2g(h_0 - h)}$ 임을 보여라.

■■ 풀이

베르누이 방정식에서 $P_o + \frac{1}{2}\rho v^2 + \rho gh = P + \rho gh_o$. 이때 $P = P_o$이므로,

$$\frac{1}{2}\rho v^2 = \rho g(h_o - h)$$

이다. 따라서

$$v = \sqrt{2g(h_o - h)}$$

14 온도와 기체운동론

1 (a) 온도 −40.0°는 섭씨온도와 화씨온도 눈금에서 동일한 수치를 나타내는 유일한 온도임을 보여라.

(b) 켈빈온도와 화씨온도가 수치적으로 같아지는 온도 눈금은 얼마인가?

풀이

(a) 화씨눈금 T_F 와 섭씨눈금 T_C 의 수치값이 T 로 같다면, $T = T_F = T_C$ 로 둘 수 있다. 그러면, 식 (14−1)에서 $T = 9/5T + 32$ 이므로 T 에 관해 정리하면

$$T = -32 \times (5/4) = -40.0$$

따라서, $T = -40.0°$는 화씨온도와 섭씨온도 눈금에서 동일한 수치를 나타내는 유일한 온도이다.

(b) 식 (14−1) $T_F = \frac{9}{5}T_C + 32$와 식 (14−4) $T = T_C + 273.15$를 이용하면,

$$T_F = \frac{9}{5}(T - 273.15) + 32$$

이다. 여기서 $T = T_F$로 두고 윗 식을 T에 대해 정리하면,

$$(4/5)\,T = -32 + (9/5) \times 273.15$$

$$T = -32 \times (5/4) + (9/4) \times 273.15 = 574.59$$

이다. 따라서, $T = 574.59°$는 켈빈온도와 화씨온도가 수치적으로 같아지는 온도이다.

2 만약 섭씨온도 눈금에서 온도가 ΔT_C만큼 변한다면, 화씨온도 눈금변화 ΔT_F는 $\frac{9}{5}\Delta T_C$와 같음을 보여라.

풀이

식 (14−1)에서 $T_F = \frac{9}{5}T_C + 32$이므로, T_{C1}에 대응되는 T_{F1}, T_{C2}에 대응되는 T_{F2}의 온도를 각각 정의하면,

$$T_{F2} = \frac{9}{5}T_{C2} + 32$$

$$T_{F1} = \frac{9}{5}T_{C1} + 32$$

이다.

두 식을 변변 빼면

$$(T_{F2} - T_{F1}) = \frac{9}{5}(T_{C2} - T_{C1})$$

이다. 따라서 $\Delta T_F = T_{F2} - T_{F1}$, $\Delta T_C = T_{C2} - T_{C1}$라고 두면

$$\Delta T_F = \frac{9}{5}\Delta T_C$$

가 된다.

3 15℃에서 길이가 정확히 1m인 강철 막대가 있다. 또 15℃에서 강철 막대보다 정확히 0.4mm 짧은 알루미늄 막대가 있다. 이 두 막대를 오븐 속에서 똑같이 가열하면 어느 온도에서 길이가 같아지는가?

■■ 풀이

강철의 선팽창계수 $\alpha_{강} = 1.2\times 10^{-5}(℃)^{-1}$, 알루미늄의 선팽창계수 $\alpha_{알} = 2.4\times 10^{-5}(℃)^{-1}$이다.
$T_0 = 15℃$일때 강철의 길이 $L_{0강} = 1\,\mathrm{m}$, 알루미늄의 길이 $L_{0알} = 0.9996\,\mathrm{m}$이다.
식 (14-9) $L = L_0 + \alpha L_0 \Delta T$를 이용하면 강철 및 알루미늄 각각에 대해,

$$L_{강} = L_{0강} + \alpha_{강} L_{0강} \Delta T$$

$$L_{알} = L_{0알} + \alpha_{알} L_{0알} \Delta T$$

이다. 두 막대의 길이가 똑 같아 지는 온도를 찾으려면 $L_{강} = L$알 이 되는 온도변화 ΔT를 찾으면 된다. 윗식에서 $L_{강} = L_{알}$로 두면

$$\Delta T = (L_{0강} - L_{0알})/(\alpha_{알} L_{0알} - \alpha_{강} L_{0강})$$

$$= (1 - 0.9996)/(2.4\times 10^{-5}\times 0.9996 - 1.2\times 10^{-5}\times 1)$$

$$= 33.36\ ℃$$

따라서, 두 길이가 같아지는 온도는

$$T = T_0 + \Delta T = 15 + 33.36 = 48.36\ ℃$$

이다.

4 강철 기차 레일이 12.0m 길이로 잘라져서 끝이 연결되도록 놓아지고 있다. 이 레일은 온도가 −2.0℃인 겨울에 놓여진다. 온도가 40.0℃인 무더운 여름날에 끝과 끝이 간신히 닿도록 하려면 레일 토막 사이의 간격을 얼마로 띄어 놓아야 하는가?

■■ 풀이

−2.0 ℃인 겨울과 40.0 ℃인 여름 날의 온도차 $\Delta T = 42.0$ ℃이다.
겨울에 강철레일의 길이 $L_0 = 12.0\,\mathrm{m}$이고, 강철의 선팽창계수는 $\alpha = 1.2\times 10^{-5}(℃)^{-1}$이다. 따라서 여름에 늘어나는 강철레일의 길이는 식 (14-7)에 의해

$$\Delta L = \alpha L_0 \Delta T$$

$$= 1.2\times 10^{-5}\times 12.0\times 42.0$$

$$= 6.048\times 10^{-3}\ \mathrm{m} = 6.048\ \mathrm{mm}$$

이다. 따라서 레일 토막 사이의 간격은 6.048mm 로 띄워서 놓아야 한다.

5 20.0℃에서 지름 10.00cm인 황동 고리를 가열하여 20.0℃에서 지름 10.01cm인 알루미늄 봉에 끼어 넣었다.

(a) 결합된 것을 식혀서 빼내려면 몇 도의 온도가 되어야 할까? 이것이 가능한가?

(b) 만일 알루미늄 봉의 반지름이 10.02cm라면? [두 물질의 평균 선팽창계수의 값이 일정하다고 가정하라.]

■■ 풀이

$\Delta L = \alpha L_o \Delta T$에서

(a) $\Delta L_{황동} = \Delta L_{알루미늄} - 0.01$에서

$2.0\times10^{-5}\times10.0\times\Delta T = 2.4\times10^{-5}\times10.01\times\Delta T - 0.01$이므로, $\Delta T = 2.45\times10^2\,\mathrm{K}$

따라서 $20-245=-225^o C$에서 가능하다.

(b) (a)와 같은 방법으로 풀면, $\Delta T = 4.97\times10^2\,\mathrm{K}$ 이므로 −477℃에서 가능하다.

6 강철 마개의 내부 지름과 유리병의 외부 지름이 둘 다 정확하게 실온 21.0℃에서 11.500cm이다. 만일 마개를 꽉 닫고 마개와 병이 모두 80.0℃가 될 때까지 뜨거운 물을 부으면 지름은 어떻게 변할까?

■■ 풀이

$\Delta T = 59$℃ $\alpha_{강철} = 1.2\times10^{-5}$, $\alpha_{유리} = 0.4\times10^{-5}$에서

$\Delta L_{강철} = 1.2\times10^{-5}\times11.5\times59 = 8.14\times10^{-3}$이므로 마개는 11.50814cm가 되고,

$\Delta L_{유리} = 0.4\times10^{-5}\times11.5\times59 = 2.71\times10^{-3}$이므로 병은 11.50271cm가 된다.

7 일정부피 기체온도계에서 20.0℃에서의 압력은 0.980atm이다.

(a) 45.0℃에서의 압력은 얼마인가?

(b) 만약 압력이 0.500atm이라면 온도는 얼마인가?

■■ 풀이

일정부피 기체온도계에서는 식 (14-5)의 $\frac{T_2}{T_1} = \frac{P_2}{P_1}$를 만족한다.

온도 20℃는 켈빈온도로 $T = 20 + 273.15 = 293.15\,\mathrm{K}$이다.

또 1 atm의 압력은 파스칼로 고치면 $1.013\times10^5\,\mathrm{Pa}$이다.

따라서, $T_1 = 293.15\,\mathrm{K}$, $P_1 = 0.980\times1.013\times10^5 = 0.99274\times105\,\mathrm{Pa}$라 두자.

(a) $T_2 = 45$℃ $= 45 + 273.15 = 318.15\,\mathrm{K}$에서의 압력 P_2는

$$P_2 = P_1\times(T_2/T_1) = (0.99274\times10^5)\times(318.15/293.15) = 1.0774\times10^5\,\mathrm{Pa} = 1.064\,\mathrm{atm}$$

따라서 45℃에서의 압력은 1.0774×105 pa 또는 1.064 atm이다.

(b) $P_2 = 0.5\,\mathrm{atm} = 0.5\times1.013\times10^5\,\mathrm{Pa} = 0.5065\times10^5\,\mathrm{Pa}$에서의 온도 T_2는,

$$T_2 = T_1\times(P_2/P_1) = 293.15\times(0.5065\times10^5/0.99274\times10^5) = 149.57\,\mathrm{K} = -123.58\,℃$$

따라서 0.500 atm 에서의 온도는 149.57 k 또는 −123.58 ℃이다.

8 일정한 부피 안에 갇힌 기체에 대하여, 백금이 녹는 온도에서의 압력과 물의 삼중점 온도에서의 압력의 비가 7.476이다. 백금이 녹는 온도는 섭씨로 얼마인가?

■■ 풀이

식 (14-6) $T = T_{triple}\dfrac{P}{P_{triple}} = (273.16\,\mathrm{K})\dfrac{\mathrm{P}}{\mathrm{P_{triple}}}$ 을 이용하면

압력비 P/Ptriple의 값이 7.476이므로 백금의 녹는 온도는

$$T = 273.16 \times 7.476 = 2042.14\,\mathrm{K}$$

$$= 2042.14 - 273.15 = 1768.99\,℃$$

이다.

9 (a) 20℃ 대기압에서 1.0cm^{3}의 부피를 차지하는 이상 기체가 있다. 용기 안에 있는 기체 분자 수를 구하라.

(b) 만일 온도가 일정하게 유지되고 압력이 1.0×10^{-11}Pa로 감소한다면 용기 속에 남아있는 기체 분자의 수는 얼마인가?

■■ 풀이

(a) $P = 1.01 \times 10^5\,\mathrm{N/m}$, $V = 1.0 \times 10^{-6}\,\mathrm{m}^3$, $T = 273 + 20 = 293\,\mathrm{K}$ 에서 $PV = nRT$ 에서

$n = \dfrac{PV}{RT} = 4.15 \times 10^{-5} moles$, 따라서 분자수는 $4.15 \times 10^{-5} \times 6.02 \times 10^{23} = 2.5 \times 10^{19}$개

(b) 온도가 일정하게 유지되고 압력이 내리면 부피는 증가한다. 압력과 부피의 곱은 일정하게 유지된다. 따라서 분자의 수는 이전과 같게 된다. 따라서 분자수는 변함이 없다.

10 공기 기포가 호수 표면으로부터 100m 아래에서 1.50cm^{3}의 부피를 가진다. 그것이 표면에 도달할 때 기포의 부피는 얼마인가? 기포 안에 있는 공기 분자의 수와 온도는 기포가 수면으로 올라오는 동안 일정하다고 가정하라.

■■ 풀이

온도가 일정하면 PV가 일정하다. 수심 100m에서의 압력은

$1.01 \times 10^5 + 1.0 \times 10^3 \times 9.8 \times 100 = 1.08 \times 10^6\,\mathrm{N/m^2}$ 이고

수면의 압력은 $1.01 \times 10^5\,\mathrm{N/m^2}$ 이므로

$1.08 \times 10^5 \times 1.5 \times 10^{-6} = 1.01 \times 10^5 \times V$에서 $V = 16.05\,\mathrm{cm^3}$

11 자동차 타이어가 10℃의 정상 대기압하에 있는 공기에 의해 부풀려졌다고 하자. 그 과정 중에 공기는 원래 부피의 28.0%로 압축되고 온도는 24.0℃로 증가되었다.

(a) 이때 타이어의 압력은 얼마인가?

(b) 차가 고속으로 운행된 후에 타이어 공기 온도는 85.0℃로 상승하였고, 타이어의 내부 부피는 2.0% 만큼 증가하였다. 타이어의 새 압력은 얼마인가?

■■ **풀이**

$PV = nRT$에서 $(PV/T) = nR =$ 상수이므로 $(P_1V_1/T_1) = (P_2V_2/T_2)$가 성립한다.
문제에서 초기에 10 ℃ 정상대기압의 공기이므로 $T_1 = 10 + 273.15 = 283.15$ K이고,
$P_1 = 1$ atm $= 1.013 \times 10^5$ Pa이다.

(a) 타이어에 공기가 주입되면서 원래부피의 28 %로 압축되었으므로 $V_2 = 0.28 \times V_1$이고, $T_2 = 24 + 273.15 = 297.15$ K이다. 따라서, 타이어 내부 압력은

$$P_2 = (T_2/V_2) \times (P_1V_1/T_1)$$
$$= (297.15/0.28 \times V_1) \times (1 \times V_1/283.15)$$
$$= (297.15/0.28 \times 283.15)$$
$$= 3.748 \text{ atm}$$
$$(= 3.748 \times 1.013 \times 10^5 = 3.797 \times 10^5 \text{ Pa})$$

이다.

(b) 온도가 85 ℃로 상승하였으므로 $T_3 = 85 + 273.15 = 358.15$ K이고, 타이어 내부 부피는 2 % 만큼 증가하였으므로 $V_3 = 1.02 \times V_2$이다.
따라서 새로운 내부 압력은

$$P_3 = (T_3/V_3) \times (P_2V_2/T_2)$$
$$= (358.15/1.02 \times V_2) \times (3.748 \times V_2/297.15)$$
$$= (358.15 \times 3.748/1.02 \times 297.15)$$
$$= 4.429 \text{ atm} (= 4.429 \times 1.013 \times 10^5 = 4.487 \times 10^5 \text{ Pa})$$

이다.

12 용기에 0℃, 1기압에서 5몰의 이상기체가 있다. 일정한 부피에서 이상기체를 온도가 100℃가 될 때까지 가열하였다.

(a) 새로운 압력은 얼마인가?

(b) 그 온도에서 압력이 1기압으로 되돌아오기 위하여서는 기체 몇 몰을 빠져나가게 해야 하는가?

(c) 기체가 빠져나간 후, 용기를 다시 밀폐하고 0℃까지 식힌다. 이제 새로운 압력은 얼마인가?

■■ **풀이**

$T_1 = 0$ ℃ $= 273.15$ K, $P_1 = 1$ atm, $n = 5$ mol, 인 이상기체이다.
일정한 부피(즉 $V_1 = V_2$)에서 $T_2 = 100$ ℃ $= 373.15$ K까지 가열하였다.

(a) 새로운 압력은 $V_1 = V_2$이므로 $(P_1V_1/T_1) = (P_2V_2/T_2)$에서

$$P_2 = T_2 \times (P_1/T_1)$$
$$= 373.15 \times (1/273.15)$$
$$= 1.366 \text{ atm} (= 1.366 \times 1.013 \times 10^5 = 1.384 \times 10^5 \text{ Pa})$$

(b) 100 ℃ = 373.15 K에서 압력이 1.366 atm이므로 부피를 먼저 계산하면 $PV = nRT$에서 $n = 5\text{mol}$이고 $R = 0.0821\ \text{L}\cdot\text{atm/mol}\cdot\text{K}$이므로

$$V = nRT/P$$
$$= (5\times 0.0821\times 373.15)/1.366$$
$$= 112.136\ \text{L(리터)}$$

이다. (0℃ 1 atm에 대해 계산하여도 같은 부피를 얻는다.) 이제 온도를 유지하면서 압력을 1 atm으로 되돌아가게 하려면 기체를 뽑아주어야 한다. 1 atm의 압력인 새로운 기체의 mol 수를 n'이라고 하면

$$n' = PV/RT$$
$$= 1\times 112.136/0.0821\times 373.15$$
$$= 3.66\ \text{mol}$$

따라서, 뽑아주어야 할 기체는 5 mol − 3.66 mol = 1.34 mol이다. 이제 용기 내에는 3.66 mol의 기체가 있다.

(c) 용기를 다시 밀폐하고 0 ℃까지 식히면 새로운 압력은

$$P = n'RT/V$$
$$= 3.66\times 0.0821\times 273.15/112.136$$
$$= 0.732\ \text{atm}\,(= 0.732\times 1.013\times 10^5 = 0.742\times 10^5\ \text{Pa})$$

이 된다.

13 산소를 이상기체로 취급할 수 있다.

(a) 온도가 300K인 산소분자의 평균제곱근 속력을 구하여라.

(b) 분자당 평균 운동에너지는 얼마인가?

(c) 산소기체 1몰의 전체 운동에너지는 얼마인가?(산소분자의 질량은 $m = 5.31\times 10^{-26}\text{kg}$이다.)

■■ **풀이**

(a) 식 (14−24)에서 $v_{rms} = \sqrt{(v^2)_{av}} = \sqrt{\dfrac{3k_B T}{m}} = \sqrt{\dfrac{3RT}{M}}$ 이다.

$k_B = 1.38\times 10^{-23}\ \text{J/K}$, $R = 8.315\ \text{J/mol}\cdot\text{K}$이고 산소의 질량 $m = 5.31\times 10^{-26}\ \text{kg}$, 산소의 몰질량 $M = 32.0\times 10^{-3}\ \text{kg/mol}$이므로

$$V_{rms} = (3\times 1.38\times 10^{-23}\times 300/5.31\times 10^{-26})^{1/2}$$
$$= 484\ \text{m/s}$$

또는

$$v_{rms} = (3\times 8.315\times 300/32.0\times 10^{-3})^{1/2}$$
$$= 484\ \text{m/s}$$

(b) 식 (14-21)에서 $\frac{1}{2}m(v^2)_{av}=\frac{3}{2}k_B T$이다. 따라서 산소분자의 평균운동에너지는

$$\frac{1}{2}m(v^2)_{av}=\frac{3}{2}k_B T$$
$$=(3/2)\times 1.38\times 10^{-23}\times 300$$
$$=6.21\times 10^{-21}\ \mathrm{J}$$

이 값은 분자의 질량과 무관하다.

(c) 위 결과에 산소기체 1몰 속의 분자수인 아보가드로 수 N_A를 곱하면 전체 운동에너지가 된다.
$N_A=6.022\times 10^{23}$개이므로

$$K_{total}=N_A\times\left(\frac{1}{2}m(v^2)_{av}\right)$$
$$=6.022\times 10^{23}\times 6.21\times 10^{-21}$$
$$=3740\ \mathrm{J}$$

이다.
이 결과는 식 (14-23)에서도 얻어진다. 즉

$$E=\frac{3}{2}nRT$$
$$=(3/2)\times 1\times 8.315\times 300$$
$$=3742\ \mathrm{J}$$

이 되고 위의 결과와 비교하면 거의 같다고 할 수 있다.

14 어떤 기체의 온도가 0℃이고 압력이 1atm 일 때 이 기체의 부피가 22.4L임을 보여라. (이 기체는 이상기체로 간주된다.)

■■ 풀이

이상기체의 상태방정식 $PV=nRT$에서 $R=0.0821\ \mathrm{L\cdot atm/mol\cdot K}$이므로

$$V=nRT/P=1\times 0.0821\times 273.15/1=22.4\ \mathrm{L}$$

이다.

15 실린더가 150℃의 평형상태에서 헬륨과 아르곤의 혼합 기체로 채워져 있다.

(a) 각 분자의 평균 운동에너지를 구하라.

(b) 각 분자의 평균제곱근 속력을 구하라.

■■ 풀이

(a) 평균운동에너지 $\frac{1}{2}m<v^2>=\frac{3}{2}k_B T=\frac{3}{2}\times 1.38\times 10^{-23}\times 423=8.76\times 10^{-21}\ \mathrm{J}$

(b) $v_s=\sqrt{\frac{3RT}{M}}$ 이므로

헬륨은 $\sqrt{\frac{3\times 8.31\times 423}{4.0\times 10^3}}=1.62\mathrm{m/s}$ 이고 아르곤은 $\sqrt{\frac{3\times 8.31\times 423}{39.9\times 10^3}}=0.51\mathrm{m/s}$

16 헬륨원자 (질량 6.66×10^{-27}kg)의 평균제곱근 속력이

(a) 지구의 탈출속도 1.12×10^{4}m/s와

(b) 달의 탈출속도 2.37×10^{3}m/s와 같기 위한 온도를 각각 구하라.

■■ 풀이

(a) $\sqrt{\dfrac{3\times1.38\times10^{-23}\times T}{6.66\times10^{-27}}}=1.12\times10^{4}$에서 2.02×10^{4} K

(b) 903.6 K

17 (a) 이상기체법칙을 식으로 나타내고 사용된 기호의 단위 및 특성을 설명하여 보아라.

(b) 이상기체법칙과 운동에너지의 관계를 식으로 나타내어라.

■■ 풀이

(a) $PV=NkT$

(b) $\dfrac{1}{2}mv^2=\dfrac{3}{2}kT$

18 (a) 물이 일정 온도에서 액체가 기체로 혹은 기체가 액체로 변하는 상변화 현상을 P-V 도표 상에서 그리고 과정을 설명하여라.

(b) 물이 액체에서 기체로 변할 때 필요로 하는 열의 명칭과 양을 나타내어라.

■■ 풀이

(a) 그림 12.20 참조

(b) 증발잠열 539cal/g

19 (a) 온도 25℃ 대기압 하에서 부피가 3.0L 인 풍선에는 몇 mol의 수소가 들어 있을까?

(b) 이 풍선이 대기 중으로 날아 올라가 기압이 0.7atm인 곳에 도달하는 동안 대기의 온도는 10℃나 떨어지고 20%의 수소가 빠져 나갔다면 이 때 풍선의 부피는 얼마가 되겠는가?

■■ 풀이

(a) $PV=nRT$, $n=3\times1/(0.08205\times298)=0.1227$mol,

(b) $n=0.8\times0.1227=0.09816$mol, $V=0.09816\times0.08205\times288/0.7=3.3137L$.

15 열 및 열역학 제 1 법칙

1 나이아가라 폭포의 물은 높이 50m에서 떨어진다. 위치에너지 변화가 모두 물의 내부에너지로 바뀐다고 가정하면 물의 온도가 얼마나 증가하겠는가?

■■ **풀이**

열역학 제 1 법칙에 의하여 $\Delta U = Q - W$ 에서 $Q = 0$이며 위치에너지에 의한 일은 $W < 0$이므로 $\Delta U = -W = mgh > 0$이 된다. 내부에너지의 증가량을 계산하면,

$$\Delta U = -W = Mgh = M(9.8\,\mathrm{m/sec^2})(50\,\mathrm{m}) = 490\,\mathrm{M\,m^2/sec^2}$$

이 내부에너지의 증가량이 물에 가해진 열량이므로

$$\Delta T = \frac{Q}{Mc} = \frac{490M\mathrm{m^2/sec^2}}{M(4.18\,\mathrm{kJ/kg\cdot K})} = 0.117\ \mathrm{°K}$$

2 질량 100g의 알루미늄 열량계가 250g의 물을 담고 있다. 열량계와 물은 10.0℃에서 열적 평형을 이루고 있다. 물속에 두 개의 금속 덩어리를 놓았다. 하나는 80.0℃의 50.0g의 구리이고 다른 하나는 100℃의 온도를 가진 질량 70.0g의 금속 덩어리이다. 전 계는 최종온도 20.0℃에서 평형을 이루었다.

(a) 모르는 금속의 비열을 구하라.

(b) 표 15.1을 보고 그 금속의 종류를 추정하라.

■■ **풀이**

(a) 구리가 잃은 열량 $0.05 \times 60 \times 0.386 = 1.158\,\mathrm{kJ}$

금속이 잃은 열량 $0.07 \times 80 \times c = 5.6 \times c\,\mathrm{kJ}$

물이 얻은 열량 $0.25 \times 4.18 \times 10 = 10.45\,\mathrm{kJ}$

알루미늄이 얻은 열량 $0.1 \times 0.9 \times 10 = 0.9\,\mathrm{kJ}$이므로

$1.158 + 5.6c = 10.45 + 0.9$에서 $c = 1.82\,\mathrm{kJ/kg\cdot ℃}$

(b) 표 15.1에서 가장 가까운 물질은 −10℃의 얼음이다.

3 0℃의 얼음조각 200g을 20℃의 물 500g에 넣었다. 그릇의 열용량을 무시하고 이 계가 주위와 단열되었다고 할 때 이 계의 최종 평형온도는 얼마인가? 그리고 얼음의 녹은 질량을 구하라.

■■ **풀이**

200g의 얼음이 녹는데 필요한 열량은 얼음의 융해열이 $L = 333\,\mathrm{J/g}$이므로

$$Q = mL = (200\text{g})(333\text{ J/g}) = 66.6\text{kJ}$$

물 500g이 0℃가 될 때 내 놓을 수 있는 열량은

$$Q = mc\Delta T = (0.5\text{kg})(4.18\text{kJ/kg}\cdot\text{K})(20-0)^{\circ}\text{K} = 41.8\text{ kJ}$$

따라서 모든 얼음이 녹는데 필요한 열량을 물이 공급하지 못하므로 얼음과 물은 0℃의 온도가 되며 계의 최종 평형 온도도 0℃가 된다. 녹은 얼음의 질량은 물이 내 놓은 열량만큼의 융해열만 가능하므로

$$m = \frac{Q}{L} = \frac{41800\text{ J}}{333\text{ J/g}} = 125.5\text{ g}$$

4 물의 비열은 상당히 크기 때문에 낮에 바닷가에서 불어오는 해풍의 근원이 된다. 즉, 바닷물의 비열이 상당히 크므로 주위의 열량을 흡수하여 공기의 온도가 상승하는 것을 막게 된다. 물 1kg, 즉 1리터의 물은 동일한 온도 상승 시에 몇 리터의 공기가 흡수하는 열량과 같은지를 계산하라. 공기의 비열은 대략 1kJ/kg℃이며 밀도는 1.3kg/m^{3}이다.

■ 풀이

물 1kg이 온도가 1℃ 높아지는 데 흡수되는 열량은,

$$Q = mc\Delta T = (1\text{ kg})(4.18\text{ kJ/kg}\cdot\text{K})(1^{\circ}\text{K}) = 4.18\text{ kJ}$$

이 열량으로 1℃ 상승시킬 수 있는 공기의 양은,

$$m = \frac{Q}{c\Delta T} = \frac{4.18\text{ kJ}}{(1\text{ kJ/kg℃})(1\text{ ℃})} = 4.18\text{ kg}$$

이를 부피로 환산하면

$$V = \frac{m}{\rho} = \frac{4.18\text{ kg}}{1.3\text{ kg/m}^3} = 3.215\text{ m}^3 = 3.215\times 10^3 l$$

따라서 대략 부피가 3,000배정도의 공기에 해당한다.

5 이상기체의 성질을 가진 헬륨 시료에 일정한 압력에서 273K에서 373K가 될 때 까지 열을 가했다. 만약 이 기체가 20.0J의 일을 했다면 이 시료의 질량은 얼마인가?

■ 풀이

$\frac{3}{2}nR\Delta T = \frac{3}{2}nR\times 100 = 20\text{J}$ 에서 $n = \frac{40}{300R} = \frac{40}{300\times 8.31} = 0.016\text{moles}$이므로

헬륨 시료의 질량은 $4.0\times 0.016 = 64\text{mg}$

6 어떤 이상기체 40몰이 그림 15.14와 같이 $P = aV^2$ (여기서, $a = 2\text{ atm/m}^6$)의 곡선으로 원래 대기압하에서 1m^{3}인 부피가 두 배로 팽창하였다. 이 때 팽창하는 동안 기체가 한 일을 구하라.

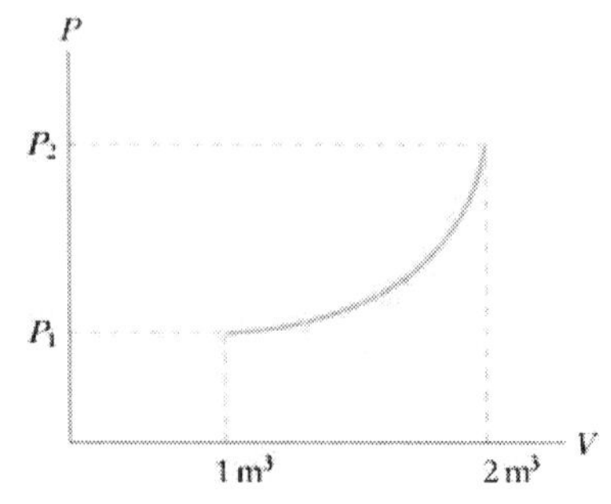

그림 15.14

■ 풀이

기체가 한 일은 정의에 의하여

$$W = \int_{V_1}^{V_2} PdV = \int_{V_1}^{V_2} aV^2 dV = \frac{a}{3}(V_2^3 - V_1^3)$$

여기에 각 수치를 대입하고 $1\ \text{atm} = 10^5$ pascal임을 이용하면

$$W = \frac{2\ \text{atm/m}^6}{3}[(2\ \text{m}^3)^3 - (1\ \text{m}^3)^3] = \frac{14}{3}\ \text{atm} \cdot \text{m}^3$$

$$= \frac{14}{3} \times 10^5\ \text{pascal} \cdot \text{m}^3 = 4.67 \times 10^5\ \text{J}$$

7 연습문제 15장 6에서 온도 변화량과 내부에너지 변화량 그리고 유입된 열량을 구하라.

■■ 풀이

이상 기체 방정식으로부터 $T = \dfrac{PV}{nR} = \dfrac{aV^3}{nR}$이므로 두 지점의 온도는

$$T_1 = \frac{(1\ \text{atm})(1\ \text{m}^3)}{(40\ \text{mol})(8.31\ \text{J/mol} \cdot \text{K})} = \frac{(10^5\ \text{pascal})(1\ \text{m}^3)}{332.4\ \text{J}}\ °\text{K} = 300.8°\text{K} = 27.8\ ℃$$

$$T_2 = \frac{(2\ \text{atm/m}^6)(2\ \text{m}^3)^3}{(40\ \text{mol})(8.31\ \text{J/mol} \cdot \text{K})} = \frac{16 \times 10^5\ \text{pascal} \cdot \text{m}^3}{332.4\ \text{J}}\ °\text{K} = 4812.8°\text{K} = 4539.8\ ℃$$

따라서 두 지점의 온도차는

$$\Delta T = T_2 - T_1 = 4812.8 - 300.8 = 4512°\text{K}$$

내부 에너지 변화량은

$$\Delta U = \frac{3}{2} nR\Delta T = \frac{3}{2}(332.4\ \text{J/°K})(4512\ °\text{K}) = 2.25 \times 10^6\ \text{J}$$

유입된 열량은 열역학 제 1 법칙에 따라

$$Q = \Delta U + W = 2.25 \times 10^6 \text{J} + 4.67 \times 10^5\ \text{J} = 2.72 \times 10^6\ \text{J}$$

8 100℃ 1몰의 물이 대기압 하에서 100℃의 수증기가 될 때 수증기가 한 일과 내부에너지의 변화를 구하라. 수증기는 이상기체로 간주하라.

■■ 풀이

대기압 하이므로 정압과정으로 볼 수 있으며 부피의 변화를 구하면 한 일을 계산할 수 있다. 물 1몰은 18 g이므로 부피는 18 cm^3이다. 수증기는 기체이므로 대기압하의 부피를 구하면

$$V = \frac{nRT}{P} = \frac{(1\ \text{mol})(8.31\ \text{J/mol} \cdot \text{K})(373°\text{K})}{10^5\ \text{pascal}} = 3.1 \times 10^{-2}\ \text{m}^3$$

따라서 부피 팽창시 한 일은

$$W = P(V_v - V_w) = (10^5\ \text{pascal})(3.1 \times 10^{-2}\ \text{m}^3 - 18 \times 10^{-6}\ \text{m}^3) = 3.1 \times 10^3\ \text{J}$$

내부에너지 변화는 열역학 제 1 법칙으로부터 구할 수 있는데 우선 유입된 열량을 구하면

$$Q = mL = (18\ \text{g})(2.26 \times 10^3\ \text{J/g}) = 4.07 \times 10^4\ \text{J}$$

따라서 내부 에너지는

$$\Delta U = Q - W = 4.07 \times 10^4\ \text{J} - 3.1 \times 10^3\ \text{J} = 37.6\ \text{kJ}$$

9 상온(27℃), 0.5atm에 있던 2몰의 이상기체를 대기압까지 등온 압축하였다. 이 과정을 $P-V$ 그래프로 그리고 초기 부피와 최종 부피를 계산하라. 그리고 기체가 한 일과 전달된 열에너지를 계산하라.

■■ 풀이

이상 기체이므로 상태방정식으로부터 부피를 구하면

$$V_i = \frac{nRT}{P} = \frac{(2\,\text{mol})(8.31\,\text{J/mol}\cdot\text{K})(300°\text{K})}{0.5\times 10^5\,\text{pascal}} = 0.1\,\text{m}^3$$

$$V_f = \frac{nRT}{P} = \frac{(2\,\text{mol})(8.31\,\text{J/mol}\cdot\text{K})(300°\text{K})}{10^5\,\text{pascal}} = 5\times 10^{-2}\,\text{m}^3$$

그래프는 아래와 같다.

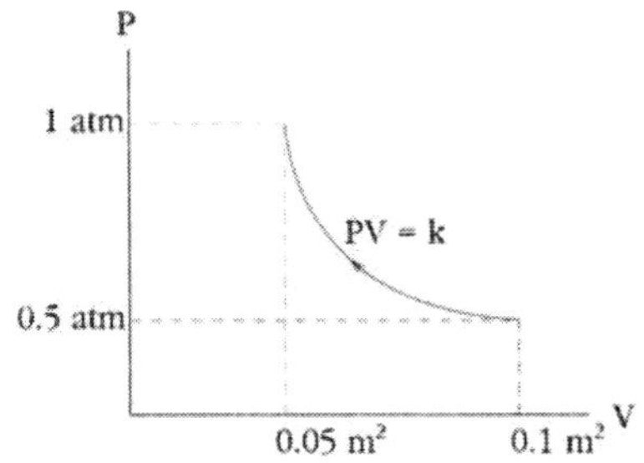

기체가 한 일은 등온 과정이므로

$$W = \int_{V_1}^{V_2} P dV = \int_{V_1}^{V_2} \frac{nRT}{V} dV = nRT \ln\left(\frac{V_2}{V_1}\right) = (2\,\text{mol})(8.31\,\text{J/mol}\cdot\text{K})(300°\text{K})\ln\left(\frac{0.05}{0.1}\right)$$

$$= -7.05\,\text{kJ}$$

전달된 열 에너지는 등온과정이므로 전달된 열에너지가 모두 한 일과 같으므로 한 일과 동일하다. 즉

$$Q = -7.05\,\text{kJ}$$

이 과정에서 기체는 등온 압축하면서 외부에서 일을 받고 동일한 열에너지를 외부로 방출한다.

10 이상기체가 일정한 부피에서 온도가 변할 때 내부에너지 변화는 $\Delta U = nc_v \Delta T$로 주어진다. 이 식은 과정에 상관없이 어떤 온도 변화에도 적용되는데, 그 예로 일정한 압력으로 팽창하는 이상기체에 대하여 이를 검증하라. 그리고 이 식이 항상 성립하는 이유에 대해 설명하라.

■■ 풀이

이상기체의 내부에너지는 온도만의 함수이다. 따라서 위 식은 일반적으로 성립한다.
정압과정을 고려하면 우선 기체가 외부에 한 일은 정의와 이상 기체 상태 방정식을 이용하면

$$W = \int_{V_1}^{V_2} P dV = P\int_{V_1}^{V_2} dV = P(V_2 - V_1) = P\Delta V = nR\Delta T$$

그리고 정적 비열의 정의에 의해

$$Q_p = nc_p \Delta T$$

내부에너지는 열역학 제 1 법칙과 정압 및 정적 비열의 관계로부터

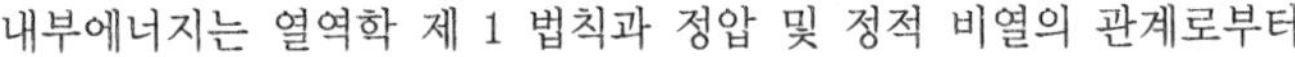

$$\Delta U = Q - W = nc_p\Delta T - nR\Delta T = n(c_p - R)\Delta T = nc_v\,\Delta T$$

11 처음 압력이 1기압이고 온도가 상온(27℃)의 2몰의 공기가 상승하게 되면 단열팽창에 의해 기체의 온도가 낮아지는데 이 과정에서 공기의 나중 온도와 부피 그리고 기체가 한 일 및 내부에너지 변화를 구하라. 단, 단열과정에서는 $PV^{\gamma} = k$를 만족한다고 하며 $\gamma = c_p/c_v = 7/5$, 공기는 이상기체, 나중의 압력은 0.5기압이라고 가정한다.

■■ 풀이

이상기체의 상태방정식에 의하여 처음부피를 구하면

$$V = \frac{nRT}{P} = \frac{(2\text{ mol})(8.31\text{ J/mol}\cdot\text{K})(300°\text{K})}{10^5\text{ pascal}} = 4.99\times10^{-2}\text{ m}^3$$

단열과정의 공식에 의하면 $P_iV_i^{\gamma} = P_fV_f^{\gamma}$ 이므로 나중 부피는

$$V_f = \mathrm{V_i}\left(\frac{\mathrm{P_i}}{\mathrm{P_f}}\right)^{\frac{1}{\gamma}} = (4.99\times10^{-2}\text{ m}^3)(2)^{\frac{5}{7}} = 8.18\times10^{-2}\text{ m}^3$$

나중온도는 상태방정식에서

$$T = \frac{PV}{nR} = \frac{(0.5\times10^5\text{ pascal})(8.18\times10^{-2}\text{ m}^3)}{(2\text{ mol})(8.31\text{ J/mol}\cdot\text{K})} = 246°\text{K} = -27\text{ ℃}$$

이 정도의 온도는 공기중의 수분이 결빙되는 데 충분한 온도가 된다.

기체가 한 일을 계산하려면 우선 단열과정에서 열의 출입이 없으므로 $\Delta U = Q - W = -W$ 식을 만족하므로 내부에너지를 계산하면 이 내부에너지의 (−)값이 원하는 일이 된다.

$$W = -\Delta U = -nc_v\Delta T = -\left(\frac{nR}{\gamma-1}\right)\Delta T$$

$$= -\left[\frac{(2\text{ mol})(8.31\text{ J/mol}\cdot\text{K})}{\left(\frac{7}{5}-1\right)}\right](246-300)°\text{K} = 2.24\text{ kJ}$$

12 어떤 이상기체가 그림 15.15와 같이 두 등압과정과 두 등온과정으로 이루어진 열역학 순환과정을 수행한다고 하자. 이 순환과정 동안 한 일을 구하라.

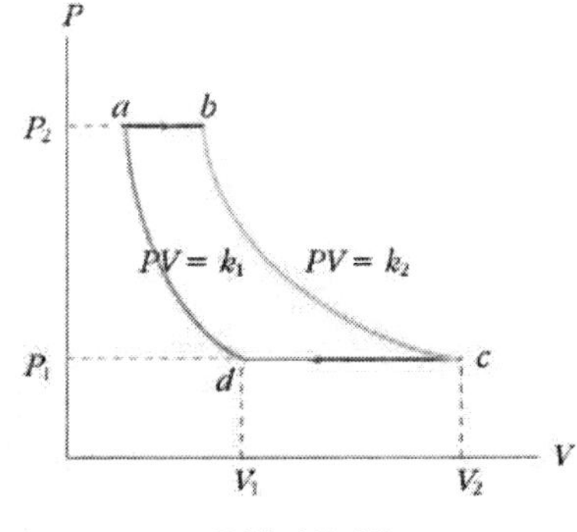

그림 15.15

■■ 풀이

우선 a와 b지점의 부피를 구하면 등온과정이므로

$$V_a = V_1\left(\frac{P_1}{P_2}\right)\quad V_b = V_2\left(\frac{P_1}{P_2}\right)$$

ab구간과 cd구간은 등압과정이고 bc 및 da는 등온과정이므로 각 과정의 일을 계산하면

$$W_{ab} = P_2(V_b - V_a) = P_1(V_2 - V_1)$$

$$W_{bc} = \int_{V_b}^{V_2} PdV = \int_{V_b}^{V_2} \frac{nRT}{V} dV = nRT \ln\left(\frac{V_2}{V_b}\right) = P_1 V_2 \ln\left(\frac{P_2}{P_1}\right)$$

$$W_{cd} = P_1(V_1 - V_2) = -P_1(V_2 - V_1)$$

$$W_{da} = \int_{V_1}^{V_a} PdV = \int_{V_1}^{V_a} \frac{nRT}{V} dV = nRT \ln\left(\frac{V_a}{V_1}\right) = -P_1 V_1 \ln\left(\frac{P_2}{P_1}\right)$$

따라서 총 일은 $W = P_1(V_2 - V_1)\ln\left(\frac{P_2}{P_1}\right)$

13 연습문제 15장 12에서 열에너지가 흡수되는 과정과 방출되는 과정은 어느 과정인가? 그리고 두 등온과정사이의 내부에너지 변화를 구하라.

■■ 풀이

각 과정 중에 기체가 한 일과 내부 에너지의 증감, 그리고 열역학 제 1 법칙을 이용하여 열량의 출입을 부호로 표시하면

구간	ΔU	W	$Q = \Delta U + W$
ab	+	+	+
bc	0	+	+
cd	-	-	-
da	0	-	-

따라서 ab와 bc구간에는 외부로부터 열량이 흡수되며 cd, da구간은 열량이 외부로 방출된다.
두 등온과정사이의 내부에너지는 온도차의 계산에 의해 구할 수 있다.

$$\Delta U = \frac{3}{2} nR\Delta T = \frac{3}{2} P_1(V_2 - V_1)$$

14 그림 15.16과 같이 병렬 연결된 열전도체의 총 열전달계수를 구하라. (단, 두 물체의 단면적과 두께는 각각 A, d로서 동일하다고 가정한다.)

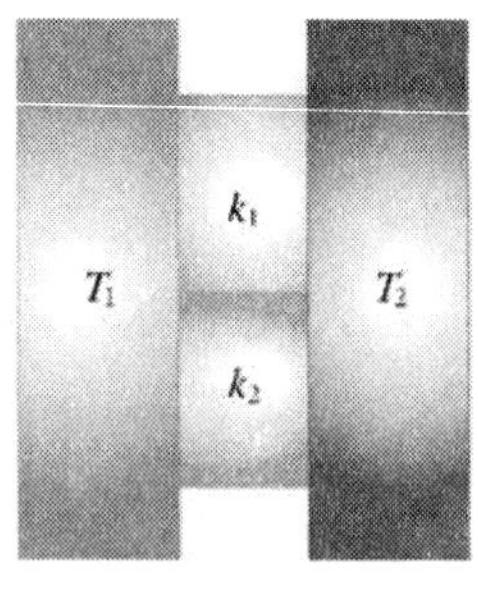

그림 15.16

■■ 풀이

각 물체에 전달되는 열량을 각 전도체에 대해 열전도 법칙을 적용하면

$$H_1 = k_1 A \frac{(T_1 - T_2)}{d} \qquad H_2 = k_2 A \frac{(T_1 - T_2)}{d}$$

전체 전달 열량은 병렬이므로 각 열량의 합이 되므로

$$H = H_1 + H_2 = (k_1 + k_2) A \frac{(T_1 - T_2)}{d}$$

따라서 병렬 연결에서의 총열전달계수는

$$k = k_1 + k_2$$

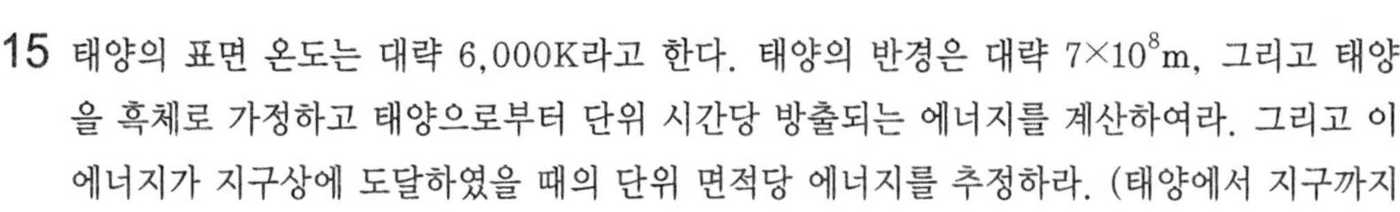

15 태양의 표면 온도는 대략 6,000K라고 한다. 태양의 반경은 대략 7×10^8m, 그리고 태양을 흑체로 가정하고 태양으로부터 단위 시간당 방출되는 에너지를 계산하여라. 그리고 이 에너지가 지구상에 도달하였을 때의 단위 면적당 에너지를 추정하라. (태양에서 지구까지의 거리는 대략 1.5×10^{11}m임을 참조할 것.)

■■ 풀이

스테판의 법칙에 의하여

$$I = e\sigma A(T^4 - T_o^4) \quad \text{여기서} \quad \sigma = 5.6696\times10^{-8}\ \mathrm{W/m^2\cdot K^4}$$

태양의 표면적은

$$A = 4\pi R^2 = 4(3.14)(7\times10^8)^2 = 6.15\times10^{18}\ \mathrm{m^2}$$

따라서 스테판 법칙에 의해 태양에서 초당 방출되는 총 에너지는 외부의 온도를 0으로 놓으면($T_o = 0$),

$$I = e\sigma A(T^4 - T_o^4) = (1)(5.67\times10^{-8})(6.15\times10^{18})(6\times10^3)^4$$

$$= 4.52\times10^{26}\ (\mathrm{W})$$

이를 이용하여 지구상에 도달하는 단위면적당에너지는 거리의 제곱에 반비례하므로 태양 표면에서의 단위면적당 방출량은

$$I_s = \frac{I}{A} = 7.35\times10^7\ \mathrm{W/m^2}$$

$$I_e = I\left(\frac{4\pi R^2}{4\pi R_{se}^2}\right) = (7.35\times10^7\ \mathrm{W/m^2})\left(\frac{7\times10^8}{1.5\times10^{11}}\right)^2 = 1.6\ \mathrm{kW/m^2}$$

16 처음의 온도가 60℃인 물 50g이 있다.

(a) 끓는점까지 데우는 데 필요한 열은 얼마이며,

(b) 완전히 수증기로 바꾸는데 필요한 열은 얼마인가?

■■ 풀이

(a) 물은 100°C에서 끓으므로 온도차는 40°C, 필요한 열

$$Q = 50g\times40°C\times1\,\mathrm{cal/g\cdot°C} = 2{,}000\,\mathrm{cal}$$

(b) 물의 기화 잠열은 539cal/g이다. $Q_{vap} = 50g\times539\,\mathrm{cal/g} = 26{,}950\mathrm{cal}$, 총 필요한 열, $Q_T = 28{,}950\,\mathrm{cal}$

17 (a) 전도에 의해 전달되는 열의 전달속도를 나타내는 식을 표시하고 설명하여라.

(b) 복사열에 관한 Stefan-Boltzmann의 법칙을 수식으로 나타내고 설명하여라.

■■ 풀이

(a) $Q/t = kA(T_2 - T_1)/d$

(b) $Q/t = \sigma e A T^4$

18 아이스박스의 표면적이 1.0m^{2}이고 벽의 두께는 3cm이다. 이 속에 0℃의 얼음과 음료들이 섞여 있다. 외부 온도가 30℃라고 할 경우 (a) 단위 시간당 아이스박스로의 열 전달량은 얼마가 되겠는가? (b) 이 상태에서 10시간 동안 얼마의 얼음이 녹겠는가? 아이스박스 벽의 열전도도는 0.01(J/s · m · ℃)라고 한다.

■■ 풀이

(a) $Q/t = kA(T_2 - T_1)/d = 0.01 \times 1.0 \times 30/0.03 = 10\,\mathrm{J/s}$

(b) $10 \times 3{,}600 \times 10 = 360{,}000\,\mathrm{J}$, $80 \times 4.2 \times \mathrm{m} = 360{,}000$, $\mathrm{m} = 1{,}071\mathrm{g}$ Ice

19 아이스박스의 표면적이 1.2m^{2}이고 벽의 두께는 5cm이다. 이 속에 0℃의 얼음 1kg 과 음료들이 섞여 있다. 외부 온도가 30℃라고 할 경우 (a) 단위 시간당 아이스박스로의 열 전달량은 얼마가 되겠으며, (b) 이 조건에서는 최소한 얼마 동안 내부의 온도가 0℃로 유지되겠는가? 아이스박스 벽의 열전도도는 0.01(J/s · m · ℃)라고 한다.

■■ 풀이

(a) $Q/t = kA(T_2 - T_1)/d = 0.01 \times 1.2 \times 30/0.05 = 7.2\,\mathrm{J/s}$

(b) $7.2t = 79.8 \times 4.2 \times 1{,}000 = 335{,}160\,\mathrm{J}$, $t = 335{,}160/7.2 = 46{,}550\,\mathrm{s} = 12.93\,\mathrm{hr}$

20 25℃의 물 30g을 −15℃ 상태의 얼음 1.5kg 위에 부으면 최종 온도는 몇 도가 되겠느냐? 얼음의 융해열(L_f) 및 비열은 각각 79.8 cal/g 및 0.5cal/g·℃이고 주위와의 열 유출입은 무시한다.

■■ 풀이

물이 0˚C 까지 냉각되는데 방출하는 열량 : $Q_w = 30 \times 1.0 \times 25 = 750\,\mathrm{cal}$

물이 얼면서 방출하는 열량 : $Q_f = 30 \times 79.8 = 2394\,\mathrm{cal}$

최종 온도를 T_f라고 하면

$Q_w + Q_f + 30 \times 0.5 \times (0 - T_f) = 750 + 2394 - 15 \times T_f = 1500 \times 0.5 \times (T_f - (-15))$,

$3144 - 15.0T_f = 750 \times (T_f + 15)$

$T_f = -10.6℃$

21 초기 온도가 −20℃인 얼음 80g이 있다. (a) 얼음의 온도를 0℃로 올리고 얼음을 완전히 녹이는데 필요한 열은 얼마이며, (b) 얼음이 녹은 물을 데워서 25℃로 올리는데 추가로 필요한 열은 얼마인가? (c) −20℃인 얼음 80g을 25℃의 물로 바꾸는데 필요한 열은 모두 얼마인가? 여기서 얼음과 물의 비열은 각각 0.5 및 1cal/g · ℃이고 물의 융해열은 80cal/g이다.

■■ 풀이

(a) 얼음을 0˚C로 올리는데 필요한 열 $= (80\mathrm{g} \times 0.5\mathrm{cal/g℃}) \times 20℃ = 800\mathrm{cal}$

얼음을 완전히 녹이는데 필요한 열 $= 80\mathrm{g} \times 80\mathrm{cal/g} = 6400\mathrm{cal}$

총 필요한 열량 $= 7200\mathrm{cal}$

(b) 물을 25℃로 올리는데 필요한 열 =(80g×1cal/g℃)×25℃=2000cal

(c) 총 필요한 열량 =9200cal

22 질량이 200g이고 초기 온도가 120℃인 어떤 금속을 온도가 20℃인 물 100g을 담고 있는 절연된 비이커에 떨어뜨렸다. 비이커에 있는 금속과 물의 최종 온도는 35℃가 되었다. 비이커의 열용량을 무시할 때, (a) 금속으로부터 물로 얼마나 많은 열이 이동하였으며, (b) 온도변화량과 금속의 질량을 이용하면 금속의 비열은 얼마로 추정되는가? 또한 (c) 최종온도를 70℃로 만들기 위해서는 초기온도 120℃인 금속을 얼마나 넣어야 되겠는가?

■■ 풀이

(a) 금속으로부터 이동한 열 = 물이 얻은 열 =(100g×1cal/g·℃)×(35−20)℃=1500cal

(b) 금속으로부터 이동한 열 =200g×금속의 비열×(120−35)℃=1500cal
 금속의 비열 =0.0882cal/g·℃

(c) 금속으로부터 이동한 열 = 물이 얻은 열 =(100g×1cal/g·℃)×(70−20)℃=5000cal
 금속으로부터 이동한 열 =금속의 질량×0.0882cal/g·℃×(120−70)℃=5000cal
 금속의 질량 =1134g

23 200g의 물을 담고 있는 비이커를 저어줌으로써 1200J의 일이 가해지고 열판으로부터 추가로 300cal의 열이 가해졌다. (a) 변화한 물의 내부에너지는 줄로 얼마이며, (b) 변화한 물의 내부에너지는 칼로리로 얼마인가? 또, (c) 물의 온도변화는 얼마인가?

■■ 풀이

(a) 열판으로부터 가해진 에너지 =300cal×4.2J/cal=1260J
 변화된 내부에너지 =1200J+1260J=2460J

(b) 변화된 내부에너지 =586cal

(c) 200g×1cal/g·℃×온도변화=586cal, 온도변화 =2.93℃

24 200g의 물을 담고 있는 비이커를 저어줌으로써 300J의 일이 가해지고 열판으로부터 추가로 1200cal의 열이 가해졌다. (a) 변화한 물의 내부에너지는 줄로 얼마이며, (b) 변화한 물의 내부에너지는 칼로리로 얼마인가? 또, (c) 물의 온도변화는 얼마인가?

■■ 풀이

(a) 변화된 내부에너지 =300J+5040J=5340J

(b) 변화된 내부에너지 =1200cal+71.4cal=1271.4cal

(c) 200g×1cal/g·℃×온도변화=1271.4cal, 온도변화 =6.3℃

16 열기관, 엔트로피, 열역학 제 2 법칙

1 가역적인 열기관이 $T_H = 670\text{K}$와 $T_C = 270\text{K}$인 두 개의 열원 사이에서 작동하고 있다. 열저수지 T_H로부터 열기관에 100kJ의 열이 전달되었다면 열기관이 행한 일은 얼마인가?

■■ **풀이**

$$\frac{W}{Q_H} = 1 - \frac{T_C}{T_H} = 1 - \frac{270}{670} = 0.597$$

그러므로, $W = 0.597\,Q_H = 0.597 \times 100 = 59.7\ \text{kJ}$

2 어떤 열기관이 매 순환 과정마다 고온 열원에서 360J의 열을 받아 25J의 일을 한다. (a) 열기관의 효율, (b) 각 순환 과정마다 저온 열원으로 내 보내진 에너지를 구하라.

■■ **풀이**

(a) $e = \frac{25}{360} = 0.069$

(b) $360 - 25 = 335\,\text{J}$

3 어떤 발전소가 440MW의 전기력을 생산하고 있다. 이 발전소의 열효율이 35%라면 이 발전소에서 뿜어내는 열은 시간당 얼마인가? (이를 열오염이라 한다.)

■■ **풀이**

$\frac{W}{Q_H} = 0.35$이고 $Q_C = Q_H - W = \frac{W}{0.35} - W = 0.86\,\text{W}$

그러므로 시간당 발전소에서 뿜어내는 열 $Q_C = 0.86 \times 440\ \text{MJ/s} \times 3600 = 1.36 \times 10^{12}\ \text{J}$

4 현재 만들어진 엔진 중에서 가장 효율이 좋은 엔진 중의 하나(실제 효율 42.0%)가 430℃와 1870℃ 사이에서 작동한다.

(a) 이론적인 최대효율은 얼마인가?

(b) 만약 엔진이 1초 동안 1.40×10^5J의 열을 흡수한다면 엔진이 전달하는 일률은 얼마인가?

■■ **풀이**

(a) $e_{\max} = \frac{T_H - T_C}{T_H} = \frac{2143 - 703}{2143} = 0.672 = 67.2\%$

(b) $W = Q_H - Q_C = eQ_H = 0.42 \times 1.40 \times 10^5 = 5.88 \times 10^4\,\text{J}$ 이므로 일률은 $5.88 \times 10^4\,\text{W}$.

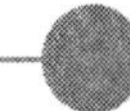

5 카르노 기관이 2,000J의 열을 500K의 열원에서 흡수하여 얼마간의 일을 하고, 350K의 열원으로 열을 방출하였다.

(a) 이 기관이 한 일은 얼마인가?

(b) 방출된 열은 얼마인가?

(c) 이 기관의 열효율은 얼마인가?

■■ 풀이

(a) $Q_C = Q_H \frac{T_C}{T_H} = 2000\text{ J}\frac{350\text{ K}}{500\text{ K}} = 1400\text{J}$

(b) $W = Q_H - Q_C = 600\text{ J}$

(c) $e = \frac{W}{Q_H} = \frac{600\ J}{2000\ J} = 0.30 = 30\%$

6 카르노 엔진이 T_H와 T_C의 열원에서 작동한다. $(T_H > T_C)$ 다음 중 어느 것이 이 엔진의 열효율을 높이는 데 더 효과적이겠는가?

(a) T_H를 일정하게 유지하고 T_C를 내린다.

(b) T_C를 일정하게 유지하고 T_H를 올린다.

■■ 풀이

똑같이 ΔT 만큼 변화했을 때,

(a)의 경우 : $e_b = 1 - \frac{T_C - \Delta T}{T_H}$이며,

(b)의 경우 : $e_b = 1 - \frac{T_C}{T_H + \Delta T}$이다.

$e_a - e_b$를 계산하면 $e_a - e_b = \frac{(T_H - T_C)\Delta T - \Delta T^2}{(T_H + \Delta T)T_H} > 0$가 되어 (a)의 경우가 더 효율적이다.

7 어떤 발명가가 300K와 500K의 온도인 열원 사이에서 작동하며 뜨거운 열원으로부터 1,000J의 열을 빼앗아 450J의 일을 하는 열기관을 만들었다고 말한다. 이 열기관은 가능한 것인가? 그 이유는 무엇인가?

■■ 풀이

불가능하다.

두 온도사이에서 작동하는 열기관의 최대 열효율은 $1 - \frac{T_C}{T_H} = 1 - \frac{300}{540} = 0.444$인데, 이 열기관의 열효율은 $\frac{W}{Q_H} = \frac{450}{1000} = 0.45$이다. 즉 최대열효율보다 더 큰 효율을 가지는 열기관은 불가능하다.

8 가정용 냉장고의 성능계수가 6.0이라 하자. 냉장고 밖의 온도가 300K라면 냉장고 내부의 최저온도는 얼마인가?

풀이

냉장고의 최고성능계수는 COP(냉장고) $= \dfrac{T_C}{T_H - T_C}$ 이다. 그러므로

$$T_C = \frac{(COP)\,T_H}{1+(COP)} = \frac{6.0(300)}{1+6.0}\mathrm{K} = 257.1\,\mathrm{K}$$

9 35.0%의 효율을 가진 카르노 열기관이 역으로 작동하여 냉장고가 된다면, 이 냉장고의 성능계수는 얼마가 되겠는가?

풀이

$e = 1 - \dfrac{Q_C}{Q_H} = 0.35$, 성능계수는 $\dfrac{Q_H}{Q_H - Q_C} = \dfrac{1}{1 - \dfrac{Q_C}{Q_H}} = \dfrac{1}{1-0.65} = 2.86$.

10 자동차 기관의 실린더 속에서 연소 직후 기체의 처음 부피는 50.0cm^{3}이고 압력은 3.00×10^{6}Pa이다. 피스톤이 최대로 밀렸을 때의 부피는 300cm^{3}이고 기체는 열에 의한 에너지 손실없이 팽창한다.

(a) 이 기체가 $\gamma = 1.40$면 나중 압력은 얼마인가?

(b) 이 기체가 팽창하면서 하는 일은 얼마인가?

풀이

(a) PV^γ가 일정. $\gamma = 1.40$이므로 $3.00\times10^6 \times (50.0\times10^{-6})^{1.40} = P\times(300\times10^{-6})^{1.40}$

따라서 $P = 3.00\times10^6 \times \left(\dfrac{50}{300}\right)^{1.40} = 2.4\times10^5\,\mathrm{Pa}$

(b) $PV^\gamma = 3.00\times10^6\times(50\times10^{-6})^{1.4} = 2.86$ 기체가 하는 일은

$$W = \int P dV = \int \frac{2.86}{V^{1.4}} dV = 2.86\int_{50}^{300} V^{-1.4} dV = 67.19\,\mathrm{J}$$

11 $T_C = 273\,\mathrm{K}$인 차가운 물체에서 $T_H = 373\,\mathrm{K}$인 뜨거운 물체로 8.00J의 열이 저절로 흘렀다고 하자. 이 때 전체 엔트로피의 변화는 얼마인가? 이것은 가능한 것인가? (이 때 열에너지가 전달되는 동안 두 물체의 온도는 변화가 없다고 가정한다.)

풀이

뜨거운 물체의 엔트로피변화는 $\Delta S_H = \dfrac{Q}{T_H} = \dfrac{8.00\,\mathrm{J}}{373\,\mathrm{K}} = 0.0214\,\mathrm{J/K}$

차가운 물체의 엔트로피변화는 $\Delta S_C = \dfrac{Q}{T_C} = \dfrac{-8.00\,\mathrm{J}}{273\,\mathrm{K}} = -0.0293\,\mathrm{J/K}$

그러므로 전체의 엔트로피 변화는 $-0.0079\,\mathrm{J/K}$로 엔트로피가 줄어들게 된다. 이는 불가능한 일이다.

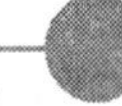

12 1몰의 이상기체가 자유팽창(열적으로 차단된 상태에서 팽창)하여 부피가 두 배가 되었다. 이 때 이 기체의 엔트로피 변화는 얼마인가? 외부의 엔트로피변화는 얼마인가? 자유팽창은 가능한 것인가?

■■ 풀이

이상기체의 엔트로피 증가량은,

$$\Delta S = nR\ln(V/V_0) = (1\text{ mol})(8.31\text{ J/mol}\cdot\text{K})(\ln 2) = +5.76\text{ J/K}$$

이다. 외부의 엔트로피는 변화가 없다. 팽창하는 기체가 열적으로 차단되어 있기 때문이다. 전체 엔트로피가 증가하였으므로 자유팽창은 열역학적으로 가능하다.

13 0℃(273K)의 얼음 400g이 녹아서 0℃의 물이 된다. 열은 주위의 공기로부터 공급된다. 이 때 얼음의 엔트로피 변화량은 얼마인가?
(얼음이 녹을 때의 숨은열은 $L=334$ J/kg 이다.)

■■ 풀이

$$\Delta S = \frac{Q}{T} = \frac{mL}{T} = \frac{(0.4\text{ kg})(334\text{ J/kg})}{273\text{ K}} = 488\text{ J/K}$$

14 물 300g의 온도가 10℃에서 25℃로 올라갔다. 이때 엔트로피의 변화는 얼마인가? (물의 비열은 4.19kJ/kg · K이다)

■■ 풀이

$$\Delta S = \int\frac{dQ}{T} = mc\int_{T_1}^{T_2}\frac{dT}{T} = mc\ln\left(\frac{T_2}{T_1}\right)$$

$$= (0.3\text{ kg})(4.19\text{ kJ/kg}\cdot\text{K})\ln\frac{298}{283}$$

$$= 65\text{ J/K}$$

15 (a) 열역학 제1법칙을 수식으로 표현하고 내부에너지에 관하여 설명하여라.
(b) 엔트로피의 개념을 나타내고 이를 이용하여 열역학 제2법칙을 설명하여라.

■■ 풀이

(a) $\Delta U = Q - W$

(b) $\Delta S = (Q/T)\text{rev}$

16 온도가 100℃인 300 리터의 이상기체를 등온상태 1기압($1.013\times10^5\text{N/m}^2$)에서 20기압까지 압축하려 한다.
(a) 비가역 과정으로 압축할 경우 계에 행해야 하는 일은 얼마가 되겠느냐?
(b) 가역과정인 경우는 어떻게 되겠는가?
(c) 이결과를 보고 무엇을 알 수 있는가?

■■ 풀이

등온 1기압에서 20기압으로의 압축과정에서 $PV=P'V'$, $V'=0.3/20=0.015\text{m}^3$

$PV=nRT=101,300\times0.3=30,390\text{J}$,

(a) $W_{ir}=20\times101,300\times(0.3-0.015)=577,410\text{J}$

(b) $W_{re}=PdV=nRT\times dV/V=nRT\ln(V/V')=30,390\times\ln(20)=91,040\text{J}$.

(c) 가역압축이 훨씬 적은 일(최소)을 하게 된다.

17 온도가 25℃이고 압력이 20기압인 20리터의 이상기체를 등온상태에서 대기압($1.013\times10^5\text{N/m}^2$) 상태로 팽창시키려 한다.

(a) 비가역 과정으로 팽창할 경우 계가 외부에 행하는 일은 얼마가 되겠느냐?

(b) 가역과정인 경우는 어떻게 되겠는가?

(c) 이결과를 보고 무엇을 알 수 있는가?

■■ 풀이

등온 20기압에서 1기압으로의 팽창과정에서 $PV=P'V'$, $V'=20\times0.02=0.4\text{m}^3$

$PV=nRT=20\times101,300\times0.02=40,520\text{J}$,

(a) $W_{ir}=101,300\times(0.4-0.02)=38,494\text{J}$

(b) $W_{re}=PdV=nRT(dV/V)=nRT\ln(V'/V)=40,520\times ln(20)=121,387\text{J}$.

(c) 가역팽창이 훨씬 많은 일(최대)을 하게 된다.

18 온도 1000K인 고온의 열 저장체로부터 1000J의 에너지를 받아 300J의 일을 하고 나머지 열은 온도가 300K인 저온 저장체로 전달되었다. 각 저장체의 온도가 일정하고 외부로의 열손실이 없다고 가정할 경우 (a) 각 저장체의 엔트로피 변화량을 나타내고, (b) 총 엔트로피의 변화량을 계산하여라. (c) 일의 효율은 얼마인가?

■■ 풀이

(a) $\Delta S_h=-Q/T_h=-700/1000=-0.7\text{J/K}$, $\Delta S_c=Q/T_c=700/300=2.333\text{J/K}$

(b) $\Delta S=\Delta S_h+\Delta S_c=-700/1000+700/300=1.633\text{J/K}$

(c) Eff=300/1000=0.3

19 대표적 열기관인 Carnot Cycle 모델을 P-V 도표에 그리고 다음의 각 단위 과정, 즉 (a) 등온팽창, (b) 단열팽창, (c) 등온압축, (d) 단열압축 과정에서 일어나는 열 및 온도변화의 현상들을 설명하고, (e) 이때의 일에 대한 열기관의 효율을 나타내어 보아라.

■■ 풀이

(a) 등온의 $W=PdV$ 과정에서 외부로부터 열을 받는다.

(b) 단열팽창과정으로 온도가 강하한다.

(c) 등온압축과정으로 외부로 열을 빼앗긴다.

(d) 다시 단열압축과정으로 온도가 상승한다.

(e) 일는 Cycle의 내부 면적으로 표시되는데 (Q_h-Q_c)와 같다. 따라서 $Eff=(Q_h-Q_c)/Q_h$이며 Carnot 기관의 경우 $Q_c/Q_h=T_c/T_h$가 되므로 $Eff_c=(T_h-T_c)/T_h$

20 1.25×10^{14}J의 열을 사용하는 효율 42%인 발전소가 (a) 방출하는 폐열을 계산하고, (b) 일의 출력에 대한 폐열의 비율 및 (c) 일의 양을 나타내어라.

■■ **풀이**

(a) $Eff = 1 - Q_c/Q_h$, $Q_c = (1 - Eff)Q_h = (1 - 0.42)(1.25\times10^{14}\,\mathrm{J}) = 7.25\times10^{13}\,\mathrm{J}$

(b) $Q_c/W = Q_c/(Q_h - Q_c) = 7.25\times10^{13}\,\mathrm{J}/(1.25\times10^{14}\,\mathrm{J} - 7.25\times10^{13}\,\mathrm{J}) = 1.38$

(c) $W = Q_h - Q_c = 1.25\times10^{14}\,\mathrm{J} - 0.725\times10^{14}\,\mathrm{J} = 5.25\times10^{13}\,\mathrm{J}$

21 1.25×10^{14}J의 열을 사용하는 효율 45%인 발전소가 (a) 수행하는 일의 양은 얼마이며, (b) 방출하는 폐열 및 (c) 일의 출력에 대한 폐열의 비율을 계산하여라.

■■ **풀이**

(a) $W = 0.45Q_h = 0.45\times1.25\times10^{14}J = 5.625\times10^{13}\,\mathrm{J}$

(b) $Eff = 1 - Q_c/Q_h$, $Q_c = (1 - Eff)Q_h = (1 - 0.45)(1.25\times10^{14}\,\mathrm{J}) = 6.875\times10^{13}\,\mathrm{J}$

(c) $Q_c/W = Q_c/(Q_h - Q_c) = (6.875\times10^{13}\,\mathrm{J})/(5.625\times10^{13}\,\mathrm{J}) = 1.222$

22 이상기체와 관련하여, (a) 20℃의 대기압 하에서 5mole의 기체가 차지하는 부피는 얼마가 되겠는지 계산하여라. (b) 같은 온도에서 압력이 5기압으로 증가했을 때 부피는 어떻게 변하는가? (c) 이 기체의 내부에너지 변화는 어떻게 되는가? (d) 비가역과정에 대하여 이 기체가 받은 일을 계산하고 (e) 가역과정으로 받은 일과 비교하여라.

■■ **풀이**

(a) $PV = nRT$, $V = 5\times8.314\times293/(1.013\times10^5 = 0.1202\mathrm{m}^3 = 120.2l$ (b) $120.2/5 = 24.04l$, (c) $\Delta U = 0$,

(d) $W(irrev) = 5\times10^5\times(0.02404 - 0.1202) = -4.808\times10^4\,\mathrm{J}$,

(e) $W(rev) = \int PdV = nRT\int(1/V)dV = nRT\ln(V_2/V_1)$,

$= 5\times8.314\times293\times\ln(0.02404/0.1202) = -19,602\,\mathrm{J}$

즉, 비가역압축인 경우가 훨씬 많은 일을 받은 셈이다.

23 질량이 200g이고 초기 온도가 120℃인 어떤 금속을 온도가 20℃인 물 100g을 담고 있는 절연된 비이커에 떨어뜨렸다. 비이커에 있는 금속과 물의 최종 온도는 35℃가 되었다. 비이커의 열용량을 무시할 때, (a) 금속으로부터 물로 얼마나 많은 열이 이동하였으며, (b) 온도변화량과 금속의 질량을 이용하면 금속의 비열(c_p)은 얼마로 추정되는가? 또한 (c) 이 계에서의 총 엔트로피 변화는 어떻게 되겠느냐? $dQ = c_p dT$이고 $\Delta S = \int dQ/T$임을 유의하라.

■■ **풀이**

(a) 금속으로부터 이동한 열 = 물이 얻은 열 $= (100\,\mathrm{g}\times1\,\mathrm{cal/g\cdot℃})\times(35 - 20)℃ = 1500\,\mathrm{cal}$

(b) 금속으로부터 이동한 열 $= 200\,\mathrm{g}\times$ 금속의 비열 $\times(120 - 35)℃ = 1500\,\mathrm{cal}$

금속의 비열 $= 0.0882\,\mathrm{cal/g\cdot℃}$

(c) $\Delta S=\int dQ/T=\int C_p dT/T=C_p\ln(T/T_o)$, 알짜 엔트로피 변화 $\Delta S=\Delta S$(물)$+\Delta S$(금속),
따라서 $\Delta S=100\times1.0\times\ln(308/293)+120\times0.0882\times\ln(308/398)=2.28\,\text{cal/K}=9.57\,\text{J/K}$

24 카르노 기관이 500K와 300K의 온도 사이에서 작동하여 각 순환과정 동안에 400J의 일을 한다. (a) 이 기관의 효율은 얼마인가? (b) 이 기관은 각 순환과정 동안에 얼마나 많은 열을 높은 온도의 열원으로부터 받아들이는가?

■■ **풀이**

(a) 카르노 기관의 열효율 $e=(T_H-T_L)/T_H$, $e=(500K-300K)/500K=0.4$
(b) $e=W/Q_H$, $Q_H=W/e=400J/0.4=1000\,\text{J}$

25 대표적인 핵발전소는 540℃의 온도에서 원자로로부터 터빈으로 열을 전달한다. 만일 터빈이 220℃의 온도에서 열을 방출한다면, 이 터빈의 가능한 최대 효율은 얼마인가?

■■ **풀이**

열기관의 최대 효율은 카르노 기관의 열효율과 같다.
$e=(T_H-T_L)/T_H$, $e=(813K-493K)/813K=0.394$

26 대양 열에너지 발전소는 25℃의 온도에 있는 표면의 따뜻한 물에서 열을 받아서 바다 속 깊은 곳으로부터 온도 10℃의 차가운 물로 열을 내보낸다. 이 발전소는 8%의 효율로 작동할 수 있는가?

■■ **풀이**

열기관의 최대 효율은 카르노 기관의 열효율과 같다.
$e=(T_H-T_L)/T_H$, $e=(298K-283K)/298K=0.05$, 5%의 최대 효율을 가질 수 있으므로 8%의 효율을 갖지 못한다.

27 대표적인 자동차 기관이 25%의 효율로 작동된다고 가정하자. 1갤런의 가솔린이 연소될 때 약 150MJ(150×10^6J)의 열이 방출된다(MJ는 megajoule의 약자임).

(a) 1갤런의 가솔린에서 얻을 수 있는 에너지 중, 얼마나 많은 에너지가 자동차를 움직이고 부속품을 작동시켜서 유용한 일을 하는 데에 사용될 수 있을까?
(b) 갤런당 얼마나 많은 열이 배기가스와 방출기에 의해 주위로 내보내지는가?
(c) 차가 일정한 속력으로 움직이고 있다면, 기관이 사용한 출력일은 얼마인가?
(d) 매우 더운 날이나 추운 날에는 기관의 효율이 더 클 것이라고 예상할 수 있는가?

■■ **풀이**

(a) $150\,\text{MJ}\times25\%=37.5\,\text{MJ}$
(b) 방출열 $=150\,\text{MJ}-37.5\,\text{MJ}=112.5\,\text{MJ}$
(c) 기관이 사용한 출력일은 a와 같다.

(d) 날씨가 추우면 배기부의 온도가 낮아져서 기관의 효율이 커질 수 있다. 그러나 자동차의 내연기관에서의 배기 온도가 날씨에 얼마만큼 의존하는지 모르므로 대답하기 힘들다. 그러나 실제 날씨가 추우면 기관외 다른 부품의 동작이 원활하지 못하므로 전체적인 효율이 높다고 말할 수 없다.

28 어떤 카르노 기관이 500℃와 150℃의 온도사이에서 작동하여 각 완전 순환과정 동안에 30J의 일을 한다고 가정하자.

(a) 이 기관의 효율은 얼마인가?

(b) 각 순환과정에서 500℃의 열원으로부터 얼마나 많은 열을 흡수하는가?

(c) 각 순환과정에서 150℃의 열원으로 얼마의 열을 방출하는가?

(d) 각 순환과정에서 내부 에너지의 변화가 있다면 얼마이겠는가?

풀이

(a) $e_C = (T_H - T_C)/T_H = (773 - 423)/773 = 0.45(45\%)$

(b) $e = W/Q_H = 30J/Q_H = 0.45, \quad Q_H = 66.7\,\mathrm{J}$

(c) $Q_C = Q_H - W = 66.7J - 30J = 36.7\,\mathrm{J}$

(d) 한번 순환과정을 밟으면 원상태로 되돌아오므로 내부에너지의 변화는 없다.

29 열펌프처럼 역으로 작동하는 카르노 기관이 5℃의 차가운 열원으로부터 30℃의 따뜻한 열원으로 열을 이동시킨다.

(a) 이 두 온도 사이에서 작동하는 카르노 기관의 효율은 얼마인가?

(b) 카르노 열펌프가 각 순환과정에서 300J의 열을 높은 열원으로 방출한다면, 각 순환과정에서 얼마나 많은 일을 공급하여야 하는가?

(c) 각 순환과정에서 5℃의 열원으로부터 얼마나 많은 열을 뽑아야 하는가?

(d) 냉장고나 열펌프의 성능이 $K = QC/W$로 정의된 동작계수로 기술된다면, 이 카르노 열펌프의 동작계수는 얼마인가?

(e) 이 문제에서 사용된 온도는 가정난방을 위한 열펌프로의 응용에 적당한가?

풀이

(a) $e_C = |T_H - T_C|/T_H = (303 - 278)/303 = 0.0825(8.25\%)$

(b) $e = W/Q_H = W/300J = 0.0825$, => $\mathrm{W} = 24.8\mathrm{J}$

(c) $Q_C = Q_H - W = 300\,\mathrm{J} - 24.8\,\mathrm{J} = 275.2\,\mathrm{J}$

(d) 동작계수 $= 275.2\,\mathrm{J}/24.8\,\mathrm{J} = 11.1$

(e) 난방온도가 30도이므로 적당하다.

30 석유를 태우는 동력장치가 100MW의 전력을 생산하도록 설계되었다고 가정하자. 터빈이 600℃와 260℃의 온도 사이에서 작동하며, 이 두 온도에서의 이상적인 카르노 효율의 80%의 효율을 갖는다.

(a) 이들 온도에 대한 카르노 효율은 얼마인가?

(b) 실제의 기름연소 터빈의 효율은 얼마인가?

(c) 이 장치는 1시간동안에 몇 킬로와트시(kW·h)의 전기에너지를 발생시키는가?

(d) 매 시간 당 몇 킬로와트시의 열을 기름으로부터 얻어야 하는가?

(e) 1배럴의 석유가 1700kW·h의 열을 준다면, 이 장치는 매시간당 얼마나 많이 석유를 사용하는가?

풀이

(a) $e_C = (T_H - T_C)/T_H = (873-533)/873 = 0.389(38.9\%)$

(b) 터빈효율 $= 0.389 \times 0.8 = 0.312(31.2\%)$

(c) 발생 전기에너지 = 100000kW·h

(d) $e = W/Q_H = 100000\text{kW}\cdot\text{h}/Q_H = 0.312 \Rightarrow Q_H = 320500\text{kW}\cdot\text{h}$

(e) 320500kW·h/1700kW·h/배럴 = 188.5배럴

17 전기력과 전기장

1 유리막대를 실크 천으로 문질러서 유리막대에 3nC의 전하량을 갖게 하였다. 이 마찰과정 중, 양성자가 유리막대에 추가된 것인지 아니면 전자가 제거된 것인지를 설명해 보아라.

■■ **풀이**

원자의 구조상 양이온인 핵보다는 가벼운 전자가 떨어져 나간다. 따라서 전하를 띠는 것은 전자가 제거된 결과이다.

2 알짜전하 영인 상태에 있던 1.0g의 순수한 금조각에서 1.0%의 전자를 제거했다면 알짜전하량은 얼마인가?

■■ **풀이**

1g은 1/196.967 몰이므로 1g의 금에는 $\frac{1}{196.967}\times 6\times 10^{23}$ 개의 원자가 존재하고 그 중 1%의 전자가 제거되었다면 그에 해당하는 $3.05\times 10^{19}\times 1.6\times 10^{-19}=4.88\mathrm{C}$ 의 전하량을 가지게 된다.

3 그림 17.28에서처럼 평면상에 3개의 점전하 q_1, q_2, q_3가 있다. q_1에 작용하는 쿨롱힘을 구하라.

$q_1 = -1.0\times 10^{-6}\mathrm{C}$, $q_2 = 3.0\times 10^{-6}\mathrm{C}$, $q_3 = -2.0\times 10^{-6}\mathrm{C}$ 이고, $r_{12}=15\,\mathrm{cm}$, $r_{13}=10\,\mathrm{cm}$, $\theta = 30°$ 이다.

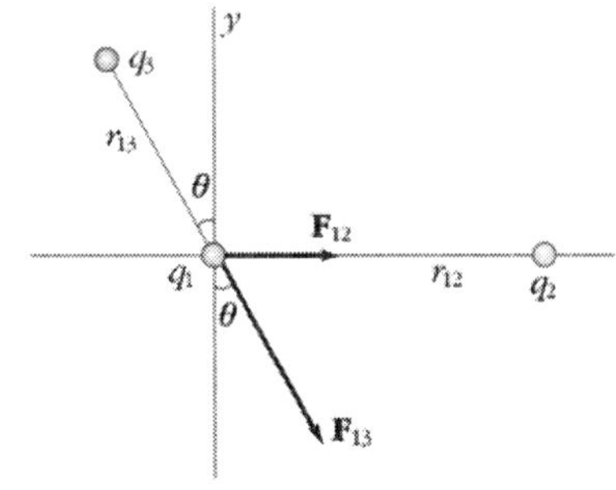

그림 17.28

■■ **풀이**

쿨롱의 법칙으로부터 q_2가 q_1에 작용하는 힘 F_{12}과 q_3가 q_1에 작용하는 힘 F_{13}를 구하면 다음과 같다.

$$F_{12} = \frac{1}{4\pi\epsilon_o}\frac{q_1 q_2}{r_{12}^2}$$

$$= \frac{(9.0\times 10^9\ \text{Nm}^2/\text{C}^2)(-1.0\times 10^{-6}\text{C})(3.0\times 10^{-6}\ \text{C})}{(1.5\times 10^{-1}\ \text{m})^2}$$

$$= -1.2\ \text{N}$$

그리고

$$\text{F}_{13} = \frac{1}{4\pi\epsilon_o}\frac{q_1 q_3}{\text{r}_{13}^2}$$

$$= \frac{(9.0\times 10^9\ \text{Nm}^2/\text{C}^2)(-1.0\times 10^{-6}\ \text{C})(-2.0\times 10^{-6}\ \text{C})}{(1.0\times 10^{-1}\ \text{m})^2}$$

$$= 1.8\ \text{N}$$

q_2과 q_1사이에는 인력이 작용하고, q_3과 q_1사이에는 척력이 작용하고 있다. 그러므로 F_{12}과 F_{13}는 그림 17-26 에서의 화살표 방향이다. 따라서 q_1에 작용하는 총 힘 F의 x성분과 y성분을 계산하면,

$$F_x = F_{12x} + F_{13x} = F_{12} + F_{13}\sin\theta$$

$$= 1.2\ N + (1.8\ N)(\sin 30°) = 2.1\,N$$

$$F_y = F_{12y} + F_{13y} = 0 + F_{13}\cos\theta$$

$$= -(1.8\ N)(\cos 30°) = -1.6\,N$$

따라서 총 힘의 크기는 $F = \sqrt{F_x^2 + F_y^2} \simeq 2.6\ N$이고, 방향은 $\theta = \tan^{-1}F_y / F_x$에 의해 계산하면, x축에 대해서 37°방향이다.

4 수소 원자에서 전자와 양성자 사이의 거리는 5.3×10^{-11} m이다. 전자와 양성자 사이의 (a) 정전기력과 (b) 만유인력을 구하라.

■■ **풀이**

쿨롱의 법칙으로부터

$$F_e = \frac{1}{4\pi\epsilon_o}\frac{q_1 q_2}{r_{12}^2}$$

$$= \frac{(9.0\times 10^9\ \text{Nm}^2/\text{C}^2)(1.6\times 10^{-19}\ \text{C})^2}{(5.3\times 10^{-11}\ \text{m})^2}$$

$$= 8.2\times 10^{-8}\ \text{N}$$

만유인력 법칙으로부터,

$$F_G = G\frac{m_1 m_2}{r^2}$$

$$= \frac{(6.7\times 10^{11}\ \text{Nm}^2/\text{kg}^2)(9.1\times 10^{-31}\,\text{kg})(7.1\times 10^{-27}\,\text{kg})}{(5.3\times 10^{-11}\,\text{m})^2}$$

$$= 3.7\times 10^{-47}\ \text{N}$$

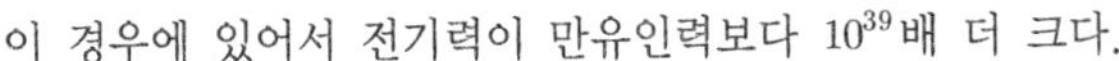
이 경우에 있어서 전기력이 만유인력보다 10^{39}배 더 크다.

5 전하량이 $+2e$인 알파입자가 전하량 $+79e$인 금(gold)의 핵쪽으로 고속으로 입사한다. 알파입자가 금의 핵과 2.0×10^{-14}m인 지점에 도달하였을 때 전기력의 크기를 구하라.

■■ **풀이**

$$F=\frac{1}{4\pi\epsilon_o}\frac{(2e)(79e)}{(2\times10^{-14})^2}=91.0\text{N}$$

6 질량이 각각 0.20g인 두 개의 금속구가 그림 17.29에 보인 것과 같이 질량이 없는 줄에 의해 2θ의 각도를 이루고 매달려 있다. 두 금속구의 전하량이 같고 $\theta=5°$일 때 평형을 이룬다고 하자. 줄의 길이가 30cm라면 각 전하의 크기는 얼마인가.

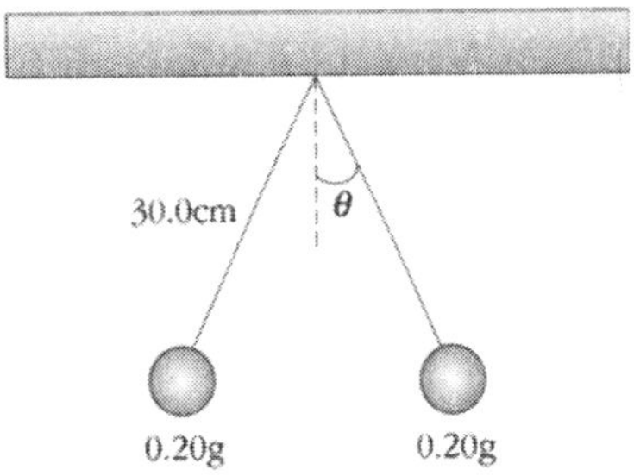

30.0cm
θ
0.20g 0.20g

그림 17.29 전기장

■■ **풀이**

금속구에 작용하는 힘은 줄의 장력을 T라 하면 $F=T\sin\theta$이고, $mg=T\cos\theta$이기 때문에 $F=mg\tan\theta=2\times10^{-4}\times9.8\times\tan5=1.71\times10^{-4}$N이다. 따라서 자기력이 이 힘과 같으면 금속구가 움직이지 않게 된다.

$F=k\frac{q^2}{(2L\sin\theta)^2}=mg\tan\theta$이므로, $q=5.51\times10^{-7}$C 이다.

7 빈 공간에도 전기장이 존재할 수 있을 것인가? 그렇다면 그 이유를 설명해 보아라.

■■ **풀이**

있다.
전기장은 전하의 존재로 인한 영향으로 정의되는데 전기장이 존재하는 것은 전기장을 만드는 전하의 존재 때문이기 때문이다. 다만 그 효과를 확인하는 방법은 다른 전하를 가져오는 것이다.

8 지구는 중심방향 쪽을 향하고 평균 크기가 100N/C인 전기장을 갖는다. 이 전기장은 번개와 같은 다양한 현상에 의해 유지되고 있다. 지구표면에 존재하는 잉여전하량은 얼마인가?

■■ **풀이**

지구 표면을 무한 평면으로 보면 전하밀도 σ로 대전된 지구 표면에 의한 전기장 $E=\frac{\sigma}{\epsilon_o}$이므로,

$$q=4\pi R^2\sigma=4\pi R^2\epsilon_o E=4.5\times10^5\text{C}$$

9 그림 17.30에서처럼 하나의 양성자가 균일한 전기장 $E= 10^3\mathbf{i}\,\mathrm{N/C}$ 에 나란하게 초기속도 $10^5\mathrm{m/s}$로 입사되었다. 이 양성자가 거리 4cm만큼 이동했을 때의 속도를 구하라.

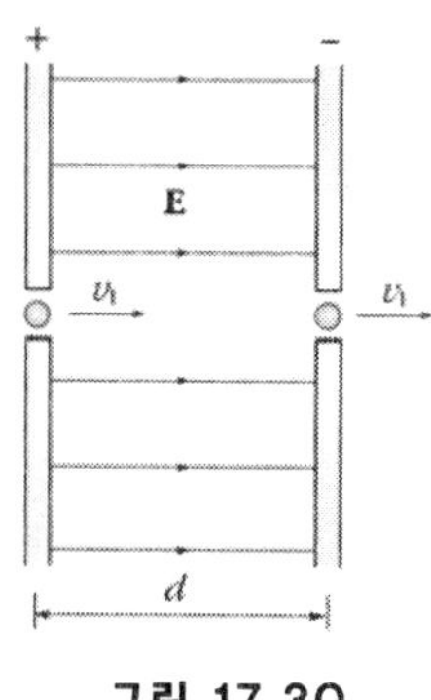

그림 17.30

■■ 풀이

양성자의 가속도 크기는

$$a=\frac{eE}{m}=\frac{(1.6\times10^{-19}\,\mathrm{C})(10^3\,\mathrm{N/C})}{1.67\times10^{-27}\,\mathrm{kg}}=9.6\times10^{10}\,\mathrm{m/s^2}$$

이며, 음극 방향이다. 거리 4 cm만큼 이동했을 때의 속도 v_f는

$$v_f^2=v_i^2+2a\Delta x$$

$$=(10^5\,\mathrm{m/s})^2+2(9.6\times10^{10}\,\mathrm{m/s^2})(4\times10^{-2}\,\mathrm{m})=1.77\times10^{10}\,\mathrm{m^2/s^2}$$

따라서 $v_f=1.3\times10^5\,\mathrm{m/s}$이다.

10 전하량 Q인 두 개의 입자가 거리 $2a$만큼 떨어져 있다. 다음의 각 위치에서의 전기장을 구하라.

(a) 입자들을 연결하는 직선상에 있으나, 두 입자 사이를 벗어난 위치.

(b) 입자들을 연결하는 직선의 수직 이등분선 상에서의 임의의 위치.

■■ 풀이

그림 17.28에서처럼 x축을 따라 두 입자가 원점으로부터 오른쪽과 왼쪽에 위치하도록 하면, 두 입자의 좌표는 각각 $(a,\ 0)$과 $(-a,\ 0)$이다.

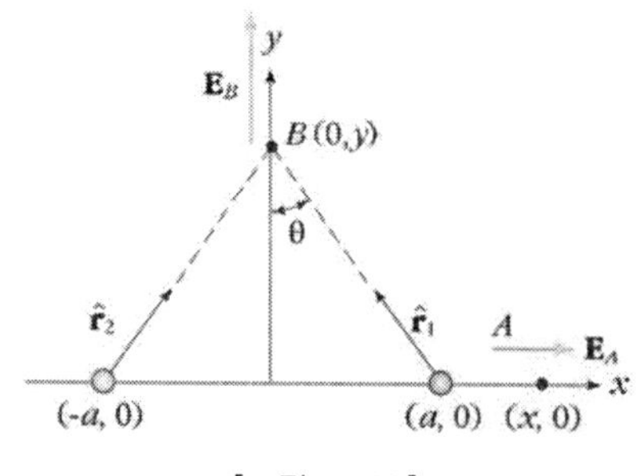

[그림 17.28]

(a) x축 상의 $x>a$인 점 A의 좌표를 $(x,\ 0)$이라 하면, 두 입자로부터 점 A까지의 거리는 $(x-a)$와 $(x+a)$이다. 그러므로 점 p에서의 전기장 E_A는 다음과 같다.

$$E_A = i\frac{q}{4\pi\epsilon_o}\left[\frac{1}{(x-a)^2}+\frac{1}{(x+a)^2}\right]$$

(b) 마찬가지로 점 B에서의 좌표를 $(0,\ y)$라 하면, 두 입자가 이 점에서 만드는 전기장에서 x축 성분의 전기장은 서로 같고 방향이 반대이므로 상쇄되어, 결과적으로 y축 성분만 더해주면 된다. 따라서 전기장 E_B는 다음과 같다.

$$E_B = j\frac{q}{4\pi\epsilon_o}\left[\frac{1}{(y+a)^2}+\frac{1}{(y+a)^2}\right]\cos\theta = j\frac{q}{2\pi\epsilon_o}\left[\frac{1}{(y+a)^2}\right]\frac{y}{\sqrt{(y+a)^2}}$$

$$= j\frac{q}{2\pi\epsilon_o}\frac{y}{(y^2+a^2)^{3/2}}$$

11 무한히 긴 직선을 따라 균일한 선전하밀도 λ로 전하가 분포되어 있다. 이 직선 선전하 분포로부터 수직한 방향으로 R만큼 떨어진 위치에서의 전기장을 적분에 의해 계산하라.

■■ **풀이**

그림 17.29에서처럼 전하들이 분포되어 있는 직선을 y축으로 하는 직각좌표 계를 설정하면 문제의 해결 방안을 생각하기가 쉽다. 이 좌표 계에서 R은 x 축선 상의 점 P까지의 거리가 된다. 먼저 좌표 계의 원점에서 y 만큼 떨어진 위치에 있는 길이 dy에 분포되어 있는 전하는 $dq=\lambda dy$임으로 이 전하가 점 P에 만드는 전기장의 크기는

$$dE=\frac{k\lambda dy}{r^2}$$

이 된다. 다음에 r과 y를 R과 θ로 나타내면, $r=R\ \sec\theta$이고, $y=R\ \tan\theta$임으로

$$dy=R\ \tan\theta\, d\theta$$

이다. 그러므로 위의 식은 다음과 같이 된다.

$$dE=\frac{k\lambda d\theta}{R}$$

다음에 고려해야 할 것은 좌표의 원점을 기준으로 $+y$ 축과 $-y$ 축 상의 대칭이 되는 위치에 있는 dy에 있는 전하가 점 P에 만드는 전기장의 y 축 성분은 서로 크기가 같고 반대방향이므로 서로 상쇄가 되어 전기장의 x 축 성분만 계산하면 된다. dE 의 x 축 성분은 $dE_x=dE\cos\theta=\frac{k\lambda}{R}\cos\theta\, d\theta$임으로, 총 전기장은 다음과 같이 구해진다.

$$E=\int_{-\pi/2}^{\pi/2}\frac{k\lambda}{R}\cos\theta\ d\theta=\frac{k\lambda}{R}[\sin\theta]_{-\pi/2}^{\pi/2}=\frac{2k\lambda}{R}$$

12 반경 R인 부도체 구의 전 체적에 걸쳐 전하 Q가 균일하게 분포되어 있다. 이 부도체 구의 (a) 외부와 (b) 내부에서의 전기장을 구하라.

■■ **풀이**

(a) 전하 분포가 구 대칭이므로 전기장 또한 구면 대칭이다. 따라서 그림 17.31과 같이 $r>R$인 구형의 가우스 면을 생각하면, 가우스 면 내부의 총 전하는 Q이므로

$$E(4\pi r^2) = \frac{Q}{\epsilon_o}$$

$$E = \frac{Q}{4\pi\epsilon_o r^2}$$

이 결과는 구의 중심에 점 전하 Q가 있을 때의 전기장과 똑 같다.

(b) 그림 17.31에서와 같이 반경이 $r < R$인 구형의 가우스 면을 만든다. 이 가우스 면 내부의 전하는 체적 $4\pi r^3/3$에 비례하므로 $(r^3/R^3)Q$이다. 따라서

$$E(4\pi r^2) = \frac{(r^3/R^3)Q}{\epsilon_o}$$

$$E = \frac{Qr}{4\pi\epsilon_o R^3}$$

13 반경 a인 매우 긴 원통형 부도체에 단위 체적당 ρ로 균일하게 전하가 분포되어 있다. 이 부도체 외부에서의 전기장을 구하라 (그림 17.31 참조).

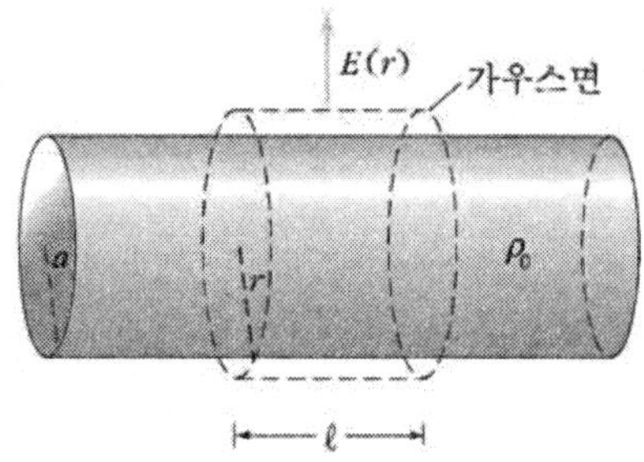

그림 17.31

원통형 전하분포와 동심축으로 하는 원통형 가우스 면. 원통의 측면을 통과하는 전기선속만이 존재한다.

풀이

그림 17.31와 같이 원통형 부도체의 중심 축으로부터 반경 $r > a$ 이고 길이가 l 인 원통형 가우스 면을 생각하자. 전하 분포가 원통 면에 대해서 대칭이기 때문에 전기장 E의 방향은 중심 축으로부터 동경방향이므로 가우스 면의 위쪽과 아래쪽 면을 지나는 전기장 성분은 없고, 원통의 측면을 지나는 전기장만 있을 뿐이다. 그리고 이 가우스 면의 측면에서의 전기장의 세기는 같다. 그러므로 이 가우스 면을 관통하는 전기선 속 Φ는 다음과 같다.

$$\Phi = \oint_A \mathrm{E} \cdot d\mathrm{A} = \mathrm{E}\int_A d\mathrm{A} = 2\pi r l \mathrm{E}$$

가우스 법칙으로부터

$$\oint_A \mathrm{E} \cdot d\mathrm{A} = \frac{q_{\text{내부전하}}}{\epsilon_0}$$

이고, 가우스 면 내부의 총 전하는 $\pi a^2 l\rho$임으로

$$2\pi r l E = \frac{1}{\epsilon_o}\pi a^2 l \rho$$

이 식으로부터 전기장을 구하면 다음과 같다.

$$E = \frac{a^2 \rho}{2\epsilon_o r}$$

14 그림 17.32에 보이듯이 두 평행판 사이에 수직으로 전기장이 걸려있는 속으로 전자가 수평 입사 한다. 평행판 사이의 거리는 4.0cm이고 그 길이는 5cm이다. 전자의 초기속도를 10×10^6m/s라 할 때, 두 판의 중간지점으로 입사한 전자가 판의 반대쪽 끝을 통과할 때 위쪽 판과 충돌하려면 전기장의 세기를 얼마로 해야 할까?

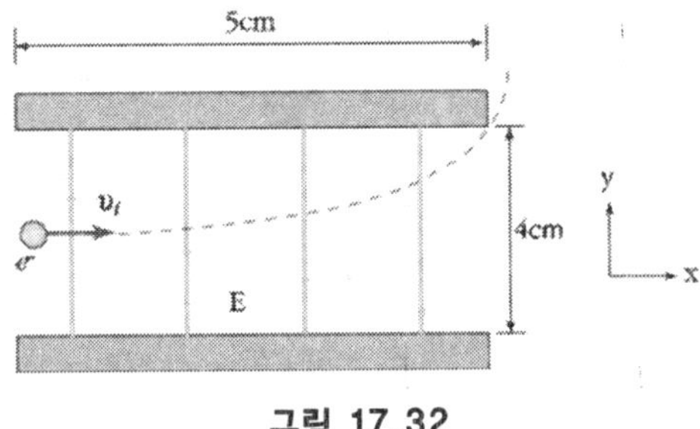

그림 17.32

■■ 풀이

$F = qE = eE = ma$에서 전자가 수직 방향으로 움직인 거리 y는 $y = \frac{1}{2}gt^2 = \frac{1}{2}\frac{eE}{m}t^2$.

전자가 날아간 시간 $t = \frac{0.05}{10 \times 10^6} = 5ns$ 이므로 $y = 0.02 = \frac{1}{2} \times \frac{1.6 \times 10^{-19}}{9.1 \times 10^{-31}} E \times 2.5 \times 10^{-17}$에서

E = 9100V/m.

15 얇은 구각이 양의 전하 Q로 대전되어 있다. 전기력선이 균일하게 도체표면을 통해 나온다고 한다. 다음의 두 가지 다른 상황에 대해 전기력선을 각각 그려 보아라.

(a) 구각이 매우 작고 아주 먼 곳에서 관측할 때

(b) 구각 내부의 공동에서 전기력선을 관측할 때

■■ 풀이

(a) 양의 전하 Q인 점전하로 취급하여 구각에서 동심원으로 나오는 전기력선을 그릴 수 있다.

(b) 도체 내부에는 전기장이 0이므로 전기력선도 없다.

16 서로 다른 전하로 대전된 두 평면판 사이에 전기장이 걸려있다. 전하를 띠지 않는 금속구를 이 판 사이에 삽입한다. 이 구는 크기가 두 극판 사이의 전하분포에 영향을 미치지 않을 정도로 작다고 하자. 두 극판 사이의 전기력선이 이 금속구 때문에 어떻게 변화할 지 그려보아라.

■■ 풀이

대부분은 변화가 없지만, 금속 구에서는 표면에 +극 방향에는 – 전하가 –극 방향에는 + 전하가 분포하여 금속 구 주변에서는 금속 구를 중심으로 휘어 들어가게 된다.

17 그림 17.33과 같이 x축 방향으로 전기장이 걸려있다. 이 전기장 내부에 한 변의 길이가 L인 정육면체를 놓았을 때 각 면에 형성되는 전기선속들을 구하라.

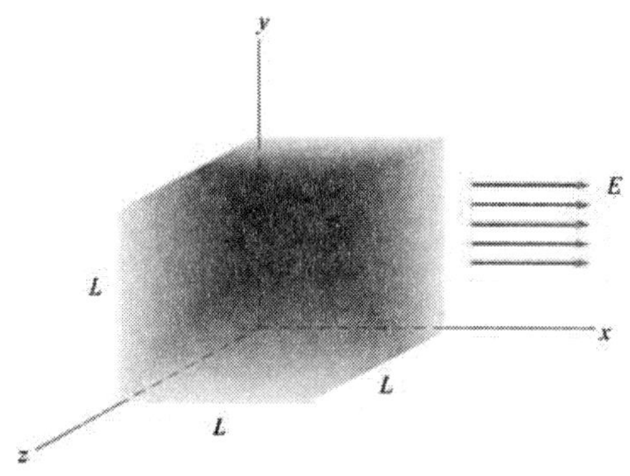

그림 17.33

■■ 풀이

전기선속 $\Phi = \int \boldsymbol{E} \cdot d\boldsymbol{S}$에서 한 변이 L인 정육면체를 지나는 전기장에 의한 선속은 정육면체에 들어오는 선속 $-EL^2$와 나가는 선속 $+EL^2$의 합으로 주어지기 때문에 그 합은 0이다.

18 단위 면적당 σ로 균일하게 전하가 분포되어있는 무한히 넓은 부도체 평면 근처에, 그림 17.34와 같이 이 평면에 각 θ로 비스듬히 기울어진 면적 A인 평면을 지나는 전기선속을 계산하라.

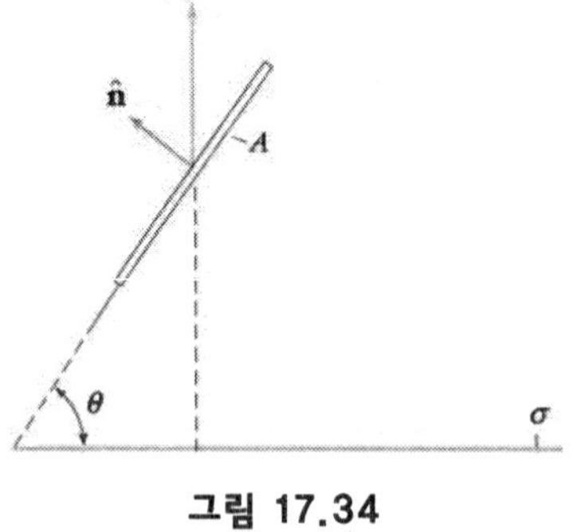

그림 17.34

■■ 풀이

예제 17.3에 따라서 부도체 평면 주위에서의 전기장은 이 평면에 수직이면서, 크기가 $\sigma/2\epsilon_o$로 일정하다. 따라서 전기장 E과 면A 사이의 각이 θ임으로

$$\Phi = \mathrm{E} \cdot \mathrm{A} = \mathrm{EA}\ \cos\theta = \frac{\sigma}{2\epsilon_o} A\ \cos\theta$$

19 연습문제 17.11에서의 전기장을 가우스의 법칙을 이용하여 구하라.

■■ 풀이

직선을 따라 전하가 분포되어 있으므로, 전기장은 이 전하 분포를 중심 축으로 해서 원통형 대칭을 이룬다. 따라서 그림 17.33와 같이 반경 R이고 길이가 l 인 원통형 가우스 면을 생각하면, 이 가우스 면의 측면 상에서는 어디서나 전기장의 세기가 일정하고 면과 수직하며, 원통의 양쪽 끝 면상에서의 전기장 성분은 없다. 그리고 가우스 면 내부의 총 전하는 $q=\lambda l$ 이다. 그러므로 가우스 법칙에 의해,

$$\oint_A \mathrm{E}\cdot d\mathrm{A} = \mathrm{E}\int_{\text{측면}} d\mathrm{A} = \mathrm{E}(2\pi \mathrm{R}l) = \frac{\lambda l}{\epsilon 0}$$

$$E = \frac{\lambda}{2\pi\epsilon_o R}.$$

20 반경 R인 속이 빈 구형 도체가 균일하게 전하 Q로 대전되어 있다. 도체 (a) 외부와 (b) 비어있는 내부에서의 전기장을 구하라 (그림 17.35 참조).

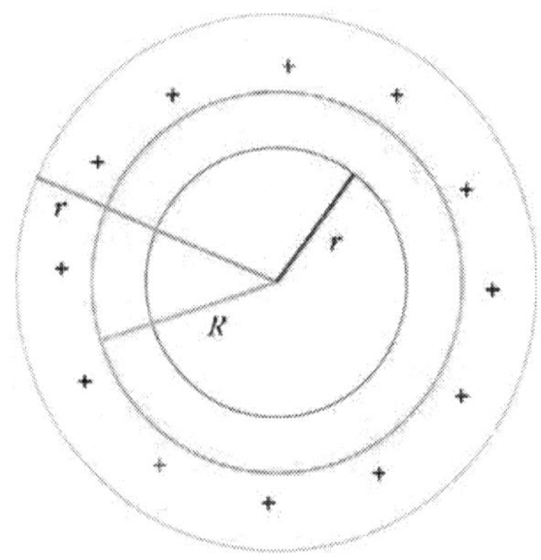

그림 17.35

■■ 풀이

(a) 전하분포가 균일하게 구 대칭을 이루고 있으므로, 전기장 또한 구 대칭을 이룬다. 전기장 선은 도체 표면에 수직하게 동경방향으로 나가는 방향이고, 그림 17.34와 같이 도체표면과 동심인 임의의 $r>R$ 인 구형 가우스 면상에서는 어디서나 전기장의 세기가 일정하다. 가우스 면의 면적소 dA와 이 면적소 상에서의 전기장은 서로 나란하므로, 가우스 면상에서는 어디서나 $\mathbf{E}\cdot d\mathrm{A} = \mathrm{E}\ d\mathrm{A}$가 된다. 따라서 식 19-21로부터

$$\oint_A E\ dA = EA\oint_A dA = E(4\pi r^2) = \frac{Q}{\epsilon_o}$$

그러므로,

$$E = \frac{Q}{4\pi\epsilon_o} = \frac{kQ}{r^2}$$

이 결과는 점 전하 Q로부터 거리 r인 곳에서의 전기장과 같다. 이것은 속이 빈 구형 도체가 균일하게 전하 Q로 대전되어 있으므로, 이 전하분포의 전하중심이 도체의 중심과 일치하기 때문이다.

(b) 비어있는 내부에서의 전기장을 구하기 위하여, 도체 내부에 도체 표면과 동심인 임의의 $r < R$인 구형 가우스 면을 만든다. 이때 가우스 면 내부의 전하는 영이므로 가우스 법칙에 의해, $\oint_A E\, dA = 0$ 이다. 따라서 내부에서의 전기장은 영이 된다.

21 지름이 2.0cm인 도체구에 2nC의 전하가 균일하게 분포되어 있다. 구 표면에서의 전기장을 구하라.

■■ 풀이

도체구 표면에서의 전기장은

$$E = \frac{q}{4\pi\epsilon_o R^2} = (9\times10^9)\frac{2\times10^{-9}}{(0.02)^2} = 45000\,\mathrm{V/m}$$

22 반경이 20cm인 공이 균일하게 80nC의 전하분포를 가진다.

(a) 이 공의 전하밀도는 얼마인가?

(b) 반경이 5, 10, 그리고 20cm인 위치에서의 전하는 얼마인가?

(c) 중심으로부터 5, 10, 그리고 20cm인 위치에서의 전기장의 크기는 얼마인가?

■■ 풀이

(a) $\rho = \dfrac{80nC}{4\pi r^3/3} = 2.39\times10^{-6}\,\mathrm{C/m^3}$

(b) $q_5 = 1.25\times10^{-9}C = 1.25\,\mathrm{nC}$, $q_{10} = 10\,\mathrm{nC}$, $q_{20} = 80\,\mathrm{nC}$

(c) $E = \left(\dfrac{q}{4\pi\epsilon_o R^3}\right)r$ 이므로 $E_5 = 4500\,\mathrm{V/m}$, $E_{10} = 9000\,\mathrm{V/m}$, $E_{20} = 18000\,\mathrm{V/m}$

23 내경이 a이고 외경이 b인 구각(spherical shell)이 있다. 구각에는 $+2Q$의 전하가 분포하고 구각의 원점에 $+Q$의 점전하가 놓여있다.

(a) 다음 세 영역 ($r \le a$, $a < r < b$, $r \ge b$)에서의 전기장을 구하라.

(b) 구각의 안쪽 면에 얼마만큼의 전하가 존재하는가?

(c) 바깥 쪽 표면에는 또 얼마의 전하가 존재하는가?

■■ 풀이

(a) 구각의 전하밀도는 $\rho = \dfrac{2Q}{4\pi/3(b^3-a^3)}$,

1) $r \le a$에서는 가우스면 내의 전하가 Q이므로 $\epsilon_o E(4\pi r^2) = Q$이므로, $E = \dfrac{Q}{4\pi\epsilon_o r^2}$.

2) $a < r < b$에서는 가우스 면 내의 전하가 $Q + \rho(\frac{4\pi}{3}(r^3-a^3)) = Q + 2Q\dfrac{(r^3-a^3)}{(b^3-a^3)}$ 이므로

$$E = \frac{Q}{4\pi\epsilon_o r^2}\left(1 + \frac{2(r^3-a^3)}{(b^3-a^3)}\right)$$

3) $r \ge b$에서는 가우스 면 내의 전하가 $3Q$이므로 $\epsilon_o E(4\pi r^2) = 3Q$이므로 $E = \dfrac{3Q}{4\pi\epsilon_o r^2}$

(b) 내면에 −Q의 전하가 유도되어 안쪽면으로 이동한다.
(c) 바깥면에는 내면에 대응하여 +Q의 전하가 남게 된다.

24 무한 도체평면에 그림 17.36과 같이 전하가 분포해 있다. 가우스법칙을 이용하여 이 도체 외부의 임의의 점에서의 전기장이 $E=\sigma/\epsilon_0$(σ : 면밀도)임을 보여라.

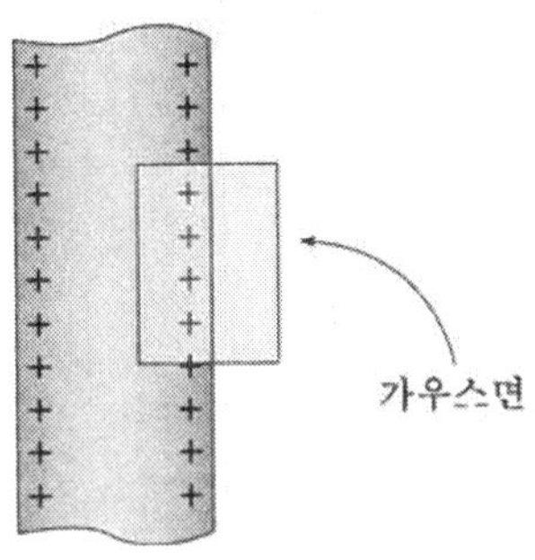

그림 17.36

■■ 풀이

도체면을 가로질러 원통의 가우스 면을 잡으면 원통의 둘레는 가우스면과 전기장이 평행하기 때문에 선속이 0이면 도체 내부는 전하가 0이므로 선속이 0이다. 따라서 가우스면을 통해 나오는 총 선속은 $EA=\frac{\sigma A}{\epsilon_o}$ 이며, 이때 A는 원기둥의 밑면의 면적이다. 따라서

전기장 $E=\sigma/\epsilon_o$.

25 그림 17.37은 면밀도 σ인 무한평면으로부터 d만큼 떨어져 존재하는 무한 넓이의 도체판을 보여준다. 영역 1, 2, 3, 그리고 4에서의 전기장 크기 E_1, E_2, E_3, 그리고 E_4를 구하라.

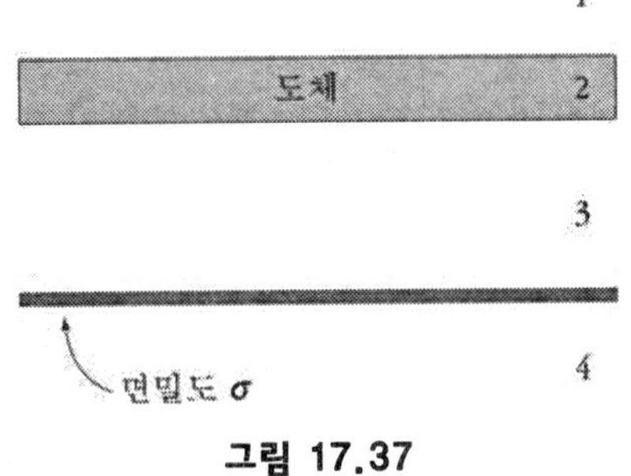

그림 17.37

■■ 풀이

도체의 아래에 $-\sigma$, 위쪽에 $+\sigma$의 전하밀도가 유도되어 세개의 무한평면이 있는 것으로 생각할 수 있다. 따라서 1의 전기장 $E_1=\frac{\sigma}{2\epsilon_o}-\frac{\sigma}{2\epsilon_o}+\frac{\sigma}{2\epsilon_o}=\frac{\sigma}{2\epsilon_o}$이고, $E_2=\frac{2\sigma}{2\epsilon_o}+\frac{\sigma}{2\epsilon_o}=\frac{3\sigma}{2\epsilon_o}$, $E_3=\frac{\sigma}{2\epsilon_o}$, $E_4=\frac{\sigma}{2\epsilon_o}$인데, 다만 모두 전기장의 방향이 위를 향하는데, E_4만 아래로 향한다.

26 금속 구각이 내경 12cm와 외경 20cm를 갖고 있다. 구각 내면의 전하밀도는 −100 nC/m^{2}이고, 외면의 밀도는 +100nC/m^{2}이다. 중심으로부터 4, 8 그리고 12cm 떨어진 지점에서의 전기장 크기와 방향을 각각 구하라.

■■ **풀이**

중심에서 4 cm 되는 곳까지는 전하가 없기 때문에 가우스 법칙에서 $\int E_4 dS = \frac{Q}{\epsilon_o} = 0$이다. 따라서 중심에서 4 cm, 8 cm 되는 곳에서는 전기장이 0이다. 12 cm 떨어진 곳에서는

$$E = \frac{1}{4\pi\epsilon_o}\frac{Q}{0.12^2} = \frac{1}{4\pi\epsilon_o}\frac{1}{0.12^2}(4\pi\times0.12^2\times100\times10^{-9}) = -7.84\times10^5\,\mathrm{V/m}$$

로 구의 중심을 향한다.

27 중성상태인 도체 내부에 공동(cavity)가 존재하고 그 공동에 점전하 Q가 들어있다. 이 도체를 둘러싸는 폐곡면을 통과하는 알짜 전기선속은 얼마인가?

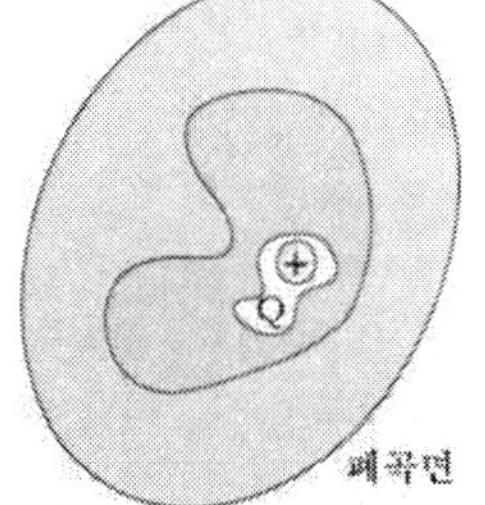

그림 17.38

■■ **풀이**

가우스 법칙에 따르면 폐곡면을 통과한 총 전기 선속은 $\frac{\Sigma Q_i}{\epsilon_o}$와 같으므로, 여기서는

$$\frac{Q}{\epsilon_o}$$

28 전기쌍극자 $+q$와 $-q$를 잇는 선 상의 전기장 크기는 수직이등분 선 상의 전기장 $\left(\mathrm{E} = \frac{\mathrm{p}}{4\pi\epsilon_0 y^3}\right)$보다 두 배 더 크다는 사실 $\left(\mathrm{E} = \frac{2\mathrm{p}}{4\pi\epsilon_0 y^3}\right)$을 보여라.

■■ **풀이**

$+q$와 $-q$의 중점에서 y만큼 떨어진 점에서의 전기장은 $E = E_+ + E_- = \frac{q}{4\pi\epsilon_o y^2}\left[\frac{1}{(y-d/2)^2} - \frac{1}{(y+d/2)^2}\right]$

이며, $y \gg d$라는 조건에서

$$E = \frac{q}{4\pi\epsilon_o y^2}\left[\left(1+\frac{d}{y}\right) - \left(1-\frac{d}{y}\right)\right] = \frac{q}{4\pi\epsilon_o y^2}\left(\frac{2d}{y}\right) = \frac{2qd}{4\pi\epsilon_o y^3} = \frac{2p}{4\pi\epsilon_o y^3}.$$

29 전자와 양성자 각각이 갖고 있는 전하의 크기를 나타내어라.

■■ **풀이**

$q_e = -1.6\times10^{-19}\,\mathrm{C}$, $q_p = 1.6\times10^{-19}\,\mathrm{C}$

30 (a) 전하 보존의 법칙(Law of Conservation of Charge)을 설명하고 (b) 전하가 서로 분리할 수 있는지 구체적인 예를 들어 논하라.

■■ 풀이

(a) 전하는 새로 탄생하거나 소멸되는 것이 아니고 존재하고 있는 전하들이 이동 혹은 분리에 의하여 나누어지는 것이며 총 전하의 합은 어떤 과정에서도 항상 일정하다.
(b) 분리할 수 있으며 정전기와 축전기 등이 대표적인 예이다.

31 (a) 두 개의 전하에 의하여 형성되는 힘의 관계 즉, Coulomb의 법칙을 수식으로 나타내고
(b) 두 전하의 종류가 같을 때와 다를 때 작용하는 힘이 어떻게 다른지 설명하라.
(c) 이로부터 전기장을 설명하고 수식으로 나타내어라.

■■ 풀이

(a) $F=kq_1q_2/r^2$, (b) $F<0$ 당기는 힘, $F>0$ 밀치는 힘, (c) $E=F/q=kQ/r^2$, $F=qE$.

32 (a) 전자와 양성자 각각이 갖고 있는 전하의 크기를 나타내어라. (b) 전하 보존의 법칙(Law of Conservation of Charge)을 설명하고 (c) 전하가 서로 분리할 수 있는지 구체적인 예를 들어 논하라.

■■ 풀이

(a) 전자 : -1.60×10^{-19}C 양성자 : 1.60×10^{-19}C
(b) 전하는 새로 생성되거나 없어지지 않고 항상 처음의 전하량을 유지한다. 전자나 원자핵 그리고 이온들이 가진 전하량은 물리적, 화학적 변화에도 바뀌지 않는다.
(c) 두 물체를 마찰 시키면 마찰열에 의해 결합력이 약한 물체의 전자가 다른 물체로 이동한다. 이는 전자(음전하)가 물체에서 분리되는 현상으로 전자를 잃은 물체는 상대적으로 양(+)의 전하를 띠며, 전자를 얻은 물체는 상대적으로 음(-)의 전하를 띠게 된다.

33 전자 30개로 대전되어 있는 먼지 하나가 $E=20$N/C 인 전기장에 노출되었다.
(a) 이 먼지가 받는 힘은 얼마인가?
(b) 먼지의 질량이 3mg(3×10^{-6}kg)라고 하면 이 먼지가 갖게 되는 가속도는 얼마인가?
(c) 이 먼지의 앞으로의 최종 행로를 예측하여 보아라.

■■ 풀이

(a) $F=20\times30\times(-1.6\times10^{-19})=-9.6\times10^{-17}$N,
(b) $F=ma$, $a=(-9.6\times10^{-17}\text{N})/(3\times10^{-6}\text{kg})=-3.2\times10^{-11}\text{m/s}^2$.

34 진공 중에서 $Q_1=5.0\times10^{-6}$C 의 전하와 $Q_2=2.0\times10^{-6}$C 의 전하가 서로 2m 떨어져 있다.
(a) 두 대전체의 중간 지점에 작용하는 전기장의 세기와 방향을 구하여라.

(b) 만일 두 대전체의 중간 지점에서 수직 위 방향으로 다시 1m 더 떨어진 곳에서는 어떻게 되겠느냐? 여기서 유전율의 함수인 $1/(4\pi\epsilon_o)$로도 주어지는 상수 k는 9.0×10^9 $\mathrm{Nm^2/C^2}$의 값을 갖는다.

■■ 풀이

(a) $E=kQ/r^2$, $E_1=9\times10^9\times5.0\times10^{-6}=45{,}000\mathrm{N/C}$, $E_2=9\times10^9\times2.0\times10^{-6}=18{,}000\mathrm{N/C}$,
$E=E_1-E_2=27{,}000\mathrm{N/C}$, 방향은 Q_2에서 Q_1 방향.

(b) 거리는 Q_1과 Q_2 선상에서 45도, 135도 방향으로 각각 $\sqrt{2}\,\mathrm{m}$ 떨어진 곳, 그러므로
45도 방향에서 $E_1=(9\times10^9\times5.0\times10^{-6})/2=22{,}500\mathrm{N/C}$,
135도 방향에서 $E_2=(9\times10^9\times5.0\times10^{-6})/2=9{,}000\mathrm{N/C}$,
$E=(E_1^2+E_2^2)^{1/2}=(5.0625\times10^8+8.1\times10^7)^{1/2}=24{,}233\mathrm{N/C}$,
그리고 $\theta=\tan^{-1}(2/5)+45=21.8+45=66.8^o$도 방향.

35 300V의 전압 차로 2cm 떨어져 있는 두 평행 극판 사이를 전자빔이 통과한다. (a) 전자빔은 이 판 사이를 지나면서 어떤 방향으로 휘겠는지 그림으로 나타내어라. (b) 극판 사이의 영역에 대한 전기장의 값은 얼마이며, (c) 각각의 전자가 이 전기장에 의해 받는 힘의 크기는 얼마인가? (d) 전자의 가속도의 크기와 방향은 무엇인가? (e) 전자가 이 판 사이의 영역을 지나면서 그리는 경로의 형태는? ($q=1.6\times10^{-19}\mathrm{C}$, $m=9.1\times10^{-31}\mathrm{kg}$).

■■ 풀이

(a) 전자는 음전하를 가지고 있으므로 + 방향으로 휜다.
(b) $\Delta V=Ed$, $E=300\mathrm{V}/0.02\mathrm{m}=15000\mathrm{V/m}$
(c) $F=Eq=15000\mathrm{V/m}\times1.6\times10^{-19}\mathrm{C}=2.4\times10^{-15}\mathrm{N}$
(d) $a=F/m=(2.4\times10^{-15}\mathrm{N})/(9.1\times10^{-31}\mathrm{kg})=2.64\times10^{15}\mathrm{m/s^2}$, 방향은 위쪽 방향
(e) 포물선.

36 3개의 양전하가 직선을 따라 놓여있다. 점 A의 0.05C 전하는 점 B의 0.02C 전하 왼쪽으로 2m 거리에 놓여 있고 점 C의 0.03C 전하는 점 B의 오른쪽 1m 거리에 놓여있다. (a) 0.05C 전하에 의해 0.02C 전하에 작용하는 힘의 크기, (b) 0.03C 전하에 의해 0.02C 전하에 작용하는 힘의 크기, (c) 다른 두 전하가 0.02C 전하에 작용하는 힘의 크기는 각각 얼마인가? (d) 만일 0.02C 전하를 다른 두 전하에 의해 발생되는 전기장의 세기를 조사하는 시험전하로 사용한다면, 점 B에서 전기장의 크기와 방향은? (e) 점 B의 0.02C 전하가 -0.06C의 전하로 대체된다면 이 새로운 전하에 작용하는 정전기력의 크기와 방향은?

■■ 풀이

(a) $F=9\times10^9\mathrm{Nm^2/C^2}\times(0.05\mathrm{C})(0.02\mathrm{C})/(2\mathrm{m})^2=2.25\times10^6\mathrm{N}$
(b) $F=9\times10^9\mathrm{Nm^2/C^2}\times(0.03\mathrm{C})(0.02\mathrm{C})/(1\mathrm{m})^2=5.4\times10^6\mathrm{N}$
(c) a, b의 힘의 방향이 반대이므로 0.02C에 작용하는 힘은 $3.15\times10^6\mathrm{N}$이고 왼쪽 방향이 된다.

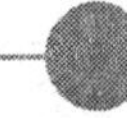

(d) $E=F/q=3.15\times10^{6}\text{N}/0.02\text{C}=1.575\times10^{8}\text{N/C}$, 방향은 왼쪽이다.

(e) $F=qE=(-0.06\text{C})\times(1.575\times10^{8}\text{N/C})=9.45\times10^{6}\text{N/C}$, 방향은 오른쪽이다.

37 서로 다른 전하로 대전된 두 개의 수평판 사이로 나란하게 전자가 투영되었다. 두 판 사이의 전기장은 위쪽으로 500N/C일 때, (a) 전자에 작용하는 힘, (b) 전자가 판을 벗어날 때 수직으로 3mm 휘었다면 운동에너지의 증가를 구하여라.

■■ 풀이

(a) $F=eE=(-1.602\times10^{-19}\text{C})(500.0\text{N/C})=-8.010\times10^{-17}\text{N}$ (즉, 아래 방향)

(b) $\Delta K=W=Fd=(8.010\times10^{-17}\text{N})(0.00300\text{m})=2.40\times10^{-19}\text{J}$

38 $Q=-50\text{nC}$의 전하가 A에서 0.3m, B에서 0.5m 떨어져 있다. (a) A지점에서의 전위, (b) B 지점에서의 전위, (c) 다른 점전하 q가 A에서 B로 움직일 때 작용하는 전위차는 얼마이며 전위는 증가한 것인가 감소한 것인가?

■■ 풀이

(a) $V=\dfrac{kQ}{r}=\dfrac{(8.988\times10^{9})(-50.0\times10^{-9})}{0.30}=-1500\text{V}=-1.5\text{kV}$

(b) $V=\dfrac{(8.988\times10^{9})(-50.0\times10^{-9})}{0.50}=-900\text{V}$

(c) $\Delta V=kQ(\dfrac{1}{r_B}-\dfrac{1}{r_A})=(8.988\times10^{9})(-50.0\times10^{-9})(\dfrac{1}{0.50}-\dfrac{1}{0.30})=600\text{V}$

$\Delta V>0$ 이기 때문에 전위는 증가한다.

18 전위와 전기용량

1 그림 18.21과 같이 세 개의 점전하가 정삼각형을 이루고 있다. $q_1 = 1.0 \times 10^{-8}\,\mathrm{C}$, $q_2 = -2.0 \times 10^{-8}\,\mathrm{C}$, $q_3 = 3.0 \times 10^{-8}\,\mathrm{C}$ 이며 $a = 1.0\,\mathrm{cm}$ 라고 할 때 이 계의 전기 퍼텐셜에너지는 얼마인가?

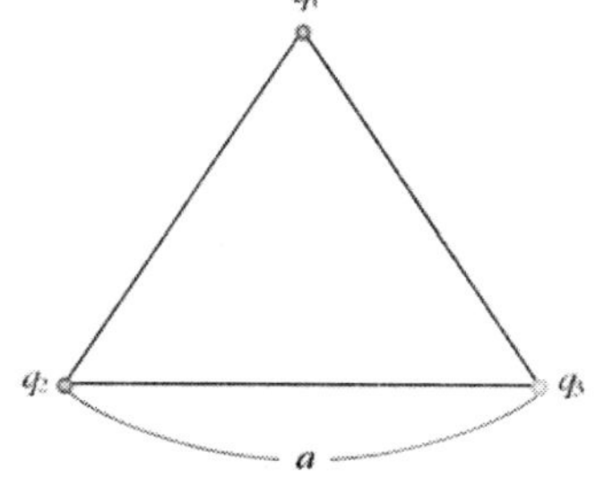

그림 18.21

■■ **풀이**

$$U = U_{12} + U_{13} + U_{23}$$

$$= k\left[\frac{q_1q_2}{a} + \frac{q_1q_3}{a} + \frac{q_2q_3}{a}\right]$$

$$= \frac{k}{a}\left[q_1q_2 + q_1q_3 + q_2q_3\right]$$

$$= \frac{9.0\times10^9}{0.01}\left[(1\times10^{-8})(-2.0\times10^{-8}) + (1.0\times10^{-8})(3.0\times10^{-8}) + (-2.0\times10^{-8})(3.0\times10^{-8})\right]$$

$$= \frac{9.0\times10^9(-5\times10^{-16})}{0.01}$$

$$= -4.5\times10^{-4}\ J$$

2 양성자가 정지상태로부터 균일한 전기장 내부로 들어간다.

(a) 운동방향에 대해 설명하라.

(b) 양성자와 연관된 운동에너지 변화와 전기퍼텐셜에너지에 대해 설명하여라.

■■ **풀이**

(a) 음극판 쪽으로 끌려간다.

(b) 양성자가 갖는 퍼텐셜에너지는 $U = qV$이다. 에너지 보존법칙에 따라 $K_f + qV_f = K_i + qV_i$에서 $K_i = 0$이므로 $K_f = q(V_i - V_f) = q\Delta V$이다.

3 그림 18.22와 같이 두 전하 q, $-q$가 일정한 거리 2 a 만큼 떨어져 있다. 두 전하의 중심으로부터 거리 r, 각도 θ만큼 떨어진 점 P에서의 전위를 r과 q의 함수로 표시하라. 단, r은 $2a$보다 훨씬 크다.

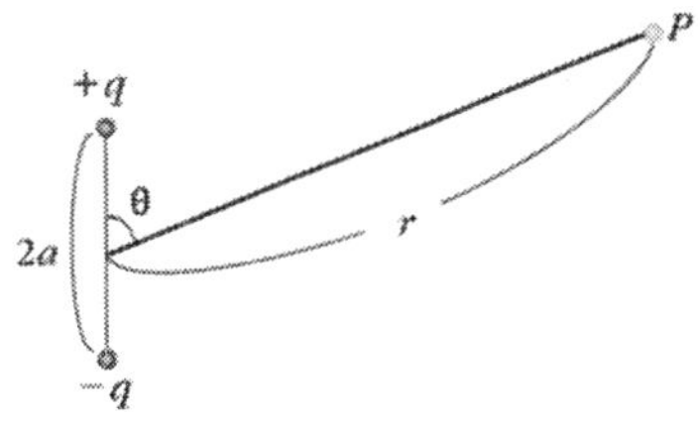

그림 18.22

■■ 풀이

$$V = V_1 + V_2$$

$$= k\left(\frac{q}{r_1} - \frac{q}{r_2}\right)$$

$$= kq\frac{r_2 - r_1}{r_1 r_2}$$

$r \gg 2a \quad r_2 - r_1 \cong 2a\ \cos\theta$

$$r_1 r_2 \approx r^2$$

$$\therefore V = kq\ \frac{2a\ \cos\theta}{r^2}$$

4 세 개의 전하들이 그림 18.23과 같이 이등변삼각형의 세 꼭짓점에 놓여있다. 전하량을 $q = 10\,\mathrm{nC}$이라고 할 때 밑변 중간부분에서의 전기퍼텐셜을 구하여라.

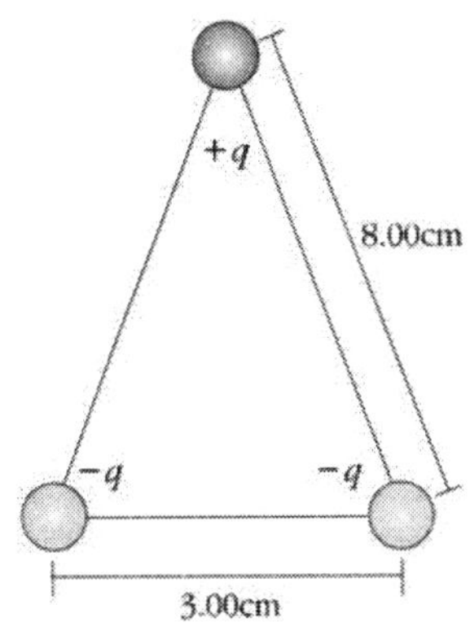

그림 18.23

■■ 풀이

삼각형의 높이는 7.9cm이므로

$$V = \frac{1}{4\pi\epsilon_o}\left(\frac{1}{0.079} - \frac{2}{0.015}\right) = -1.086\times10^{12}\,\mathrm{V}$$

5 그림 18.24에서와 같이 총 전하량 Q이고 반지름 a인 균일하게 대전된 원환(ring)의 축상에 위치한 점 P에서의 전위를 구하라.

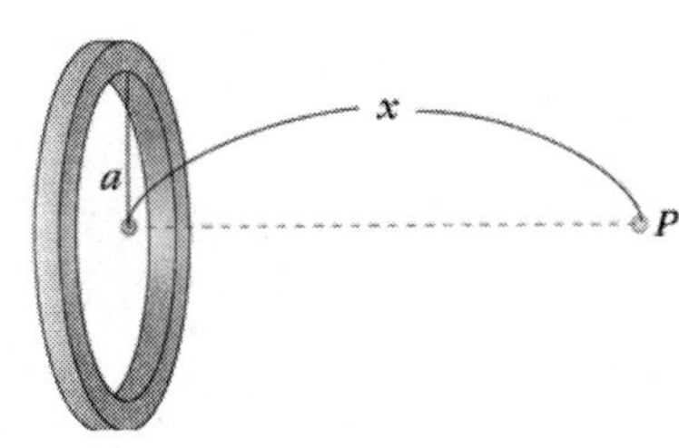

그림 18.24

풀이

전하요소 dq로부터 p점까지의 거리는 $\sqrt{x^2+a^2}$ 이다. dq로 인해 p에 생기는 전위 dV는

$$dV=\frac{kdq}{\sqrt{x^2+a^2}}$$

이다.

원환을 따라 돌며 각 전하요소들에 의한 전체 전위는

$$V=\int dV=\int\frac{kdq}{\sqrt{x^2+a^2}}=\frac{kQ}{\sqrt{x^2+a^2}}$$

이다.

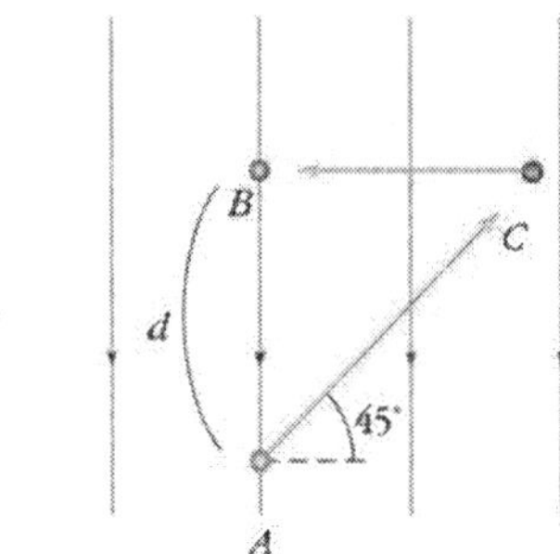

6 균일하게 대전된 반경 R의 절연체 구의 전위는 $r<R$일 때 (구의 내부)

$$V=\frac{kQ}{2R}\left(3-\frac{r^2}{R^2}\right)$$

그리고 $r>R$일 때 (구의 외부) $V=\frac{kQ}{r}$이다. $E_r=-\frac{dV}{dr}$을 이용하여 구의 내부와 외부에서의 전기장을 구하라.

풀이

구의 내부 ($r<R$)

$$E_r=-\frac{d}{dr}V=-\frac{d}{dr}\frac{k_eQ}{2R}\left(3-\frac{r^2}{R^2}\right)=\frac{k_eQ}{R^3}r$$

구의 외부 ($r>R$)

$$E_r=-\frac{d}{dr}\frac{kQ}{r}=\frac{kQ}{r^2}$$

7 양성자가 $E=300\,\mathrm{N/C}$인 전기장과 나란하게 3.00cm를 이동한다.

(a) 이 전기장에 의해 양성자에 행해진 일은 얼마인가?

(b) 양성자의 퍼텐셜에너지에 어떤 변화가 일어나는가?

(c) 얼마만큼의 전위차가 있어야 양성자가 이 만큼 이동할까?

풀이

(a) $W=Fd=qEd=1.6\times10^{-19}\times300\times0.03=1.44\times10^{-18}\,\mathrm{J}$

(b) $\Delta V=-W=-1.44\times10^{-18}\,\mathrm{J}$

(c) $\Delta U=q\Delta V$에서 $\Delta V=\frac{\Delta U}{q}=9\mathrm{V}$이다.

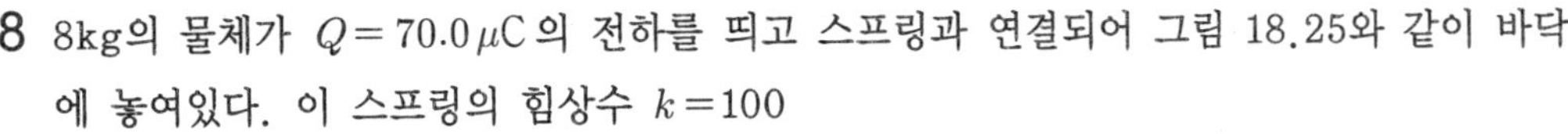

8 8kg의 물체가 $Q=70.0\mu C$의 전하를 띄고 스프링과 연결되어 그림 18.25와 같이 바닥에 놓여있다. 이 스프링의 힘상수 $k=100$ N/m이다. 이 계가 전기장 $E=7\times10^5$V/m인 속에 놓여있다고 하자.

(a) 물체가 $x=0$ 위치에서 정지상태로부터 풀어놓는다면 스프링이 얼마나 늘어날까?

(b) 물체의 평형위치는 어디이겠는가?

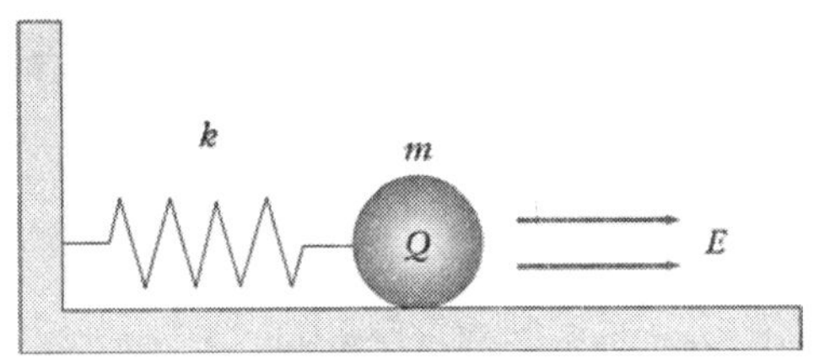

그림 18.25

■■ **풀이**

(a) $F=QE=70\times10^{-6}\times7\times10^5=49N$이므로 $F=kx=49N$에서 $x=0.49$m

(b) 처음에 $x=0$인 위치에서 평형이었다면, 전기장이 가해지면 그 평형위치는 $x=49$cm가 된다.

9 그림 18.26과 같이 원자의 행성운동 모델을 제시한 러드포드(Rutherford)의 유명한 산란 실험에서는 전하량이 $2e$이고 질량이 6.64×10^{-27}kg인 알파입자가 전하량 $79e$인 금의 핵으로 발사된다. 초기에 금의 핵으로부터 아주 멀리 떨어진 위치에서 2.00×10^7m/s의 초속도로 금의 핵으로 직접 발사된다. 이 알파입자가 금의 핵에 얼마만큼 가까이 접근하였다가 되돌아가겠는가? 단 금의 핵은 정지상태를 유지한다고 가정하라.

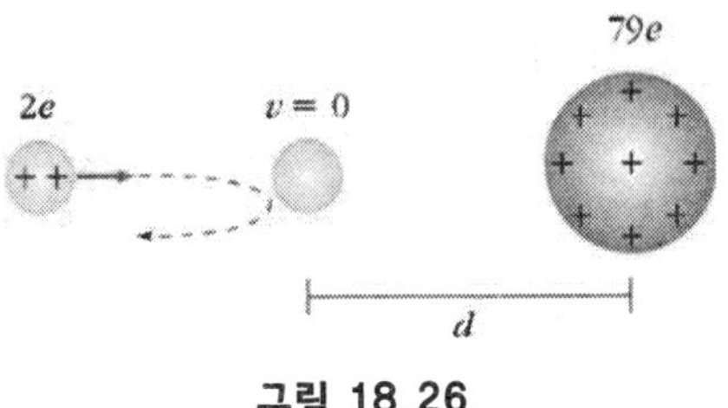

그림 18.26

■■ **풀이**

에너지 보존법칙에 따라 두 원자핵의 처음과 나중 에너지의 합은 같다. 처음에는 멀리 떨어져 있어서 두 핵 사이의 위치에너지는 0으로 볼 수 있으며 접근해서 되 튕겨 나가기 직전의 헬륨 핵의 속도는 0이다.

따라서 $\frac{1}{2}mv_o^2=\frac{1}{4\pi\epsilon_o}\frac{(2e)(79e)}{d^2}$이므로, $d^2=\frac{1}{4\pi\epsilon_o}\frac{2(2e)(79e)}{mv^2}=2.74\times10^{-14}\text{m}^2$,

$d=1.66\times10^{-7}$m

10 TV 브라운관의 가속전압용 극판 사이에 30kV의 전위차가 걸려있다. 극판 간격이 1.7cm 이라면 극판 사이에 형성되는 전기장의 크기는 얼마일까?

■■ 풀이

$E = V/d = 30000/0.017 = 1.76\times10^{6}\,\mathrm{V/m}$

11 작은 구형 물체가 10nC의 전하량을 갖는다. 이 물체의 중심으로부터의 전위가 25V, 50V, 그리고 100V 되는 위치를 계산하여라. 등전위면의 간격이 전위차의 간격과 비례하는가?

■■ 풀이

$V = k\frac{q}{r}$ 에서 $r = k\frac{q}{V}$ 이므로 $r_{25} = 9\times10^{9}\times\frac{10^{-8}}{25} = 3.6\,\mathrm{m}$, $r_{50} = 1.8\,\mathrm{m}$, $r_{100} = 0.9\,\mathrm{m}$.
등전위면의 간격은 전위차의 간격에 반비례한다.

12 랜턴을 5분 동안 켜둔다. 이 동안 -8.0×10^{2} C 의 전자들이 흐른다. 9600J의 전기퍼텐셜에너지가 빛과 열로 변한다. 이 만큼의 전자가 이동하기 위해 필요한 전위차는 얼마인가?

■■ 풀이

$U = qV = -8.0\times10^{2}\times V = 9600$ 에서 $V = 12\mathrm{V}$

13 면적 $A = 1.0\,\mathrm{m}^2$, 간격 $d = 5\,\mathrm{mm}$ 인 평행판 축전기에 전위차 $V = 10{,}000\,\mathrm{V}$ 를 가했다.
(a) 이 평행판 축전기의 전기용량은 얼마인가?
(b) 이 때 축적되는 전하량은 얼마인가?
(c) 축전기 내부의 전기장의 세기는 얼마인가?
(d) 축전기 내부에 저장된 에너지 밀도는 얼마인가?

■■ 풀이

$A = 1.0\,\mathrm{m}^2$, $d = 5\,\mathrm{mm}$, $V = 10000\mathrm{V}$

(a) $C = \epsilon_0\frac{A}{d} = \frac{(8.85\times10^{-12})(1)}{5\times10^{-3}}$
$= 1.77\times10^{-9}(\mathrm{F})$

(b) $Q = CV = (1.37\times10^{-9})(10000) = 1.77\times10^{-5}(\mathrm{C})$

(c) $E = \frac{\sigma}{\epsilon_0} = \frac{Q}{\epsilon_0 A} = \frac{1.77\times10^{-5}}{(8.85\times10^{-12})(1)}$
$= 2.0\times10^{6}(\mathrm{N/C})$

(d) $u_E = \frac{1}{2}\epsilon_0 E^2 = \frac{1}{2}(8.85\times10^{-12})(2.0\times10^{6})^2 = 17.7(\mathrm{J/m^3})$

14 전자총의 전자는 음극에서 나와 이보다 더 높은 전위를 갖는 양극 쪽으로 가속된다. 음극과 양극 사이의 전위차가 12kV이라면 전자가 양극에 도달하였을 때의 속도를 구하라.

■■ **풀이**

전자에 가해지는 에너지는 $U=qV=1.6\times10^{-19}\times12\times10=1.92\times10^{-17}J$이며 이 정도의 에너지를 받은 전자는 $\frac{1}{2}mv^2$의 운동에너지를 얻게 되어 $v=\sqrt{\frac{2U}{m}}=\sqrt{\frac{1.92\times10^{-17}}{9.1\times10^{-31}}}=4.6\times10^6\,\mathrm{m/s}$

15 그림 18.27과 같이 균일한 전기장이 크기가 240N/C이면서 오른쪽 방향을 향하고 있다. 전하량 4.2nC인 입자가 a에서 b로 직선으로 움직인다.
(a) 입자에 작용하는 전기장의 세기는?
(b) 이 전기장이 입자에 행한 일의 크기는?
(c) 위치 a, b 사이의 전위차 V_a-V_b는 얼마인가?

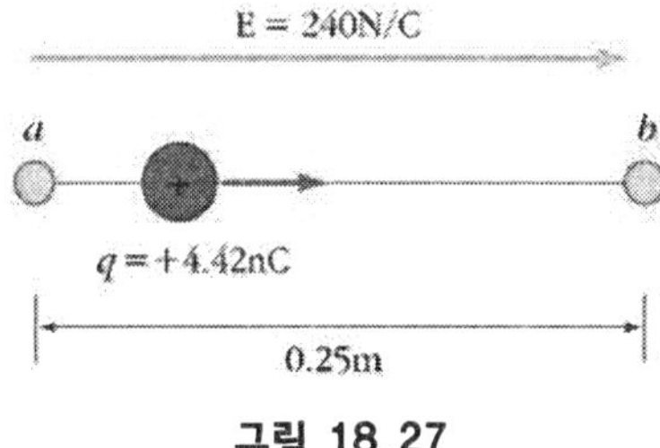

그림 18.27

■■ **풀이**

(a) $qE=4.2\times10^{-9}\times240=1.0\times10^{-6}\,\mathrm{N}$
(b) $W=qEd=1.0\times10^{-6}\times0.25=2.5\times10^{-7}\,\mathrm{J}$
(c) $W=-\Delta U=q\Delta V$에서 $\Delta V=Va-V_b=W/q=56.6\,\mathrm{V}$

16 1시간 동안 3.0C의 전하를 이동시키는 10.0V의 배터리의 출력은 몇 와트인가?

■■ **풀이**

$$P=\frac{\frac{1}{2}QV}{t}=\frac{\left(\frac{1}{2}\right)(3)(10)}{3600}=4.16\,\mathrm{mW}$$

17 다음 그림 18.28에서 각 축전기의 용량은 $C=1.0\,\mu\mathrm{F}$이고 A와 B사이의 전위차는 20 V이다. 각 축전기의 전하와 각 축전기에 걸리는 전위차 그리고 A와 D사이의 전위차를 계산하라.

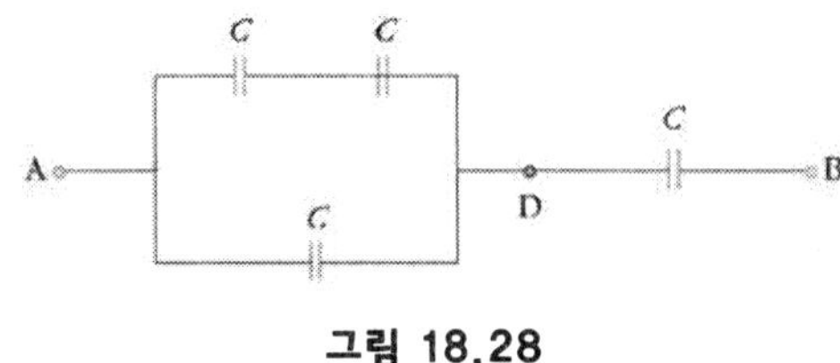

그림 18.28

■■ **풀이**

$V_1=4\ volt$ $\quad Q_1=4\times10^{-6}C$

$V_2=4\ volt$ $\quad Q_2=4\times10^{-6}C$

$V_{AD}=V_3=8\ volt$ $\quad Q_3=8\times10^{-6}C$

$V_4=12\ volt$ $\quad Q_1=1.2\times10^{-5}C$

18 그림 18.29와 같이 유전상수가 κ_1과 κ_2인 유전체 판을 축전기 사이의 공간에 넣었다. 각 판의 두께는 $\frac{d}{2}$이고 축전기 평행판 (면적 A)사이의 거리는 d이다. 이 때 이 축전기의 전기용량은 얼마인가?

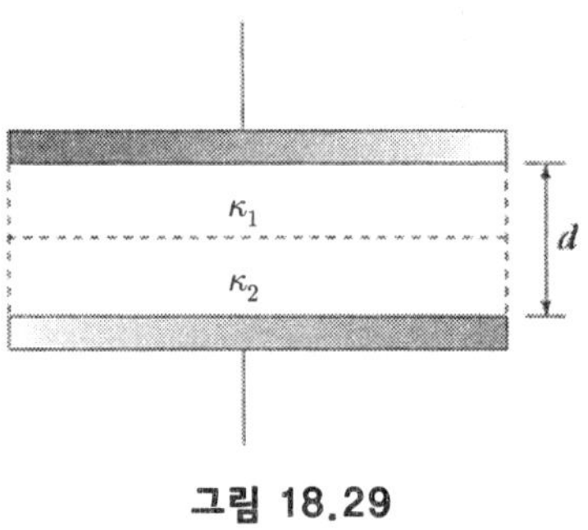

그림 18.29

■■ 풀이

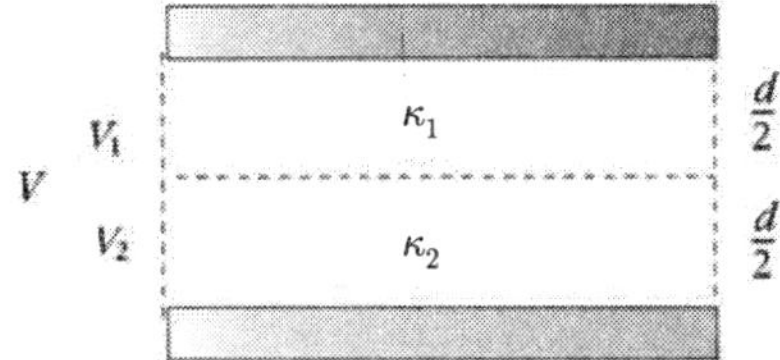

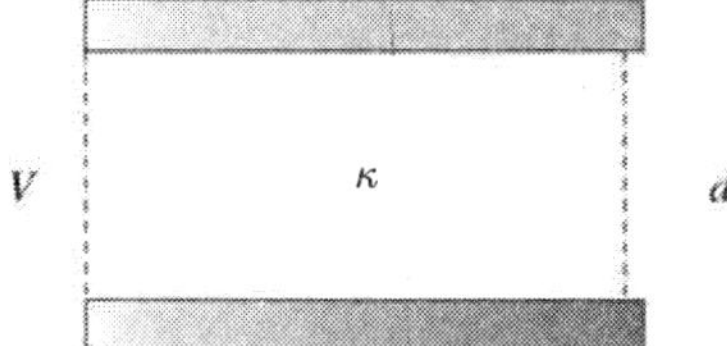

$$V = V_1 + V_2$$

$$Ed = E_1\frac{d}{2} + E_2\frac{d}{2}$$

$$\frac{E_0}{K}d = \frac{E_0}{K_1}\frac{d}{2} + \frac{E_0}{K_2}\frac{d}{2}$$

$$\therefore \frac{1}{K} = \frac{1}{2}\left(\frac{1}{K_1} + \frac{1}{K_2}\right)$$

19 Au(Z = 79)의 원자핵은 반경이 약 6.6×10^{-15} m이다. (+)의 전하가 구형의 핵 내부에 균일하게 분포되어 있다고 가정하고 핵의 표면에서의 전위를 구하라.

■■ 풀이

$$V = k\frac{q}{r} = (9.0\times10^{9})\frac{(79)(1.6\times10^{-19})}{6.6\times10^{-15}}$$

$$= 1.7\times10^{7}\ volt$$

20 그림 18.30과 같이 면적 146cm^2인 평행판 축전기에서 간격 $d = 0.58\text{mm}$이다. 면적의 반은 종이로 채워져 있고 반은 공기로 채워져 있다. 이 축전기의 전기용량은 얼마인가?

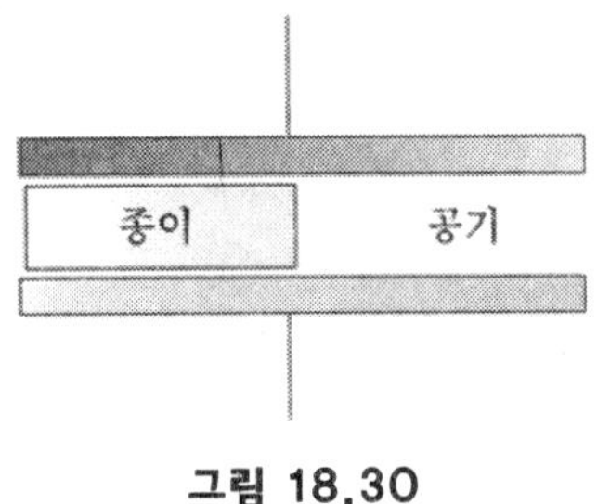

그림 18.30

■■ 풀이

$$U = \frac{1}{2}\epsilon\left(\frac{V}{d}\right)^2\frac{A}{2}d + \frac{1}{2}\epsilon_0\left(\frac{V}{d}\right)^2\frac{A}{2}d = \frac{1}{2}CV^2$$

$$\therefore C = \epsilon\frac{A}{2d} + \epsilon_0\frac{A}{2d} = (K+1)\frac{\epsilon_0 A}{2d}$$

$$= \frac{(3.7+1)(8.85\times10^{-12})(146\times10^{-4})}{(2)(0.58\times10^{-3})}$$

$$= 0.52\times10^{-9}(\text{F}) = 0.52\,(\text{nF})$$

21 축전기의 정전용량이 $10.2\mu\text{F}$인 축전기의 전위차를 60.0V로 줄이려면 얼마만큼의 전하를 제거하여야 할까?

■■ 풀이

$Q = CV$에서 정전용량은 일정하므로 $Q_1 = CV_1$, $Q_2 = CV_2$에서 $Q_2 - Q_1 = C(V_2 - V_1)$에서

$$\Delta Q = Q_2 - Q_1 = C\Delta V = 10.2\times10^{-6}\times60 = 6.12\times10^{-4}\text{C}$$

22 변 길이가 5cm와 3cm인 평행판 축전기 사이의 거리 d가 1.8mm이다.

(a) 이 축전기에 $3\times10^{-11}\text{C}$ (30 pF)의 전하가 존재한다면 이 극판 사이에 걸린 전기장의 크기는 얼마인가?

(b) 전하량을 그대로 유진한 채 유전율 6.0인 유전체가 극판 사이에 삽입되면 전기장의 세기는 어떻게 바뀔까?

■■ 풀이

(a) $C = \epsilon_o\frac{A}{d} = 8.85\times10^{-12}\times\frac{15\times10^{-4}}{1.8\times10^{-3}} = 7.4\times10^{-12}F = 7.4\text{pF}$,

$V = \frac{Q}{C} = \frac{3\times10^{-11}}{7.4\times10^{-12}} = 4.05\text{V}$ 이며, 극판 사이의 간격이 1.8mm이므로

$$E = V/d = 2.25\times10^2\,\text{V/m}$$

(b) 정전용량이 6.0배 증가하여 전위차, 전기장의 세가가 모두 1/6배로 줄어든다.

23 그림 18.31과 같이 유전상수 $\kappa = 3.0$인 유리를 유전체로 삽입한 평행판축전기의 정전용량이 10μF이다. 이 축전기를 1.5V의 건전지로 충전을 했다. 전지를 제거한 후 극판 사이의 유전체인 유리를 제거하였다면 (a) 정전용량 (b) 전위차 (c) 극판상의 전하량, 그리고 (d) 축전기에 축적된 에너지를 각각 구하여라.

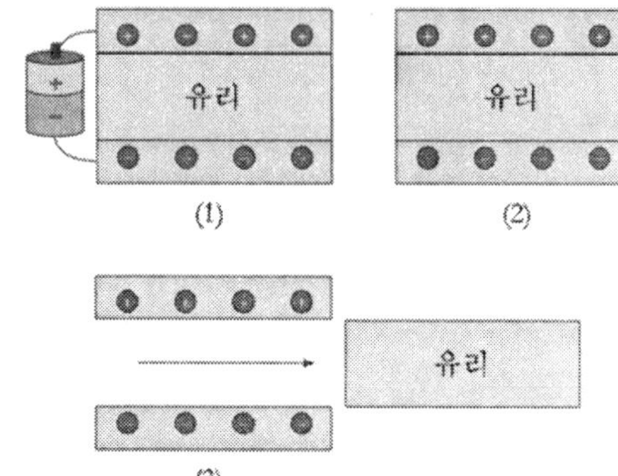

그림 18.31

■■ 풀이

(a) 유전체를 제거하면 정전용량은 1/3로 줄어들어 3.3μF이 된다.

(b) 충전된 전하량은 $Q = CV = 10 \times 10^{-6} \times 1.5 = 1.5 \times 10^{-5}$C 이므로 $V = Q/C = 45.45$ V

(c) 전하량은 1.5×10^{-5}C

(d) $U = \frac{1}{2}CV^2 = 3.41 \times 10^{-3}$ J

24 진공속에 있는 평행판 내부에 단위 체적당 2 J/m^{3}의 전기 퍼텐셜에너지를 저장한다고 하자.

(a) 이 때 균일한 전기장의 세기는 얼마인가?

(b) 전기장의 세기가 2배가 되면 단위 체적당 얼마나 많은 에너지가 저장되겠는가?

■■ 풀이

(a) $u_E = \frac{1}{2}\epsilon_0 E^2$

$$E = \sqrt{\frac{2u_E}{\epsilon_0}} = \sqrt{\frac{(2)(2)}{8.85 \times 10^{-12}}}$$

$$= 6.72 \times 10^5 \text{ (V/m)}$$

(b) 8 J

25 세포벽의 전위차는 −90mV이다. 벽의 두께가 10nm라면 이 세포 내부의 전기장 크기는 얼마일까? 전기장은 균일하다고 가정하라.

■■ 풀이

$$E = V/d = \frac{-90 \times 10^{-3}}{10 \times 10^{-9}} = -9 \times 10^6 \text{ V/m}$$

26 세포 내부의 전위는 바깥에 비해 90.0mV 정도 낮다. 전하 $+e$인 Na^+ 이온이 세포 바깥에서 안으로 들어온다면 전기장이 이 이온에 한 일은 얼마인가?

■■ 풀이

전하에 한 일 $W = qV = 1.6 \times 10^{-19} \times 90 \times 10^{-3} = 1.44 \times 10^{-20}$ J

27 그림 18.32에서와 같이 200,000m/s의 속력으로 양성자가 두 극판의 중간점에서 양극판 쪽으로 발사된다.

(a) 이 속도가 양극판에 도달하기에 충분한 속도임을 보여라.

(b) 양성자가 양극판에서 되돌아와 음극판과 충돌할 때의 속력은 얼마일까?

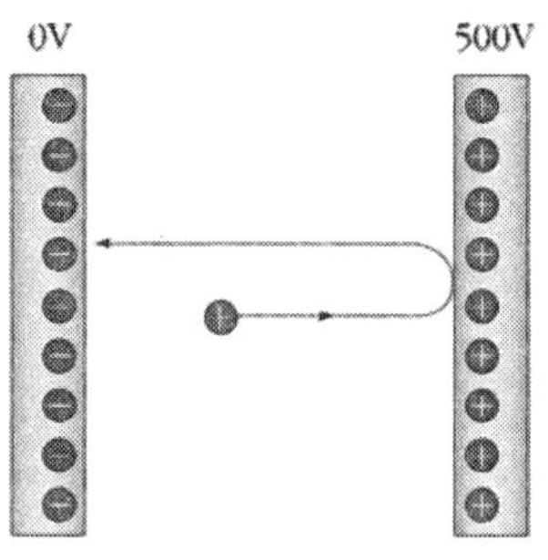

그림 18.32

■■ **풀이**

(a) 양성자가 가진 운동에너지는 $\frac{1}{2}mv^2 = 0.5 \times 1.67 \times 10^{-27} \times 200000^2 = 3.34 \times 10^{-17}$ J인데, 양성자가 양극판에 도달하기 위해 필요한 일은 $qV = 1.6 \times 10^{-19} \times 250 = 4.0 \times 10^{-17}$ J 으로 양성자가 가진 운동에너지보다 크기 때문에 양극판에 도달할 수 없다.

(b) 양성자가 방향을 바꾸어 음극판에 도달할 때의 속도를 v'이라 하면,

$$\frac{1}{2}mv'^2 = \frac{1}{2}mv^2 + qV = 7.34 \times 10^{-17}\text{ J}$$

이므로 $v' = 2.96 \times 10^5$ m/s가 된다.

28 세 개의 금속판이 그림 18.33과 같이 배열해 있다. (a) E_x 대 x의 그래프와 (b) V 대 x의 그래프를 $0 \le x \le 3$ cm 범위에 대해 그려 보아라. 단 세 극판 모두 2.0cm×2.0 cm의 단면적을 갖는다고 하자.

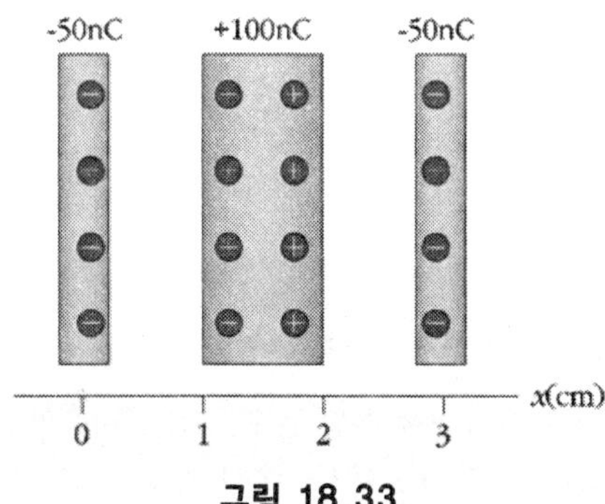

그림 18.33

■■ **풀이**

(a) 전하밀도 $\sigma = \dfrac{50\times10^{-9}}{0.02^2} = 1.25\times10^{-4}\,\mathrm{C/m^2}$이므로 x에 대한 E_x의 그래프는 각각

$0 \le x \le 1$:

$$-\frac{\sigma}{\epsilon_o} = -\frac{1.25\times10^{-4}}{8.85\times10^{-12}} = -1.41\times10^{7}\,\mathrm{V/m}$$

$1 \le x \le 2$: 0

$2 \le x \le 3$: $+\dfrac{\sigma}{\epsilon_o} = +1.41\times10^{7}\,\mathrm{V/m}$

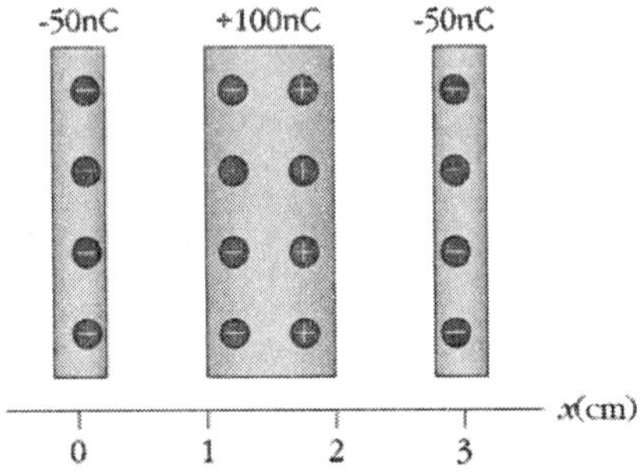

(b) $0 \le x \le 1$: $-\dfrac{\sigma}{\epsilon_o}x = -1.41\times10^{7}x\,V$

$1 \le x \le 2$: 0 $\quad 2 \le x \le 3$: $+\dfrac{\sigma}{\epsilon_o}x = +1.41\times10^{7}x\,V$

로 x에 1차 비례한다.

[그림 18.33]

29 그림 18.34와 같이 콘덴서들이 연결되어 있으며, 여섯 개의 콘덴서 용량은 10μF으로 동일하다.

(a) 이 회로의 등가 정전용량은 얼마인가?

(b) 위치 a와 b사이의 전위차는 얼마인가?

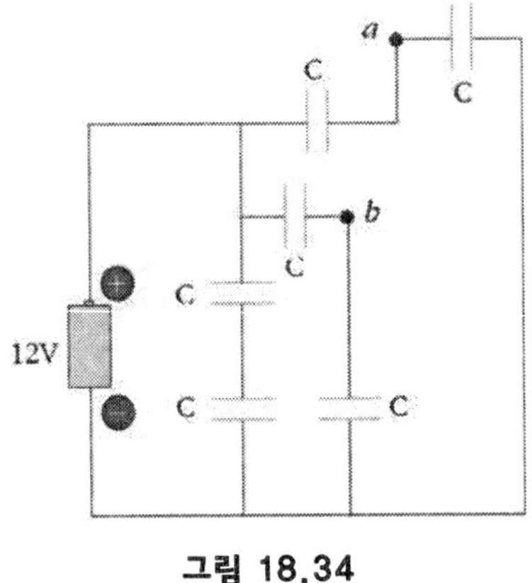

그림 18.34

■■ **풀이**

(a) 각각 2개씩 직렬로 연결된 쌍이 3개가 병렬인 것과 같다. 따라서 등가 정전용량은 $\frac{3}{2}\mathrm{C} = 15\mu\mathrm{F}$

(b) $Q = CV = 15\times10^{-6}\times12 = 180\mu\mathrm{F}$에서 각 콘덴서에는 $60\mu\mathrm{F}$의 전하가 충전되게 된다.
따라서 두 점 사이의 전위차 $V = Q/C = 120/10 = 12\,\mathrm{V}$

30 (a) Coulomb의 법칙과 전기 Potential Energy(PE)로부터 전위(Electric Potential)를 정의하는 식과 (b) 점전하의 전위와 전기장의 관계를 나타내는 식을 쓰고, (c) 전위의 단위를 정의하여라.

■■ 풀이

(a) $F=kQq/r^2$, $PE=Fr=kQq/r$, $V=PE/q$(엄밀하게는 $PE=\int Fdr=kQq\int 1/r^2dr$).

(b) $V=Er=kQ/r$, (엄밀하게는 $V=\int Edr=kQ\int 1/r^2dr$)

(c) $volt(V)=J/C$

31 (a) eV는 무슨 단위이며, (b) 300.0eV는 얼마의 값을 갖는지 SI 단위로 나타내어라.

■■ 풀이

(a) 에너지의 단위

(b) $300\times1.6\times10^{-19}=4.8\times10^{-17}\,\text{J}$

32 세기가 2×10^6V/m인 전기장에서 전자가 가속되고 있다. (a) 2m를 움직이는 동안 전자에 가해지는 에너지는 keV로 얼마이며, (b) 40GeV의 에너지를 갖기 위해서는 거리가 얼마나 필요한지 계산하여라.

■■ 풀이

(a) $E=2\times10^6\,\text{V/m}$, $\Delta V=E\Delta d=2\times10^6\times2=4\times10^6\,\text{V}$, $q\Delta V=1.6\times10^{-19}\times\Delta V=4\times10^6 e\,V=4{,}000\,\text{keV}$

(b) $\Delta d=\Delta V/E=(40\times10^6)/(2\times10^6)=20.0\,\text{m}$

33 어떤 축 상에서 $-a$ 위치에 $-q$ 전하가, $+a$ 위치에 $+q$ 전하가 서로 떨어져 있다. (a) 이런 쌍극자의 같은 축 상의 거리 x 에서의 전위를 나타내는 식을 구하여라. (b) 만일 x가 a에 비하여 무척 멀리 떨어져 있다면 식은 어떻게 나타낼 수 있느냐?

■■ 풀이

(a) $V=kq/(z-a)+k(-q)/(x+a)=2kqa/(x^2-a^2)$

(b) $x\gg a$이면, $V=2kqa/x^2$.

34 수소원자 내에서 양성자로부터의 평균 거리가 $r=0.53\times10^{-10}$m인 곳에 위치하는 전자에 대해 (a) 작용하고 있는 Coulomb의 힘, (b) 전위 및 (c) 전기 퍼텐셜 에너지를 구하여라. $k=9.0\times10^9\text{Nm}^2/\text{C}^2$이고, 양성자는 전자와 크기가 같고 부호가 반대인 전하를 가짐을 유의할 것.

■■ 풀이

(a) $F=kQq/r=-9.0\times10^9\times(1.6\times10^{-19})^2/(0.53\times10^{-10})^2=-0.82\times10^{-7}\,\text{N}$

(b) $V=kQ/r=(9\times10^9\times1.6\times10^{-19})/(0.53\times10^{-10})=27.2\,\text{J/C}=27.2\,\text{V}$

(c) $PE=qV=-27.2\,\text{eV}$ 또는 $PE=-1.6\times10^{-19}\times27.2=-4.35\times10^{-18}\,\text{J}$.

35 전기용량이 50μF의 축전기가 10V로 대전되었다. 전지를 제거한 후 도체판 사이를 2.0mm에서 4.0mm로 증가시켰다. (a) 축전기에 쌓인 전하량은 얼마이며, (b) 처음에 축전기에 저장된 에너지의 양 및 (c) 도체판 사이의 간격이 증가된 후 변화된 에너지의 양을 계산하여라.

■■ 풀이

(a) $Q=CV=50\mu F\times 10V=500\mu C$.

(b) $E=0.5QV=0.5\times 500\mu C\times 10V=2500\mu J$, 혹은 $E=0.5CV^2=0.5Q^2/C=2500\mu J$.

(c) 도체판의 거리가 변하면 전위와 전기용량은 변하지만 전하량은 변하지 않는다.
$C=\epsilon A/d$의 관계에서 $C=50\mu F\times 2.0mm/4.0mm=25\mu F$
따라서 $E=0.5Q^2/C=0.5\times(500\mu C)^2/25\mu F=10{,}000\mu J$. 즉, 7,500$\mu$J 증가함.

36 전기용량이 각각 3μF와 6μF인 두 개의 축전기가 12V의 전지에 직렬로 연결되어 있다. (a) 각 축전기에 대전되는 전하의 양과 (b) 각 축전기에 걸린 전위차를 구하여라.

■■ 풀이

(a) $1/C=1/C_1+1/C_2=1/(3\mu F)+1/(6\mu F)=1/(2\mu F)$
따라서 $C=2\mu F$, $Q=CV=2\mu F\times 12V=24\mu C$.

(b) $V_1=Q/C_1=24\mu C/3\mu F=8V$, $V_2=Q/C_2=24\mu C/6\mu F=4V$

37 평행판 축전기의 아래판에서 위판까지 전위가 100V에서 500V로 증가한다.
(a) 아래판에서 위판으로 움직이는 -5×10^{-4}C 전하의 위치 에너지 변화량은 얼마인가?
(b) 이 과정에서 위치 에너지는 증가하는가 아니면 감소하는가?

■■ 풀이

(a) $\Delta U=q\Delta V=(-5\times10^{-4}C)\times(500V-100V)=-0.2J$

(b) 감소한다.

38 공기층으로 0.4mm 떨어져 있는 평행판 축전기가 240V 전위차에 의해 각 판에 0.02μC 전하로 충전되어 있다. 공기의 유전상수를 3.0kV/mm라고 가정할 때, (a) 이 축전기의 전기용량, (b) 판 하나의 면적, (c) 두 판 사이의 전위차를 구하여라.

■■ 풀이

(a) $C=\dfrac{q}{\Delta V}=\dfrac{0.020\times10^{-6}C}{240V}=83pF$

(b) $C=\dfrac{\epsilon_o A}{d}$, $A=\dfrac{dC}{\epsilon_o}=\dfrac{(0.40\times10^{-3}m)(8.33\times10^{-11}F)}{8.854\times10^{-12}C^2/Nm^2}=3.8\times10^{-3}m^2$

(c) $\Delta V=Ed=(3.0\times10^3V/mm)(0.40mm)=1.2kV$

39 트럭에 쓰이는 12V 전지에는 180A · h (ampere-hours)라고 쓰여 있다.

(a) 이 전지는 몇 Coulomb의 전하를 공급할 수 있는가?

(b) 이 전지가 공급하는 총 에너지는 얼마인가?

(c) 이 전지로 3.3A의 전류를 쓰는 라디오는 몇 시간을 가동할 수 있는가?

■■ 풀이

(a) $(180.0Ah)\left(\frac{3600s}{h}\right)=6.480\times10^5\,\mathrm{C}$

(b) 전지에 저장된 총 에너지는 전지가 할 수 있는 총 일의 양
$W=qV=(6.480\times10^5)(12.0\mathrm{V})=7.78\mathrm{MJ}$ 과 같다.

(c) 전류의 정의에 따라,
$\Delta t=\frac{\Delta q}{I}=\frac{6.480\times10^5C}{3.30A}\left(\frac{1h}{3600s}\right)=54.5h.$

19 전류와 직류회로

1 어떤 전구에 1A의 전류가 흐르고 있다.
(a) 1시간 동안에 전구를 지나가는 전하의 양은 얼마인가?
(b) 이 시간 동안에 전구를 지나가는 전자의 수는 얼마나 되는가?

■■ 풀이

(a) $I=\dfrac{dQ}{dt}$ 이므로 $\Delta Q=I\Delta t=\left(1\ \dfrac{C}{s}\right)\left(1\ \text{hr}\dfrac{60\ \text{min}}{1\ \text{hr}}\dfrac{60\ s}{1\ \text{min}}\right)=3.6\times10^{3}\,\text{C}$

(b) $e=1.602\times10^{-19}\,C$ 이므로 $n=\dfrac{\Delta Q}{e}=\dfrac{3.6\times10^{3}\,C}{1.602\times10^{-19}\,C}=2.25\times10^{22}$ 개

2 기전력 9.0V인 건전지가 72.0Ω의 저항과 연결되면 117mA의 전류를 흘린다. 건전지의 내부저항을 구하라.

■■ 풀이

$i=\dfrac{V}{R+r}$ 에서 $r=\dfrac{V}{i}-R=\dfrac{9}{117\times10^{-3}}-72=4.92\Omega$

3 연필심은 탄소로 구성되어 있다. 직경이 0.70mm이고 길이가 6.0cm인 연필심의 저항은 얼마인가?

■■ 풀이

탄소의 비저항은 $3500\times10^{-5}\Omega\cdot\text{m}$ 이므로

$$R=\rho\frac{L}{A}=3.5\times10^{-2}\times\frac{0.06}{(0.7\times10^{-3})^{2}\pi}=1.36\times10^{3}\Omega$$

4 구리선과 알루미늄선의 길이가 같고 저항도 같다고 하면 알루미늄선과 구리선의 직경비는 얼마일까?

■■ 풀이

$R=\rho\dfrac{L}{A}$ 에서 길이가 같고 저항이 같다면 $\dfrac{\rho}{A}$ 가 같다는 것이다.

$\dfrac{\rho_{Al}}{A_{Al}}=\dfrac{\rho_{Cu}}{A_{Cu}}$, $\dfrac{A_{Al}}{A_{Cu}}=\dfrac{\rho_{Al}}{\rho_{Cu}}=\dfrac{2.65}{1.67}$ 알루미늄의 직경은 구리의 $\sqrt{\dfrac{2.65}{1.67}}=1.26$ 배이다.

5 이온가속기에서 단위시간당 3.0×10^{13}개의 He-4 핵(전하량 $+2e$)이 타깃을 때린다. 이를 전류로 바꾸면 얼마에 해당하는가?

■■ 풀이

$i=3.0\times10^{13}\times2\times1.6\times10^{-19}=9.6\times10^{-6}\text{A}=9.6\mu\text{A}$

6 지름이 0.80mm이고 길이가 50cm인 니크롬선에 3V의 전위차가 걸리면 얼마의 전류가 흐르겠는가?

■■ 풀이

니크롬선의 비저항은 $150.0\times10^{-8}\,\Omega\cdot\text{m}$이므로 이 니크롬선의 저항은

$$R=\rho\frac{L}{A}=150\times10^{-8}\times\frac{0.5}{(0.4\times10^{-3})^2\pi}=1.49\Omega$$

이므로

$$i=\frac{V}{R}=\frac{3}{1.49}=2.01\text{A}$$

7 어떤 저항 양단 사이의 전위차가 9V일 때 1시간 동안에 1.0×10^4C의 전하가 저항을 지나갔다. 저항의 크기는 얼마인가?

■■ 풀이

저항의 크기를 R이라 하면, $I=\Delta V/R$이고, $I=\frac{dQ}{dt}$ 이므로 $\Delta Q=\frac{\Delta V}{R}\Delta t$ 이다. 따라서

$$R=\frac{\Delta V}{\Delta Q}\Delta t=\frac{9\text{V}}{1.0\times10^4\text{C}}(1\text{hr})\frac{3600\text{s}}{1\text{hr}}=3.24\,\Omega$$

8 전선에 0.500A의 전류가 흐른다.

(a) 10.0초 동안 이 전선을 흘러지나간 전하의 양을 구하여라.

(b) 얼마만큼의 전자들이 이 시간동안 통과하였을까?

■■ 풀이

(a) $0.5\times10=5\text{C}$

(b) $\frac{5}{1.6\times10^{-19}}=3.125\times10^{19}$개

9 컴퓨터 모니터의 전자빔 전류는 320μA이다. 단위시간당 몇 개의 전자들이 스크린에 부딪히는가?

■■ 풀이

단위 시간당 부딪히는 전하량은 320×10^{-6}C 이므로

$$\frac{3.2\times10^{-4}}{1.6\times10^{-19}}=2\times10^{15}\text{개}.$$

10 그림 19.29에 보인 30Ω 저항에 흐르는 전류의 방향과 크기를 구하라.

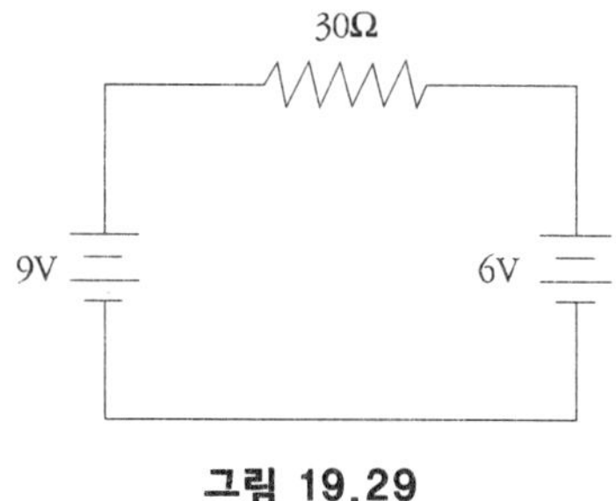

그림 19.29

■■ **풀이**

저항의 왼쪽에서 오른쪽으로 전류가 흐르며, 그 크기는 3/30 = 0.1 A이다.

11 어떤 저항의 크기가 20℃일 때 150Ω이고 30℃일 때 159Ω이라면 이 저항을 이루고 있는 물질의 비저항의 온도계수는 얼마인가?

■■ **풀이**

$R = R_0[1+\alpha(T-T_0)]$이므로

$$\alpha = \frac{R-R_0}{R_0}\frac{1}{T-T_0} = \frac{159\ \Omega - 150\ \Omega}{150\ \Omega}\frac{1}{30\ ℃ - 20\ ℃} = 6\times10^{-3}\ /℃$$

12 220V 전원에 연결되어 있는 어떤 전구의 전력소모가 22Ω일 때 (a) 전구를 통하여 흐르는 전류는 얼마인가? (b) 전구의 저항은 얼마인가?

■■ **풀이**

(a) $P = I\Delta V$이므로 $I = P/\Delta V = (22\ \mathrm{W})/(220\mathrm{V}) = 0.1\mathrm{A}$

(b) $R = \Delta V/I = (220\ \mathrm{V})/(0.1\ \mathrm{A}) = 2.2\mathrm{k\Omega}$

13 3개의 저항 2Ω, 4Ω, 8Ω이 (a) 직렬로 연결되어 있을 때의 등가저항은 얼마인가? (b) 병렬로 연결되어 있을 때의 등가저항은 얼마인가?

■■ **풀이**

(a) 저항의 직렬연결

$$R_{eq} = \sum_i R_i = R_1 + R_2 + \cdots = 2\ \Omega + 4\ \Omega + 8\ \Omega = 14\ \Omega$$

(b) 저항의 병렬연결:

$$\frac{1}{R_{eq}} = \sum_i \frac{1}{R_i} = \frac{1}{R_1} + \frac{1}{R_2} + \cdots = \frac{1}{2\ \Omega} + \frac{1}{4\ \Omega} + \frac{1}{8\ \Omega} = \frac{7}{8\ \Omega}$$

따라서

$$R_{eq} = 1.14\ \Omega$$

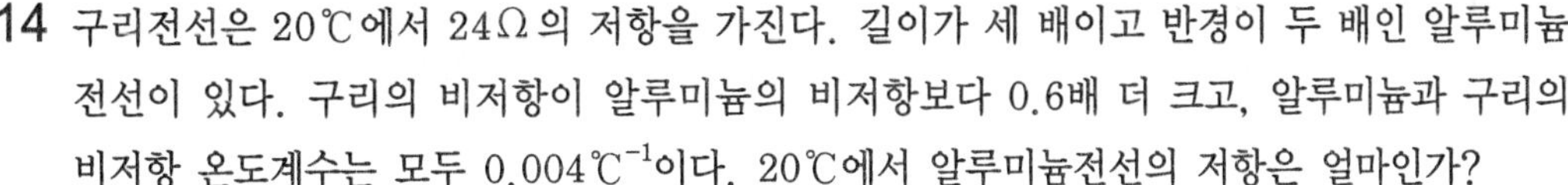

14 구리전선은 20℃에서 24Ω의 저항을 가진다. 길이가 세 배이고 반경이 두 배인 알루미늄 전선이 있다. 구리의 비저항이 알루미늄의 비저항보다 0.6배 더 크고, 알루미늄과 구리의 비저항 온도계수는 모두 $0.004℃^{-1}$이다. 20℃에서 알루미늄전선의 저항은 얼마인가?

■■ 풀이

구리의 저항 $R_{Cu} = \rho\dfrac{L}{A} = 24\Omega$이고 알루미늄의 저항은

$$R_{Al} = 0.6\rho\frac{3L}{4A} = 0.45R_{Cu} = 10.8\Omega$$

15 그림의 Ⓐ 부분에서 측정한 전류가 2A이라면 I_1과 I_2는 각각 얼마인가?

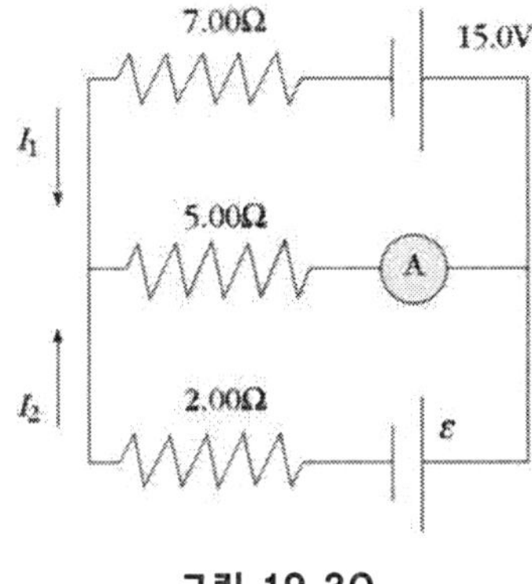

그림 19.30

■■ 풀이

키르히호프 법칙에 따라 $I_1 + I_2 = 2A$, $15 = -7I_1 + 10$에서 $I_1 = -\frac{5}{7}A$이므로 $I_2 = -\frac{9}{7}A$로 회로의 방향과 반대 방향으로 흐른다.

16 그림 19.31의 회로에서 각 저항에 흐르는 전류를 구하라.

$\varepsilon_1 = \varepsilon_2 = 6\,V$, $\varepsilon_3 = 12\,\text{V}$, $R_1 = 8\Omega$, $R_2 = 4\Omega$, $R_3 = 6\Omega$.

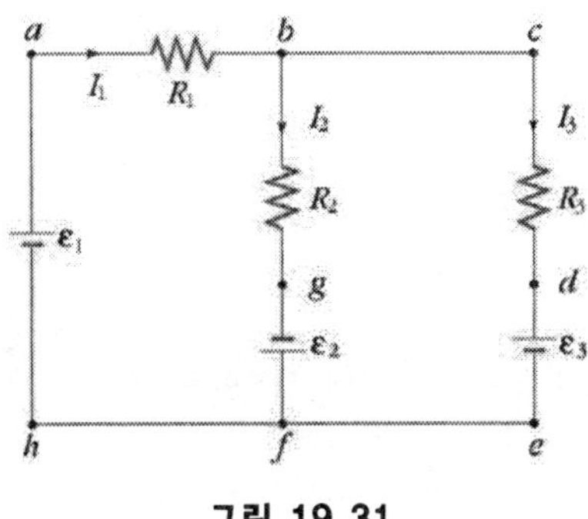

그림 19.31

■■ 풀이

이 회로에는 분기점이 b와 f 에 있다. 분기점 b에 키르히호프의 분기점법칙을 적용하면,

$$I_1 = I_2 + I_3 \tag{1}$$

이 회로에는 폐회로가 3개 있다.

$a-b-g-f-h-a$,

$a-b-c-d-e-f-h-a$,

$b-c-d-e-f-g-b$.

폐회로 $a-b-g-f-h-a$에 키르히호프의 폐회로법칙을 적용하면,

$$\epsilon_1 + (-I_1R_1) + (-I_2R_2) + \epsilon_2 = 0 \tag{2}$$

폐회로 $a-b-c-d-e-f-h-a$에 키르히호프의 폐회로법칙을 적용하면,

$$\epsilon_1 + (-I_1R_1) + (-I_3R_3) + (-\epsilon_3) = 0 \tag{3}$$

식 (1)을 식 (2)에 대입하면,

$$(R_1 + R_2)I_2 + R_1I_3 = \epsilon_1 + \epsilon_2 \tag{4}$$

식(1)을 식(3)에 대입하면,

$$R_1I_2 + (R_1 + R_3)I_3 = \epsilon_1 - \epsilon_3 \tag{5}$$

식(4)와 (5)를 I_2와 I_3에 대하여 풀면,

$$I_2 = \frac{(\epsilon_1 + \epsilon_2)(R_1 + R_3) - (\epsilon_1 - \epsilon_3)R_1}{(R_1 + R_2)(R_1 + R_3) - R_1^2} \tag{6}$$

$$= 2.08\ A$$

$$I_3 = \frac{(\epsilon_1 - \epsilon_3)(R_1 + R_2) - (\epsilon_1 + \epsilon_2)R_1}{(R_1 + R_2)(R_1 + R_3) - R_1^2} \tag{7}$$

$$= -0.23\ A$$

식(1)로 부터

$$I_1 = I_2 + I_3 = (2.08\ A) + (-0.23\ A) = 1.85\ A \tag{8}$$

17 그림 19.32의 회로에서 각 축전기에 저장되는 전하의 양을 구하라.

$\varepsilon = 6\text{V}$, $R_1 = 5\Omega$, $R_2 = 10\Omega$, $C_1 = 8\mu\text{F}$, $C_2 = 2\mu\text{F}$, $C_3 = 6\mu\text{F}$

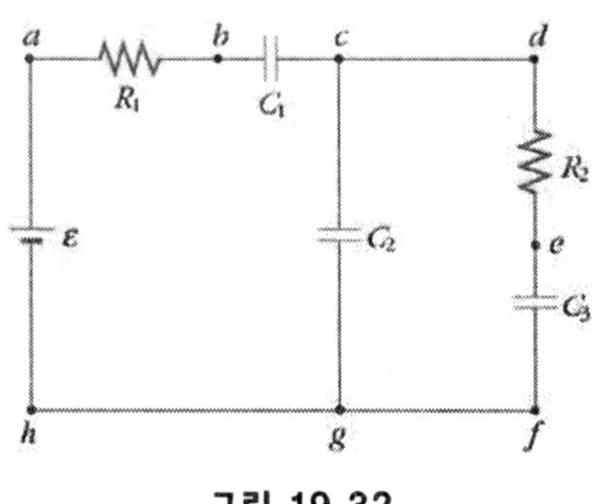

그림 19.32

■■ 풀이

먼저 축전기들이 삽입되어 있다는 사실에 주목하자. 회로가 정상상태에 이르면, 어떤 지선에도 전류가 흐르지 않는다. 따라서 회로 내의 모든 저항에서 일어나는 전압강하는 0이므로 저항들은 회로내에 없는 것과 마찬가지이다.

C_2와 C_3는 병렬연결되어 있으므로 등가전기용량 $C_{eq,23}$는 다음과 같다.

$$C_{eq,23} = C_2 + C_3 = 2\ \mu F + 6\ \mu F = 8\ \mu F$$

C_1과 $C_{eq,23}$는 직렬연결되어 있으므로,

$$C_{eq}^{-1} = C_1^{-1} + C_{eq,23}^{-1} = (8\ \mu F)^{-1} + (8\ \mu F)^{-1} = (4\ \mu F)^{-1}$$

따라서 $C_{eq} = 4\ \mu F$

회로에 저장되는 총전하는

$$Q = \epsilon C_{eq} = (6\ V)(4\ \mu F) = 24 \mu C$$

C_1과 $C_{eq,23}$는 직렬연결되어 있으므로,

$$Q_1 = Q_{23} = Q = 24 \mu C$$

C_2와 C_3는 병렬연결되어 있으므로 각 축전기 양단에서 일어나는 전압강하가 같다. 따라서

$Q_2 = C_2 V$, $Q_3 = C_3 V$이고 $V = Q_{23}/(C_2 + C_3)$ 이므로

$$Q_2 = Q_{23}\frac{C_2}{C_2 + C_3} = (24\ \mu C)\frac{2\ \mu C}{2\ \mu C + 6\ \mu C} = 6\ \mu C$$

$$Q_3 = Q_{23}\frac{C_3}{C_2 + C_3} = (24\ \mu C)\frac{6\ \mu C}{2\ \mu C + 6\ \mu C} = 18\ \mu C$$

18 그림 19.33에 보인 회로에서 a와 b점 사이의 등가저항을 구하여라. 수직방향으로 놓인 저항은 한쪽 단자가 개방(open) 상태라고 한다.

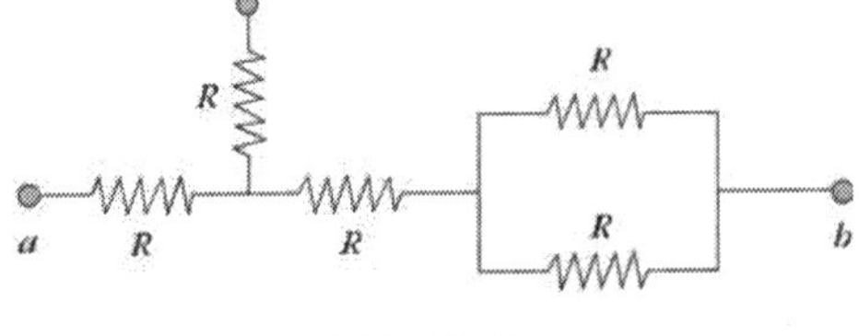

그림 19.33

■■ **풀이**

$$R + R + \frac{R}{2} = 2.5R$$

19 그림 19.34에 보이는 회로에서 (a) 20Ω 저항의 양단을 흐르는 전류와 (b) a와 b 사이의 전위차를 구하여라.

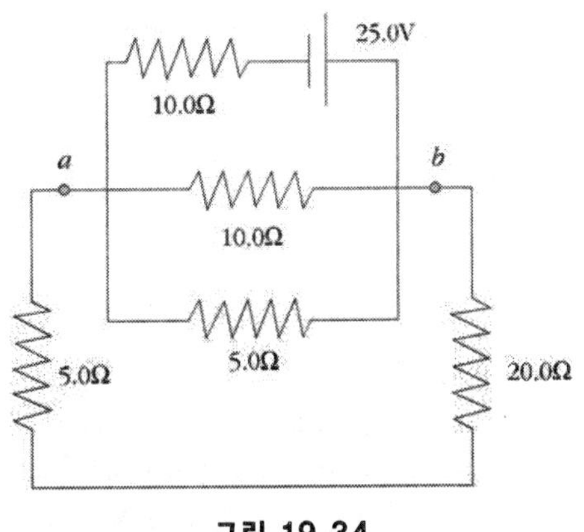

그림 19.34

■■ **풀이**

(a) 키르히호프 법칙을 이용하여 풀면 $\frac{5}{22}$A

(b) 10Ω 저항에 흐르는 전류가 $\frac{25}{44}$A이기 때문에

두 점 사이의 전위차는 $V = \frac{25}{22} \times 10 = \frac{75}{22}$V

20 그림 19.35에 보인 회로에서 a와 b 사이의 전위차를 구하여라.

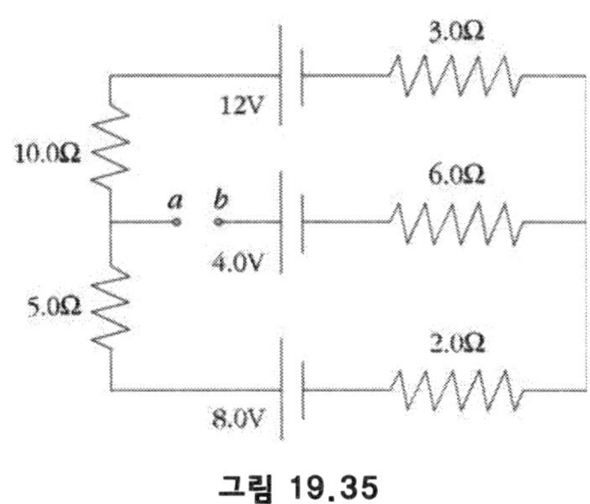

그림 19.35

■■ **풀이**

a와 b가 연결되지 않은 상태에서 회로에 흐르는 전류는 0.2A. 따라서 a와 b 사이의 전위차는

$$4+0.6-12+2=5.4\text{V}$$

이다.

21 새가 고압전선 위에 2.0cm 간격으로 양쪽 전선을 밟고 있다. 전선이 알루미늄으로 만들어졌고 직경이 2.0cm이며 150A의 전류를 흘린다. 새의 두 발 사이의 전위차를 구하여라.

■■ **풀이**

새의 두 발 사이의 저항은 $R=\rho\frac{L}{A}=2.65\times10^{-8}\times\frac{0.02}{0.01^2\pi}=1.69\times10^{-6}\,\Omega$이므로

두 발 사이의 전위차는 $V=iR=150\times1.69\times10^{-6}=2.54\times10^{-4}\,\text{V}$

22 사람의 심장에 50mA 정도의 전류만 흘러도 사망에 이를 수 있다. 전기수리공이 습도가 높은 날에 땀이 난 손으로 작업 중이다. 양손 간 저항이 1kΩ인 수리공이 양 손에 하나씩의 전선을 쥐고 있다고 하자.

(a) 이 전선 사이에 얼마의 전위차가 걸리면 전기수리공의 몸을 통해 50mA의 전류가 흐를까?

(b) 전기가 통하고 있는 회로 상에서 작업 중인 수리공은 자기의 한 손을 등 뒤로 보내고 일을 하는데 그 이유는 무엇일까?

■■ **풀이**

(a) $V=iR=50\times10^{-3}\times1000=50\,\text{V}$

(b) 양손이 모두 회로에 닿으면 전류가 가슴을 통하게 되어서 심장에 치명적이 된다. 한 손을 뒤로 함으로서 양 손이 모두 회로에 닿을 가능성을 줄이는 것이다.

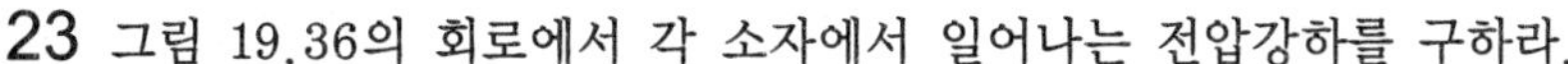
23 그림 19.36의 회로에서 각 소자에서 일어나는 전압강하를 구하라.

$\varepsilon_1 = \varepsilon_3 = 6\text{V}$, $\varepsilon_2 = 12\text{V}$, $R_1 = 2\Omega$,

$R_2 = 4\Omega$, $R_3 = 8\Omega$, $C = 4\mu\text{F}$

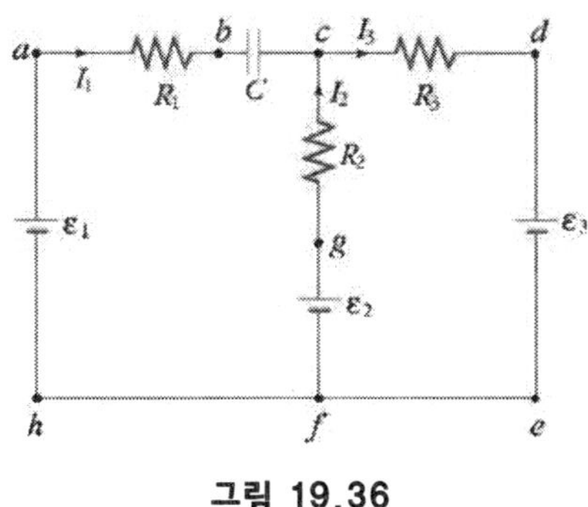

그림 19.36

■■ **풀이**

먼저 축전기 C가 삽입되어 있다는 사실에 주목하자. 회로가 정상상태에 이르면, 지선 $f-h-a-b-c$에는 전류가 흐르지 않는다.

따라서 $I_1 = 0$, $I_2 = I_3 = I$

폐회로 $c-d-e-f-g-c$에 키르히호프의 폐회로법칙을 적용하면,

$$IR_3 + \epsilon_3 + (-\epsilon_2) + IR_2 = 0$$

따라서

$$I = \frac{\epsilon_2 - \epsilon_3}{R_2 + R_3} = \frac{12\text{V} - 6\text{V}}{4\Omega + 8\Omega} = 0.5\text{A}$$

$$I_1 = 0,\ \ I_2 = I_3 = 0.5\text{A}$$

각 저항에서 일어나는 전압강하는 $V_i = I_i R_i$이므로

$$V_1 = I_1 R_1 = (0\text{A})(2\Omega) = 0\text{V},$$

$$V_2 = I_2 R_2 = (0.5\text{A})(4\Omega) = 2\text{V},$$

$$V_3 = I_3 R_3 = (0.5\text{A})(8\Omega) = 4\text{V}.$$

점 h 에 대한 b점의 전위 $V_b = \epsilon_1 - I_1 R_1 = \epsilon_1 = 6\text{V}$이고, 점 f 에 대한 c점의 전위

$$V_c = \epsilon_2 - I_2 R_2 = 12\text{V} - (0.5\text{A})(8\Omega) = 8\text{V}$$

따라서 축전기에서 일어나는 전압강하 V_C는 c점에 대한 b점의 전위

$$V_{bc} = V_b - V_c = (6\text{V}) - (8\text{V}) = -2\text{V}.$$

즉 b점에서 c점으로 가는 동안에 전압상승이 있다.

축전기에 저장되는 전하는 $Q = CV$이므로 $Q = CV = (4\mu\text{F})(2\text{V}) = 8\mu\text{C}$ 이고 c점 쪽에 +전하가 저장된다.

24 내부저항이 50Ω이고 측정 가능한 최대전류가 1mA인 검류계가 있다. 이 검류계를 이용하여 (a) 2A까지 측정할 수 있는 전류계를 만들어라. (b) 5V까지 측정할 수 있는 전압계를 만들어라.

■■ 풀이

검류계 양단에 가해질 수 있는 최대전압

$$V_{\max} = rI_{\max} = (50\,\Omega)(1\times10^{-3}\,\mathrm{A}) = 5\times10^{-2}\,\mathrm{V} = 50\,\mathrm{mV}$$

(a) $I = 5\,\mathrm{A}$

$$R_2 = \frac{r}{I/I_{\max} - 1} = \frac{(50\,\Omega)}{(2\,\mathrm{A})/(1\,\mathrm{mA}) - 1} = 0.025\,\Omega$$

(b) $R_2 = r\,(V/V_{\max} - 1) = (50\ \Omega)\,[(5\,\mathrm{V})/(50\,\mathrm{mV}) - 1] = 12.3\,\mathrm{k\Omega}$

25 그림과 같은 회로가 있을 때, $t=0$순간에 스위치 S를 닫는다. 이 때 전류계에 흐르는 초기 충전 전류는 얼마일까?

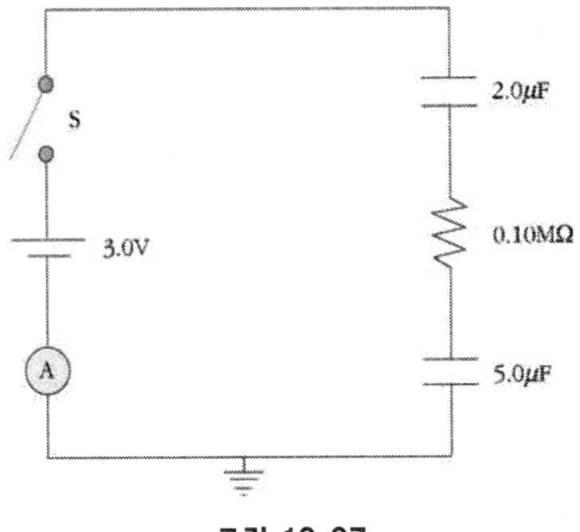

그림 19.37

■■ 풀이

등가정전용량이 $\frac{10}{7}\mu F$이므로,

$$Q_o = CV_o = \frac{30}{7}\times10^{-6}\,\mathrm{C}$$

$$\tau = RC = 0.1\times10^{6}\times\frac{10}{7}\times10^{-6} = \frac{1}{7}\,\mathrm{s}$$

이므로, 초기 충전전류는

$$\frac{Q_o}{\tau} = 3.0\times10^{-5}\,\mathrm{A}$$

26 최대 눈금이 10.0A인 전류계의 내부저항이 24Ω이다. 이 전류계를 이용하여 최대 12.0A의 전류를 측정하고자 한다. 실험조교가 저항을 이용하여 전류계를 보호하라고 한다.

(a) 얼마 크기의 저항을 어떻게 연결(병렬 혹은 직렬 연결)하여야 할까?

(b) 검류계로 읽은 눈금을 어떻게 변환하여야 하나.

■■ **풀이**

(a) $R_2 = \dfrac{r}{I/I_{\max} - 1} = \dfrac{24}{12/10 - 1} = 120\Omega$를 회로에 병렬로 연결해야 한다.

(b) 원래 눈금에 1.2배한 숫자로 읽으면 된다.

27 전위차 1.20V로 675C의 전하를 이동시키려면 이 건전지에 축적된 에너지는 얼마이어야 할까?

■■ **풀이**

$\Delta U = \Delta QV = 675 \times 1.20 = 810\,\text{J}$

28 12V로 동작하는 자동차의 시동모터용 건전지로 시동을 걸기 위해서는 1.20초 동안 219.0A의 전류를 소모한다.

(a) 건전지에서 얼마만큼의 전하가 나오는 것일까?

(b) 이 건전지가 공급하는 전기에너지는 얼마인가?

■■ **풀이**

(a) $i = \dfrac{\Delta Q}{\Delta t}$이므로, $\Delta Q = 219 \times 1.20 = 262.8\,\text{C}$

(b) $\Delta U = \Delta QV = 262.8 \times 12 = 3153.6\,\text{J}$

29 그림 19.38에 보인 회로 상의 각 저항에 걸리는 전력(power)을 구하여라.

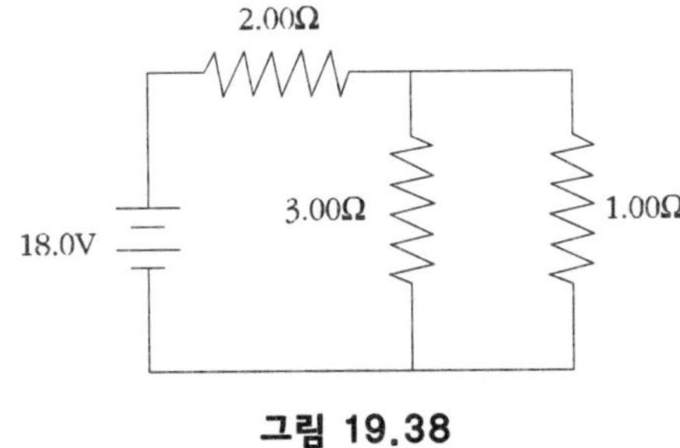

그림 19.38

■■ **풀이**

등가저항은 $2 + 3/4 = 2.75\Omega$이므로 전체에 흐르는 전류는 6.55A. 따라서 2Ω의 전위차는 13.1 V이고 3Ω와 1Ω 저항의 전위차는 4.9V이므로,

$$P_1 = \frac{V_1^2}{R_1} = \frac{4.9^2}{1} = 24.01\,\text{W}, \quad P_2 = \frac{13.1^2}{2} = 85.805\,\text{W}, \quad P_3 = \frac{4.9^2}{3} = 8.0\,\text{W}$$

30 동일한 크기의 두 기전력이 동일 크기의 두 저항과 그림 19.39와 같이 연결되어 있을 때 이 회로가 소모하는 전력의 크기를 ε와 R로 나타내어라.

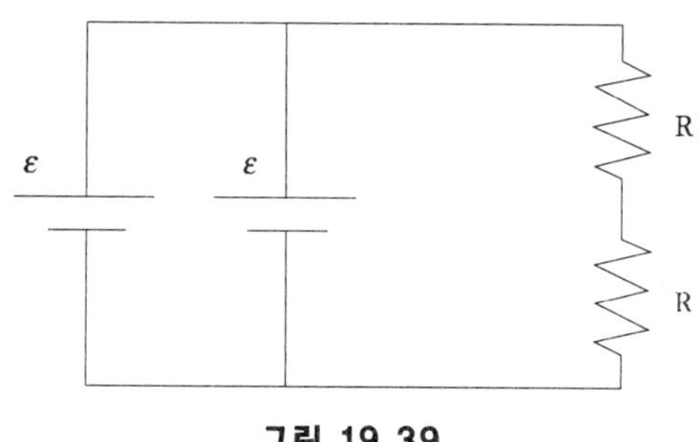

그림 19.39

■■ **풀이**

건전지가 병렬로 연결되어 있어서 전체 전원은 ε가 걸린다. 저항 2개가 직렬로 연결되어 있으므로 등기저항은 $2R$이므로 소모되는 전력은 $P=\frac{V^2}{R}=\frac{\varepsilon^2}{2R}$ W이다.

31 200V의 전압을 사용하는 가정에서 60.0W와 100.0W의 전구를 사용한다.

(a) 두 전구의 저항을 구하라.

(b) 두 전구가 직렬로 연결되어 있다면 어느 전구가 더 밝게 빛이 날까? 혹은 더 많은 전력을 소모하게 될까?

(c) 두 전구가 병렬로 연결되어 있다면 어느 전구가 더 밝을까?

■■ **풀이**

(a) $P=\frac{V^2}{R}$에서 $R_{60}=\frac{V^2}{P}=\frac{200^2}{60}=\frac{2000}{3}\Omega$, $R_{100}=\frac{200^2}{100}=400\Omega$

(b) 두 전구가 직렬인 경우 같은 양의 전류가 흐르기 때문에 저항이 큰 쪽이 전력소모가 더 크다. 따라서 60 W 전구가 더 전력소모가 크고 더 밝게 빛난다.

(c) 병렬인 경우는 전구 양단에 걸리는 전위차가 같기 때문에 저항이 작은 쪽 즉, 100 W 전구가 더 밝게 빛난다.

32 $R=72\Omega$과 직렬로 연결되어 있는 축전기가 최종값의 1/2까지 충전되는 데 2ms 걸린다면, 축전기의 전기용량 C는 얼마인가?

■■ **풀이**

$Q(t)=Q_f(1-e^{-t/\tau})$

$$Q(1\ ms)=0.5Q_f=Q_f[1-e^{-t/\tau}]$$

따라서 $e^{-t/\tau}=0.5$. 양변의 log를 취하면 $t/\tau=\ln 2=0.693$

$$\tau=t/\ln 2=(2\,\text{ms})/0.693=2.89\,\text{ms}$$

따라서 $C=\frac{\tau}{R}=\frac{2.89\,\text{ms}}{72\Omega}=40\mu\text{F}$

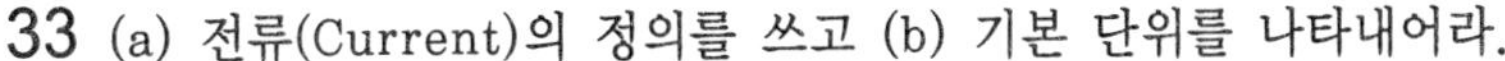

33 (a) 전류(Current)의 정의를 쓰고 (b) 기본 단위를 나타내어라.

■■ **풀이**

(a) $I = \Delta Q / \Delta t$, (b) ampere(A) = C/s

34 직경이 0.1cm이고 길이가 30cm인 도체의 저항이 30Ω이다.

(a) 같은 소재로 직경이 두 배가 되는 저항을 사용할 경우 같은 저항을 내기 위한 저항의 길이는 얼마가 돼야 하느냐?

(b) 이 저항에 120V의 전원을 연결할 경우 흐르는 전류(I)는 얼마이며,

(c) 이 저항에서 발생하는 열량은 매초 얼마가 되겠느냐?

(d) 발생열로 인해 온도가 올라갈 경우 발생열(전력)은 어찌되겠으며 그 이유는 무엇인가?

■■ **풀이**

(a) $R = \rho L / A$, $L = 30 \times 4 = 120\,\text{cm}$

(b) $I = 120/30 = 4\,\text{A}$

(c) $P = 120 \times 4 = 480\,\text{J/s} = 480\,\text{W}$.

(d) 온도의 증가는 저항의 증가를 가져오고 전류가 감소하며 따라서 $P = IV$는 감소한다.

35 지름이 2mm인 구리선이 있다. 200W의 전구를 켜기 위해서 6.56A의 일정한 전류가 흐르며 이때의 자유전하밀도 $n = 8.5 \times 10^{28}$이다.

(a) 이 도선 속을 흐르는 전류밀도 J 및 (b) 전하의 유동속도 v_d를 구하여라.

■■ **풀이**

(a) 도선의 단면적 $A = \pi \times (0.001\text{m})^2 = 3.14 \times 10^{-6}\text{m}^2$,

$J = I/A = 6.56A/(3.14 \times 10^{-6}\text{m}^2) = 2.09 \times 10^6\,\text{A/m}^2$

(b) 유동속도 $v_d = (2.09 \times 10^6\,\text{A/m}^2)/(8.5 \times 10^{28}\text{m}^{-3})/(1.6 \times 10^{-19}\text{C}) = 1.54 \times 10^{-4}\text{m/s}$.

36 전도체의 저항 변화를 측정하여 온도를 재는 백금 저항온도계는 20°C에서 50Ω의 저항을 갖는다. 이 저항온도계를 끓는 액체 속에 담갔을 때 저항이 66Ω으로 나타났다. 액체의 온도는 얼마일까? 단, 백금의 비저항 온도계수는 $a = 3.92 \times 10^{-3}/°\text{C}$이다.

■■ **풀이**

$R = R_o[1 + \alpha(T - T_o)]$에서

$T - T_o = (R - R_o)/\alpha/R_o = (66.0 - 50.0)/[3.92 \times 10^{-3} \times 50.0] = 81.6℃$ 이므로

$T = 20 + 81.6 = 101.6℃$.

37 전도체의 저항 변화를 측정하여 온도를 재는 백금 저항온도계는 20°C에서 50Ω의 저항을 갖는다. 이 저항온도계를 101.6°C에서 끓고 있는 액체 속에 담갔을 때 저항이 66Ω으로 나타났다. 백금의 비저항 온도계수(a)는 얼마라고 생각되는가?

■■ 풀이

$R=R_o[1+\alpha(T-T_o)]$,

$\alpha=(R-R_o)/(T-T_o)/R_o=(66.0-50.0)/[(101.6-20)\times 50.0]=3.92\times 10^{-3}/℃$

38 두 개의 건전지(4V, 5V)와 두 개의 저항(10Ω, 20Ω)이 있다. 가장 큰 전류가 흐르도록 회로를 구성하고 전류의 크기를 계산하여라.

■■ 풀이

$V=IR$, $1/R=1/10+1/20$, $R=6.667\Omega$, $V=4+5=9\text{V}$, $I=9/6.667=1.35\text{A}$

39 내부저항이 각각 0.2Ω과 0.4Ω이고 기전력이 5V, 8V인 두 개의 전지와 두 개의 저항, 10Ω과 20Ω이 있다. 가장 큰 전류가 흐르도록 회로를 구성하고 전류의 크기를 계산하여라.

■■ 풀이

$V=IR$, $1/R=1/10+1/20$, $R=6.667\Omega$, $V=5+8=13\text{V}$, $I=13/(6.667+0.6)=1.789\text{A}$.

40 전압계(Volt Meter)는 내부에 전류계와 함께 가변형의 큰 저항이 직렬로 연결되어 있다. 이 전류계에 최대 0.1A까지만 전류가 흐르도록 설계되어 있고 가변저항이 최대치가 5,000Ω이라면 이 전압계는 최대 몇 V의 전압을 잴 수 있겠는가?

■■ 풀이

$V=0.1\times 5{,}000=500\,V$

41 최대 전류 0.1A과 500Ω 저항으로 이루어진 전압계(A)와 최대 전류 0.01A과 5,000Ω 저항으로 이루어진 전압계(B) 두 가지가 있다.

(a) 이 두 개의 전압계가 잴 수 있는 최대 전압은 얼마인가?

(b) 두 전압계 중 어느 전압계의 정밀도가 높은지 이유를 들어 설명하라.

■■ 풀이

(a) 잴 수 있는 최대 전압은 A, B가 모두 같다. $V=0.1\times 500=0.01\times 5{,}000=50\text{V}$.

(b) 전압계로 흐르는 전류는 가능한 한 적게 만들어져야 한다. 따라서 B의 정확도가 높다.

42 전기용량이 100μF인 축전기와 5,000Ω의 저항이 직렬로 연결되어 있는 RC 회로에서 (a) 축전기의 전하량이 시간에 따라 감소하는 관계식을 유도하고, (b) 축전기의 전하량이 1/4로 떨어지는 시간을 계산하라.

■■ 풀이

(a) $q/C+RI=0$, $I=dq/dt$이므로 $R(dq/dt)=-q/C$, $dq/q=dt/(RC)$, $t=0$에서 Q_o로부터 $t=t$에서의 q까지 적분하면, $q=Q_o\exp(-t/(RC))$가 된다.

(b) $1/4=\exp(-t/(RC))$, $t=RC\times\ln 4=10\times 5\times\ln 4=50\times 1.39=69.5\text{sec}$.

43 전기회로와 관련하여 (a) Kirchhoff의 1법칙과 (b) 제2법칙을 가급적 그림을 그려 설명하고 (c) 용도에 대하여 논하라.

■■ **풀이**

(a) 제1법칙: 접합점 법칙. 회로의 한 접합점으로 들어오는 모든 전류의 합과 나가는 전류의 합은 같다.
(b) 제2법칙: 고리법칙. 임의의 폐회로에서 전위의 총 합은 0이다.
(c) 복잡한 전기회로에서 각 회로에 흐르는 전류의 양과 흐름의 방향 등을 알아낼 수 있다.

44 평행판 축전기의 위판이 0V의 전위를 가지고 아래판이 500V의 전위를 가진다고 가정하자. 두 평행판 사이의 거리는 2.5cm이다.
(a) 3×10^{-4}C 의 전하가 아래판에서 위판으로 이동할 때 위치 에너지의 변화는 얼마인가?
(b) 이 전하가 두 판 사이에 놓여 있을 때 전하에 작용하는 정전기력의 방향은?
(c) 판 사이의 전기장의 방향은?

■■ **풀이**

(a) $\Delta U = q\Delta V = (3\times10^{-4}\mathrm{C})\times(0\mathrm{V}-500\mathrm{V}) = -0.15\mathrm{J}$
(b) 힘은 위쪽 방향으로 작용한다. 그 크기는 $F=0.15/0.025=6\mathrm{N}$이다.
(c) 전기장의 방향은 위쪽이고 그 크기는 $E=\Delta V/d = 500\mathrm{V}/0.025\mathrm{m} = 20000\mathrm{V/m}$이다.

45 전위차 6V인 그림 19.40의 회로에서 (a) 병렬 연결된 두 저항(6Ω, 9Ω)의 등가저항은 얼마인가? (b) 회로에 흐르는 총 전류는 얼마인가? (c) 6Ω 저항을 통하여 흐르는 전류는 얼마인가? (d) 8Ω 저항에서 소모되는 전력은? (e) 8Ω 저항에 흐르는 전류는 6Ω 저항에 흐르는 전류보다 큰가, 작은가?

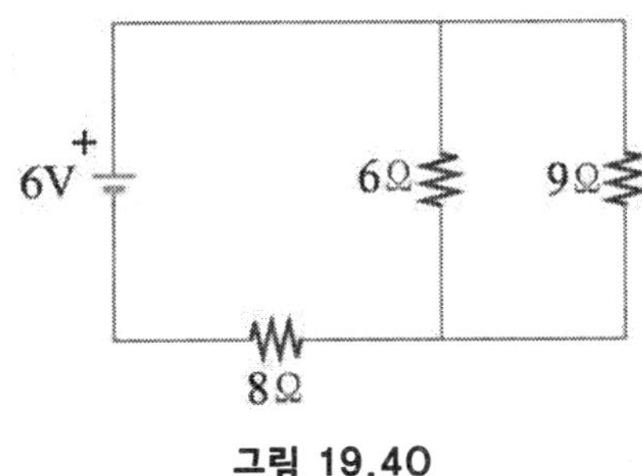

그림 19.40

■■ **풀이**

(a) $R_{eq} = \dfrac{1}{\dfrac{1}{R_1}+\dfrac{1}{R_2}}$, $R_{eq} = 1/(1/6+1/9) = (18/5)\Omega = 3.6\Omega$
(b) $R=8\Omega+3.6\Omega=11.6\Omega$, $I=V/R=6\mathrm{V}/11.6\Omega=0.517\mathrm{A}$
(c) 0.517A의 전류가 6Ω과 9Ω의 저항에 나누어 흐른다. 각 저항에 흐르는 전류는 저항의 크기에 역비례한다. 6Ω에 흐르는 전류는 $0.517\mathrm{A}\times3/5=0.31\mathrm{A}$가 된다.
(d) $W=I^2R=(0.517\mathrm{A})^2\times8\Omega=2.14\mathrm{W}$
(e) 8Ω에 흐르는 전류는 0.517A이고 6Ω에 흐르는 전류는 0.31A이므로 8Ω에 흐르는 전류가 더 크다.

46 두 개의 건전지 9V와 6V를 병렬로 연결하되 두 건전지의 양극 사이에 7Ω과 음극 사이에 5Ω의 저항을 각각 연결하였다. 두 건전지의 총 전압은 두 전압의 차가 될 것이다.

(a) 회로에 흐르는 전류는 얼마인가?

(b) 5Ω 양단에 걸리는 전압은 얼마인가?

(c) 9V 건전지에 의해 공급되는 전력은 얼마인가?

(d) 이 배열에서 6V 전지는 방전되는가 충전되는가?

■■ 풀이

(a) 회로에 흐르는 전류를 I라고 하자. 그러면 Kirchhoff의 법칙에 의하여 폐회로에서의 기전력과 전압강하량은 같다. $9V$ 건전지 바로 뒤에서 시작한다면, $+9V-7\Omega\times I-6V-5\Omega\times I=0$. 그러므로 $I=0.25A$

(b) 5Ω 양단에 걸리는 전압 $V=I\times R=0.25A\times 5\Omega=1.25V$

(c) $W=I\times V=0.25\mathrm{A}\times 9\mathrm{V}=2.25\mathrm{W}$

(d) 6V의 기전력 방향과 전류방향이 반대이므로 충전이 된다.

47 800W 토스터기, 1100W 다리미, 그리고 500W 음식 처리기가 휴즈의 용량이 15A인 115V 가정용 회로에 병렬로 연결되어있다.

(a) 이들 기기가 쓰는 전류는 각각 얼마인가?

(b) 이들 기기의 각 전원을 동시에 켰을 때, 무슨 문제가 발생할까?

(c) 다리미 가열소자의 저항은 얼마인가?

■■ 풀이

(a) $W=IV$, 토스터기: $6.96A$, 다리미: $9.57A$, 음식 처리기: $4.35A$

(b) 세 기구의 총 필요한 전류는 $20.28A$이어서 휴즈의 용량인 $15A$를 넘는다. 휴즈의 용량을 넘어서 휴즈가 끊어진다.

(c) $R=V/I=115V/9.57A=12\Omega$

48 각각 12Ω을 가진 세 개의 같은 저항이 서로 병렬로 연결되어 내부저항을 무시할 수 있는 12V의 전지와 연결되어 있다.

(a) 이 병렬연결의 등가저항은 얼마인가?

(b) 이 결합을 통하여 흐르는 총 전류는 얼마인가?

(c) 이 결합에서 각 저항을 통하여 흐르는 전류는 얼마인가?

■■ 풀이

(a) $R_{eq}=\dfrac{1}{\dfrac{1}{R_1}+\dfrac{1}{R_2}+\dfrac{1}{R_3}}$, $R_{eq}=1/(1/12+1/12+1/12)=4\Omega$.

(b) $I=V/R=12\mathrm{V}/4\Omega=3\mathrm{A}$

(c) 각 저항에 흐르는 전류를 합한 전류가 b에서 얻은 전류값이 된다. 각 저항은 같은 저항값을 가지므로 각 저항에서는 $1A$의 전류가 흐른다.

49 15Ω의 저항 양단에 3V의 전압이 걸려있다.

(a) 이 저항을 통하여 흐르는 전류는 얼마인가?

(b) 저항에서 소모되는 일률은 얼마인가?

■■ **풀이**

(a) $I = V/R = 3\text{V}/15\Omega = 0.2\text{A}$

(b) $W = IV = 3\text{V} \times 0.2\text{A} = 0.6\text{W}$

50 100W의 전구가 110V의 유효 AC 전압으로 작동한다.

(a) 전구를 통해 흐르는 유효전류는 얼마인가?

(b) 옴의 법칙에서 전구의 저항은 얼마인가?

■■ **풀이**

(a) $I = W/V = 100\text{W}/110\text{V} = 0.91\text{A}$

(b) $R = V/I = 110V/0.91A = 121\Omega$

51 토스터기는 110V AC 전원에 연결되어 6A의 전류를 사용한다.

(a) 이 토스터기에서 소비되는 전력은 얼마인가?

(b) 이 토스터기의 가열소자의 저항은 얼마인가?

■■ **풀이**

(a) $W = IV = 6A \times 110V = 660W$

(b) $R = V/I = 110\text{V}/6\text{A} = 18.3\Omega$

52 용량이 $100\mu F$인 축전기가 일시에 20J의 에너지를 쏟아낸다.

(a) 축전기는 초기에 얼마의 전위차로 충전되어야 하는가?

(b) 초기에 충전된 전하량은 얼마인가?

■■ **풀이**

(a) 축전기에 대해 C와 ΔV 그리고 U 사이의 관계를 이용하여 ΔV를 구한다.

$$\frac{1}{2}C(\Delta V)^2 = U,\quad \Delta V = \sqrt{\frac{2U}{C}} = \sqrt{\frac{2(20.0\text{J})}{100.0\times 10^{-6}\text{F}}} = 632\text{V}$$

(b) $Q = C(\Delta V) = (100.0\times 10^{-6}\text{F})(632\text{V}) = 63.2\text{mC}$

53 60W 및 100W두 개의 전구를 120V 전원에 연결하려 한다. (a) 60W 전구의 저항, (b) 100W 전구의 저항은 얼마인가? (c) 두 개의 전구를 전원에 직렬로 연결하면 어느 전구가 더 밝겠으며, (d) 병렬로 연결하면 어느 전구가 밝겠는가?

풀이

(a) $P=\frac{V^2}{R}$ 또는 $R=\frac{V^2}{P}$ 이므로 $R_{60}=\frac{(120\,V)^2}{60.0\,W}=240\,\Omega$

(b) $R_{100}=\frac{(120\,V)^2}{100.0\,W}=140\,\Omega$

(c) $P=I^2R$이고 전류 I는 각 전구에 똑같이(직렬 연결) 흐르기 때문에 저항이 큰 전구가 전력소모는 더 많게 된다. 따라서 불빛이 더 밝다. 그러므로 60.0W 전구가 더 밝다.($240\Omega > 140\Omega$)

(d) 전구가 병렬로 연결되면 각 전구에 걸리는 전압은 같게 되고, $P=\frac{V^2}{R}$이기 때문에 저항이 더 작은 전구가 전력소모가 가장 크게 된다. 따라서 100.0W 전구가 더 밝다. ($140\Omega < 240\Omega$)

20 자기장

1 그림 20.29와 같이 두 개의 자석이 각각 놓여 있을 때 자기력선을 그려보아라.

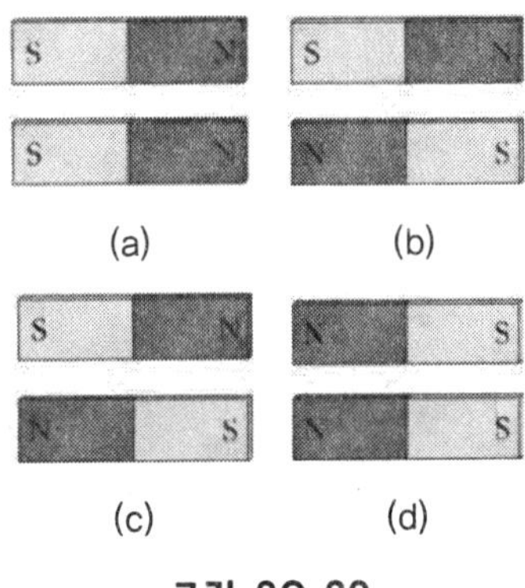

그림 20.29

2 그림 20.30에서처럼 대전된 입자가 자기장 속으로 들어갈 때 편향되는 초기 방향을 결정하라.

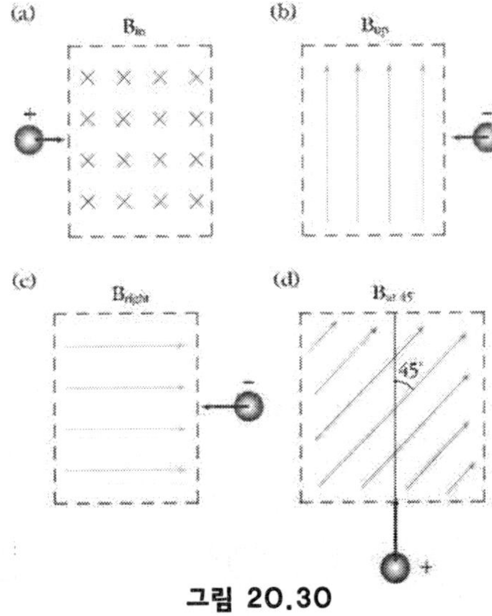

그림 20.30

■■ 풀이

(a) 위쪽으로
(b) 지면 밖으로
(c) 편향되지 않는다.
(d) 지면 속으로

3 한 양성자가 속도 1.00×10^7m/s로 균일한 자기장 B에 수직하게 운동하며, 속도가 $+z$ 방향을 향할 때 $+x$ 방향으로 2.00×10^{13}m/s^{2}의 가속도를 갖게 된다. 자기장의 크기와 방향을 결정하라.

■■ 풀이

$a=\frac{F}{m}=\frac{qvB}{m}$

$2.00\times10^{13}\ \text{m/s}^2=\frac{(1.6\times10^{-19})(1.00\times10^7)\text{B}}{1.67\times10^{-27}}$

$B=2.09\times10^{-2}\ T$
자기장은 $-y$축 방향

4 수평방향으로 0.50T의 자기장이 걸려 있을 때 2.0×10^7m/s의 속력으로 수직 위쪽방향으로 운동하는 전자에 미치는 자기력의 크기를 구하여라.

■■ 풀이

$F=qvB=1.6\times10^{-19}\times2.0\times10^7\times0.50=1.6\times10^{-12}\text{N}$

5 0.5T의 자기장이 동쪽으로 걸려있다. 전하량 $q=-8.0\times10^{-18}\text{C}$을 갖는 입자가 0.30cm/s의 속력으로 아래로 떨어질 때 이 입자에 작용하는 자기력의 크기와 휘어지는 방향을 결정하라.

■■ 풀이

$F=-8.0\times10^{-18}\times0.003\times0.5=1.2\times10^{-20}\text{N}$ 뒤쪽으로 힘을 받는다.

6 0.47T의 자기장 내에서 양성자가 5.0×10^7m/s
의 속력으로 움직이고 있다. 이 양성자에 미치는 자기력의 크기는 2.3×10^{-12}N이다.
(a) 자기장에 수직방향의 양성자 속도 성분을 구하여라.
(b) 자기장에 수평방향의 양성자 속도 성분을 구하여라.
(c) 속도와 자기장 사이의 각도를 구하여라.

■■ 풀이

(a) $F=qv_\perp B$에서 $v_\perp=\frac{F}{qB}=\frac{2.3\times10^{-12}}{1.6\times10^{-19}\times0.47}=3.06\times10^7\ \text{m/s}$

(b) $v_\parallel^2+v_\perp^2=v^2=(5\times10^7)^2$에서 $v_\parallel=3.95\times10^7\ \text{m/s}$

(c) $\tan\theta = \dfrac{v_{\perp}}{v_{\parallel}} = \dfrac{3.06}{3.95} = 0.775$에서 $\theta = \tan^{-1}0.775 = 37.78^{o}$

7 0.500g/cm의 단위 길이당의 질량을 가진 직선 도선에 2.00A의 전류가 남쪽 방향으로 흐른다. 이 도선을 수직하게 위로 들어 올리는 데 필요한 최소 자기장의 크기와 방향을 구하라(그림 20.31 참조).

그림 20.31

■■ 풀이

각도는 90°일 때 최소의 자기장
도선의 길이를 l 이라 하면

$$m = 0.5 \times l\,(\mathrm{g})$$

$$F = 0.5\,lg = IBl$$

$$B = 2.45 \times 10^{-1}\ \mathrm{T}$$

자기장은 동쪽 방향

8 그림 20.32에서와 같이 직사각형 회로가 N=100번의 횟수로 감겨있고 그 회로 각 변의 길이가 a=0.400m, b=0.300m이다. 이 회로는 y축을 축으로 회전할 수 있도록 y축에 부착되어 있고, 회로가 만드는 면과 x축과는 30°의 각도를 이룬다. 그림에 나타난 방향으로 I=1.20A의 전류가 흐를 때, x축 방향으로 향하는 B=0.800T의 균일한 자기장에 의해 회로에 작용하는 돌림힘의 크기는 얼마나 되는가?

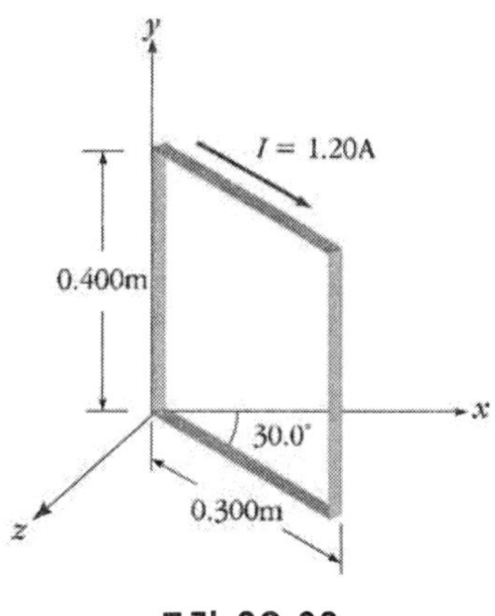

그림 20.32

■■ 풀이

$A = (0.4 \times 0.3) = 0.12$

$\tau = NIAB\sin\theta = 100 \times 1.20 \times 0.12 \times 0.8 \times \sin 60° = 9.98\ \mathrm{N \cdot m}$

토오크의 방향은 그림과 같다.

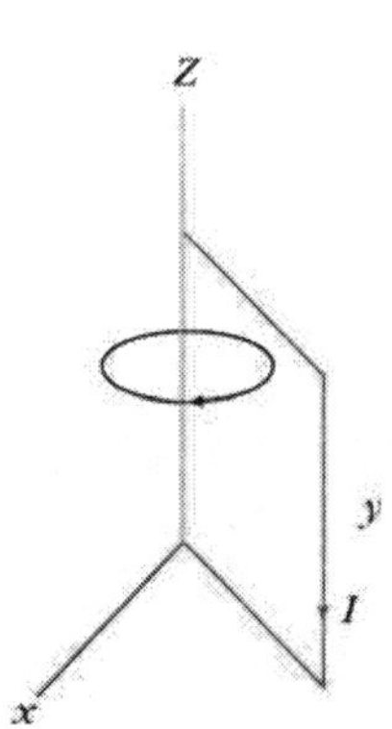

9 1913년 제시된 보어의 수소원자 모형에 따르면, 전자는 양성자 주위에서 5.29×10^{-11}m의 반경을 2.19×10^{6}m/s의 속도로 돌고 있다. 양성자가 위치한 지점에서 이러한 원운동이 만드는 자기장의 세기를 구하라.

■■ 풀이

전자의 회전에 의한 전류는 $I=\dfrac{e}{T}=\dfrac{e}{\left(\dfrac{2\pi R}{v}\right)}=\dfrac{1.6\times10^{-19}\times2.19\times10^{6}}{2\pi\times5.29\times10^{-11}}$

본 교재 식 (20.19)에 의해 $B=\dfrac{\mu_0 I}{2R}=\dfrac{4\pi\times10^{-7}\times I}{2\times5.29\times10^{-11}}=12.5\text{T}$

10 그림 20.33에서와 같이 긴 직선 도선에 전류 $I_1=5.00\,\text{A}$가 흐르고, 그 도선은 $I_2=10.0\text{A}$의 전류가 흐르는 직사각형 도선과 같은 평면상에 있다. 크기는 $c=0.100\,\text{m}$, $a=0.150\,\text{m}$, 그리고 $\ell=0.450\,\text{m}$이다. 직선 도선에 의해 직사각형 도선에 가해지는 알짜 힘의 크기를 구하라.

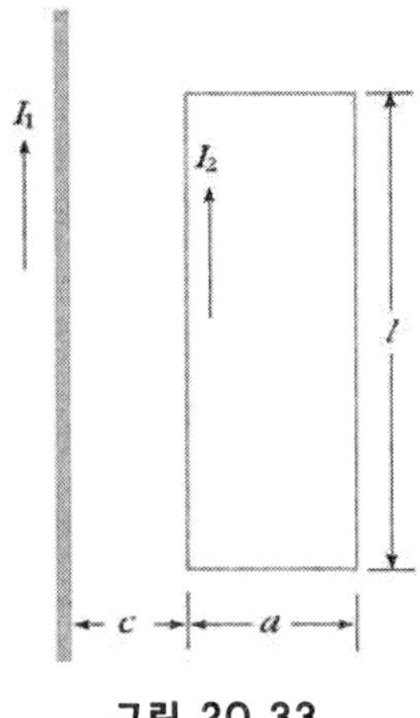

그림 20.33

■■ 풀이

긴 직선 도선과 수직인 직사각형의 두 변에는 자기력이 작용하지 않음.
길이 l 인 두 직선 도선에 작용하는 자기력은 서로 반대방향이다.

$$B_1=2\times10^{-7}\frac{5}{0.1}\quad B_2=2\times10^{-7}\frac{5}{0.25}$$

$F=IB_1l-IB_2l=2.7\times10^{-5}\,\text{N}$(힘의 방향은 서로 당기는 방향)

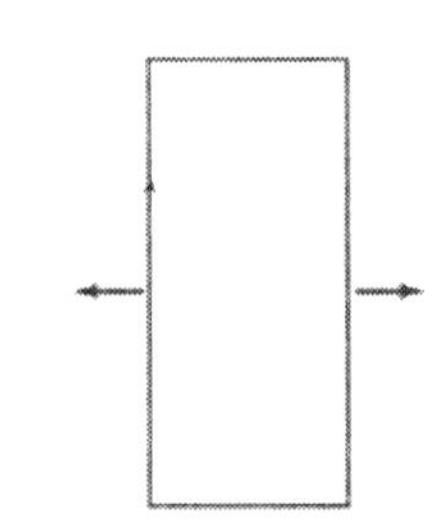

11 길이가 긴 4개의 평행한 도선에 동일한 전류 $I = 5.00\,A$가 흐른다. 그림 20.34는 도선의 끝부분을 나타낸 것이다. A와 B에서의 전류의 방향은 지면 속으로 들어가고(X로 표시됨), C와 D는 지면에서 나오는 방향으로 흐른다(점으로 표시됨). 한 변의 길이가 0.200m인 정사각형의 중심에 위치한 P점에서의 자기장의 크기와 방향을 구하라.

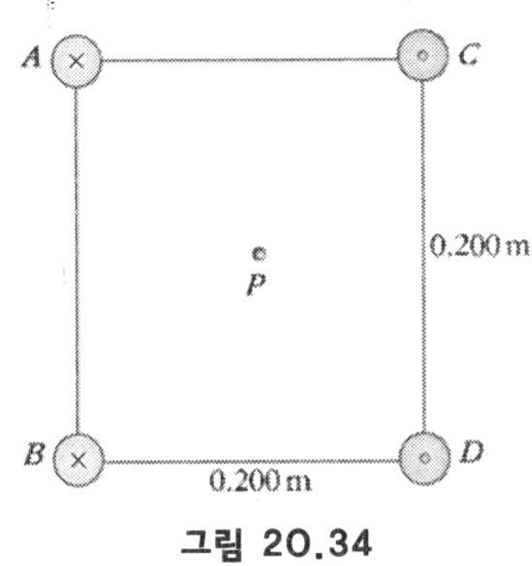

그림 20.34

■■ 풀이

대각선의 길이는 $0.2\times\sqrt{2}$ 경로의 반지름은

$$r = 0.2\times\frac{\sqrt{2}}{2}\ \mathrm{m}$$

$$B = 2\times10^{-7}\frac{5}{r} = 7.07\times10^{-6}\ T \text{ 이므로}$$

i) x축 성분 : 각각 45°각도로 작용하므로 A, B, C, D 도선에 의해 $-5\times10^{-6}\,T$, $+5\times10^{-6}\,T$, $+5\times10^{-6}\,T$, $-5\times10^{-6}\,T$ 따라서 x축 방향 자기장 성분은 영이다.

ii) y축 성분 : 역시 45°각도로 작용하므로 A, B, C, D 도선에 의해 각각 $-5\times10^{-6}\,T$, $-5\times10^{-6}\,T$, $-5\times10^{-6}\,T$, $-5\times10^{-6}\,T$

따라서 y축 방향 자기장 성분은 $-20.0\times10^{-6}\,T$ 이다. ($-y$축 방향)

12 곧고 긴 절연선 100개의 묶음이 반경 R=0.5cm의 원통을 이루고 있다.

(a) 만약 이 각각의 전선에 2.00A의 전류가 흐른다면 묶음의 중심에서 0.20cm 떨어진 도선에 작용하는 단위 길이당의 자기력의 크기와 방향은 어떻게 되는가?

(b) 묶음의 바깥 가장자리에 있는 도선은 (a)에서 계산된 것보다 더 큰 힘을 느끼겠는가? 아니면 더 작은 힘을 느끼겠는가?

■■ 풀이

우선 중심 축 상에서 0.2 cm 지점에서의 자기장은 암페어의 법칙으로부터 구한다.

$$2\pi\ (0.002)\ B = 4\pi\times10^{-7}\times2\times100\times\frac{\pi0.002^2}{\pi0.005^2}$$

$$B = 32.0\times10^{-4}\ T$$

(a) 이 자기장에 의한 자기력은 $F/l = BI = 6.4\times10^{-3}$ N/m (방향은 중심쪽으로)

(b) 표면에서는 자기장의 세기가 더 커지므로 더 큰 힘을 느낀다.

13 솔레노이드 중심에서 1.00×10^{-4}T의 자기장을 만들기 위해서 길이 0.40m에 걸쳐 균일하게 1,000번 감은 긴 솔레노이드에 얼마의 전류를 흘려야 하는가?

■■ 풀이

본 교재 10절의 식 (22)에 의하면 $B=\mu_0 nI$ 이므로

$$1.00\times10^{-4} = 4\pi\times10^{-7}\times\frac{1,000}{0.4}\times I$$

$$\therefore I = 3.18\times10^{-2}\ \text{A}$$

14 1913년 제시된 보어의 수소원자 모형에 따르면, 전자의 회전반경이 5.29×10^{-11}m이고 속도는 2.19×10^{6}m/s이다.

(a) 전자의 원운동에 의한 자기모우먼트의 크기는 얼마인가?

(b) 만약 그 전자의 궤도가 수평한 원 위에서 반시계 방향이라면 이 자기모우먼트는 어느 방향을 향하는가?

■■ 풀이

본 교재 20.10절의 식 (20.24)에 의하면 $\mu = 9.27\times10^{-24}$ A · m^2

방향은 아래 그림과 같다.

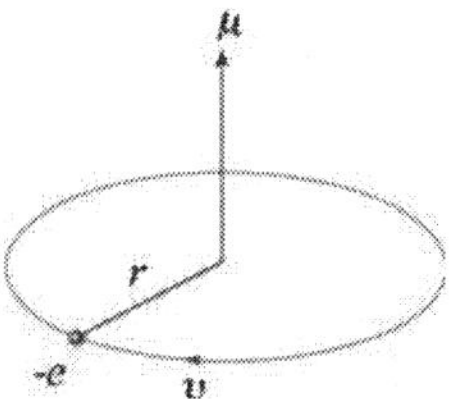

15 사이클로트론의 자기장 크기가 0.5T이다. 이 자기장에 수직방향으로 1.0×10^{7} m/s로 움직이는 양성자에 미치는 자기력의 크기를 구하여라.

■■ 풀이

$F = qvB = 1.6\times10^{-19}\times1.0\times10^{7}\times0.5 = 8.0\times10^{-13}$N

16 사이클로트론의 자기장이 0.5T일 때 양성자의 속도가 1.0×10^{7}m/s가 되기 위한 사이클로트론의 회전반경을 구하여라.

■■ 풀이

$$R = \frac{mv}{qB} = \frac{1.67\times10^{-27}\times1.0\times10^{7}}{1.6\times10^{-19}\times0.5} = 20.875\text{cm}$$

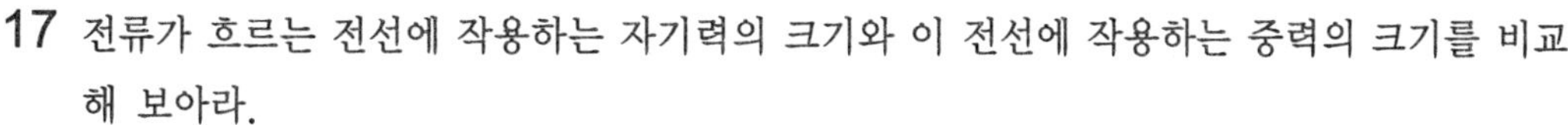

17 전류가 흐르는 전선에 작용하는 자기력의 크기와 이 전선에 작용하는 중력의 크기를 비교해 보아라.

■■ 풀이

전선이 자기장 B내에 놓여 있고 전선의 선밀도 $\rho = m/l$이라면, 중력은 $mg = l\rho g$이며, 자기력은 IlB이므로 그 비는 $\frac{IlB}{l\rho g} = \frac{IB}{\rho g}$이다.

18 양성자가 지구자기장 속을 $1.0 \times 10^5 \mathrm{m/s}$의 속력으로 움직인다. 지구자기장이 균일하지는 않지만 $55.0\mu\mathrm{T}$인 지역에서 양성자가 동쪽으로 움직일 때 자기장은 수직 위쪽방향으로, 그리고 북쪽으로 움직일 때에는 자기장의 영향이 없다고 한다면 (a) 자기장의 방향과 (b) 양성자가 동쪽으로 움직일 때 자기장의 크기와 (c) 양성자의 중력을 계산하여 이 자기력과 비교해 보아라.

■■ 풀이

(a) 북쪽방향

(b) $F = qvB = 1.6 \times 10^{-19} \times 1.0 \times 10^5 \times 55 \times 10^{-6} = 8.8 \times 10^{-19}\mathrm{N}$

(c) 양성자의 중력 $mg = 1.67 \times 10^{-27} \times 9.8 = 1.64 \times 10^{-26}\mathrm{N}$ 이므로 자기력이 5.4×10^7배 크다.

19 그림 20.35와 같이 영구자석 두 개가 막대에 끼워져 있다. 자석 B는 바닥에 놓여있고 자석 A는 공중에 떠 있다.

(a) 이런 일이 일어나는 이유를 설명해 보아라.

(b) 기둥이 하는 역할은 무엇인가?

(c) 자석의 극에 대해 설명해 보아라.

(d) 자석 A의 위아래를 바꾼다면 어떤 일이 일어날지 설명해 보아라.

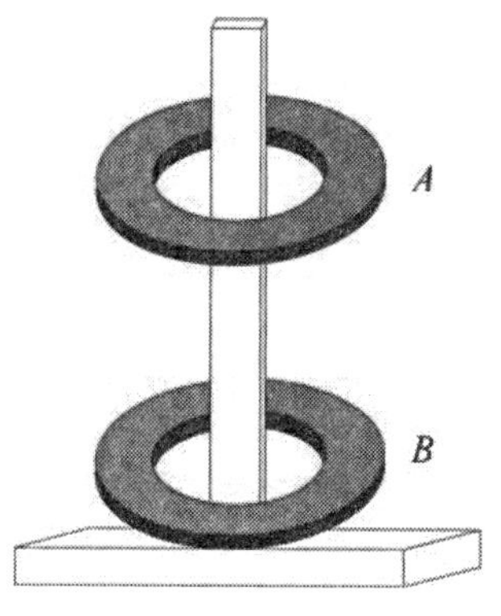

그림 20.35

■■ 풀이

(a) 서로 같은 극이 마주보고 있어서 척력이 작용하는 것이다. 그러나 수직으로 균형이 맞지 않아서 옆으로 약간 기우뚱하게 된다.

(b) 기둥은 자석이 균형을 잡지 못하고 옆으로 밀려 나가는 것을 막아준다.

(c) A의 위와 B의 아래가 같은 극이다.

(d) B가 A에 붙는다.

20 지구자기장의 적도 위 1,000km에서 양성자가 원운동을 하려면 얼마의 속력을 가져야 하겠는가? 단, 지구자기장은 북쪽방향이며 그 크기는 4.00×10^{-8} T이라 한다.

■■ 풀이

$$v = \frac{qBR}{m} = \frac{1.6 \times 10^{-19} \times 4 \times 10^{-8} \times (6.38 \times 10^6 + 1 \times 10^6)}{1.67 \times 10^{-27}} = 2.83 \times 10^7 \mathrm{m/s}$$

21 도체에 전류 $I=15\,A$가 양의 x축 방향으로 흐르고 단위길이당 0.12 N의 자기력이 $-y$축 방향으로 미친다고 하자. 전류가 지나가는 부분에서의 자기장의 방향과 크기를 구하여라.

■■ **풀이**

+z 방향으로 $B=\frac{F}{Il}=\frac{F/l}{I}=\frac{0.12}{15}=8\times10^{-3}T$

22 그림 20.36과 같이 두 전선에 전류가 흐르고 있을 때 1, 2 그리고 3의 위치에서 자기장의 크기와 방향을 각각 구하여라.

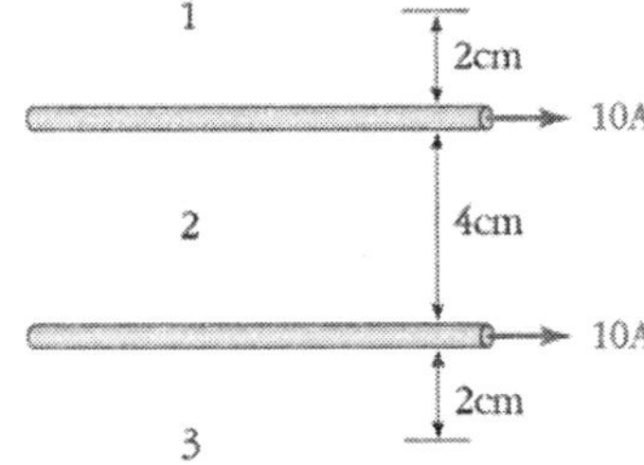

그림 20.36

■■ **풀이**

$B=\frac{\mu_o}{2\pi}\frac{I}{r}$이므로, 1의 위치에서는

$\frac{\mu_o}{2\pi}\left(\frac{10}{0.02}+\frac{10}{0.06}\right)=1.33\times10^{-2}T$로 지면에서 나오는 방향이며,
2의 위치에서는 두 전선이 만드는 자기장이 크기는 같고 방향이 반대여서 상쇄되어 0이 된다. 한편, 3의 위치에서는 1의 위치와 크기는 같으나 방향은 지면으로 들어가는 방향이다.

23 극광(aurora)은 5×10^{-5} T의 지구자기장 내에서 전자와 양성자가 움직이다가 대기 중의 분자들과 충돌하여 불꽃방전을 일으키는 현상을 말한다. 다음 각 경우의 사이클로트론 궤도반경을 구하여라.

(a) 전자의 속력이 1.0×10^6 m/s일 때

(b) 양성자의 속력이 5.0×10^4 m/s일 때.

■■ **풀이**

(a) $R=\frac{mv}{qB}=\frac{9.1\times10^{-31}\times1.0\times10^6}{1.6\times10^{-19}\times5\times10^{-5}}=0.114\text{m}$ (b) $R=\frac{mv}{qB}=\frac{1.67\times10^{-27}\times5.0\times10^4}{1.6\times10^{-19}\times5\times10^{-5}}=10.44\text{m}$

24 그림 20.37과 같이 2.0g의 전선이 떠오르게 하려면 얼마 크기의 자기장이 어느 방향으로 작용하여야 할 것인가?

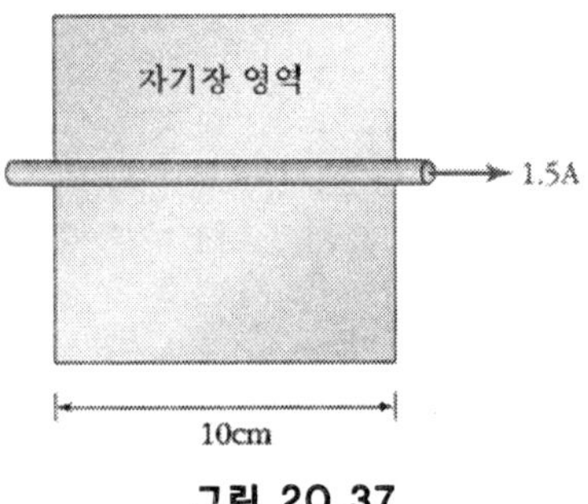

그림 20.37

■■ **풀이**

전선의 무게는 $mg=0.02\times9.8=0.196\text{N}$이므로 자기력이 이 힘 만큼 주어지면 된다. 따라서 자기장은 지면을 뚫고 들어가는 방향으로 $B=\frac{F}{Il}=\frac{0.196}{1.5\times0.1}=1.31T$만큼의 자기장이 가해져야 한다.

25 자기 쌍극자로부터 10cm 축 상으로 떨어진 지점에서의 자기장 세기는 1.0×10^{-5} T이다. 이 쌍극자의 크기는 얼마일까?

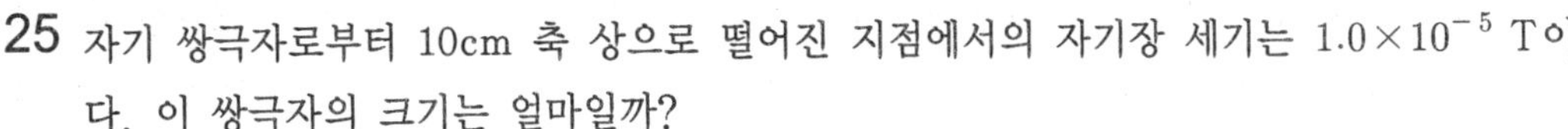

■■ **풀이**

$B=\frac{\mu_o}{4\pi}\frac{2\mu}{x^3}$에서 $\mu=\frac{4\pi x^3 B}{2\mu_o}=\frac{4\pi\times0.1^3\times1.0\times10^{-5}}{2\times4\pi\times10^{-7}}=5\times10^{-2}\text{A}\cdot\text{m}^2$

26 500N/C의 전기장과 0.150T의 자기장이 존재하는 지역으로 전자가 등속도로 들어간다.

(a) 전기장과 자기장 사이의 각도를 구하여라.

(b) 전자의 최소속도는 얼마인가?

(c) 동일한 최소속도로 움직이는 양성자가 이 지역에 들어가도 등속도로 움직일 수 있을까?

■■ **풀이**

전기력과 자기력이 같아서 균형을 이루면 물체에 작용하는 힘의 합이 0이 되어 등속도 운동을 한다.

(a) $qE=qvB$에서 $v=E/B=100/0.15=\frac{2000}{3}$ m/s

(b) 양성자가 들어가더라도 전자와 같다.

27 그림 20.38과 같이 전하량이 q이고 질량이 m인 입자가 전기장과 α의 각도를 이루고 v의 속도로 이동한다. 이 입자의 운동궤적은 그 중심축을 B의 방향으로 둔 나선운동(helix)이다.

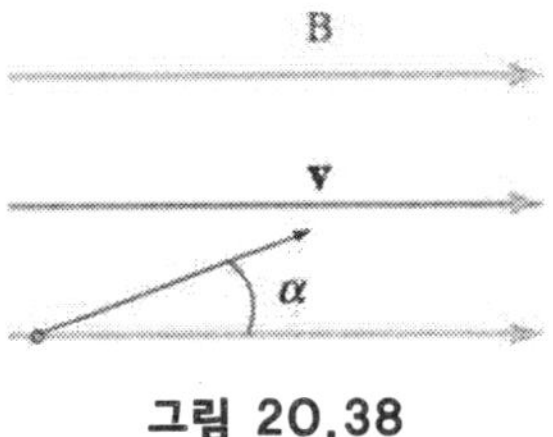

그림 20.38

(a) 이 나선운동의 반경 r은

$$r=\frac{mv\sin\alpha}{|q|B}$$

임을 보여라.

(b) 입자가 한 회전하는데 걸리는 시간은

$$t=\frac{2\pi m}{|q|B}$$

임을 보여라.

(c) 나선의 피치인 각 회전 사이의 간격은

$$d=\frac{2\pi mv\cos\alpha}{|q|B}$$

임을 보여라.

(d) 전하의 부호가 이 나선운동에 어떤 영향을 미치는가? 우주공간에서 대전입자(전자, 이온, 그리고 우주선 등)가 자기장과 만나게 되면 이런 나선운동을 하게 되는데 이 입자들이 지구의 대기와 충돌하면서 만드는 것이 극광(aurora)이다.

■■ 풀이

(a) 자기장내에 입사한 전하의 궤적에서 곡률반경은 $r=\frac{mv}{qB}$이다. 이때 전하의 속도가 자기장과 α의 각을 이루면, 속도성분은 $vsin\alpha$가 되어, $r=\frac{mvsin\alpha}{qB}$가 된다.

(b) 곡률반경 r로 1회전하면 원주의 길이는 $2\pi r$이고 회전하는 속도는 $vsin\alpha$이므로 한 회전에 걸리는 시간은 $t=\frac{l}{v}=\frac{2\pi r}{vsin\alpha}=\frac{2\pi m}{qB}$

(c) 수평방향으로 진행한 거리는 한 회전에 (b)의 t 시간이 걸리고 결국 이 시간 동안 진행한 거리이므로 $d=vtcos\alpha=\frac{2\pi mvcos\alpha}{qB}$

(d) 전하의 부호는 나선운동의 방향에 영향을 미친다. 즉, 양전하를 가진 입자가 시계방향으로 나선운동을 한다면 음전하를 가진 입자는 시계 반대방향으로 나선운동을 할 것이다.

28 반경이 5.0cm인 원형 루프에 1.50A의 전류가 흐른다. 이 루프가 그림 20.39와 같이 0.60T의 자기장 속에 놓여있다.

(a) 이 루프의 자기쌍극자모우먼트는 얼마인가?

(b) 이 루프에 작용하는 회전력(torque)의 크기를 구하라.

(c) 이 루프가 회전하는 회전축을 그림 상에 표시해 보아라.

(d) 이 루프의 퍼텐셜에너지는 얼마인가?

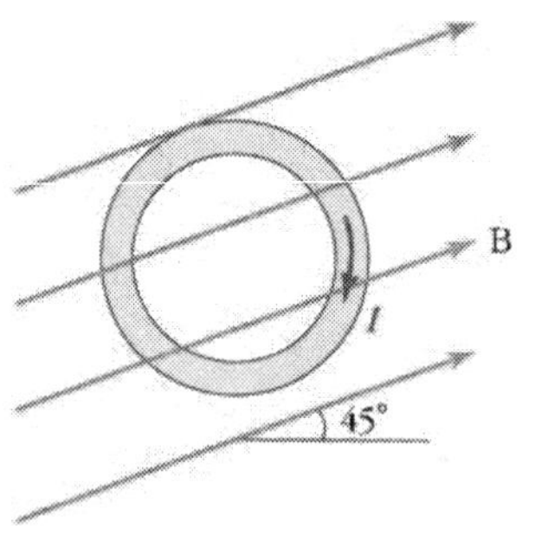

그림 20.39

■■ 풀이

(a) 자기쌍극자모우먼트 $\mu=\pi\times0.05^2\times1.5=0.0118\text{A}\cdot\text{m}^2$

(b) $\tau=\mu B\sin\theta=0.0118\times0.60\times\sin45°=0.005\text{N}\cdot\text{m}$

(c) 그림의 루프 왼쪽 위 45° 방향에서 오른쪽 아래 45° 방향을 향하는 직선을 축으로 한다.

(d) 퍼텐셜에너지 $U=-\boldsymbol{\mu}\cdot\boldsymbol{B}=\mu B\cos45°=0.0118\times0.60\times\cos45°=0.005\text{J}$

29 두 개의 도체 막대가 그림 20.40과 같이 2.0cm 떨어져 놓여 있고 그기에 지면 바깥 방향으로 1.2T의 자기장이 걸려있다.

0.040kg의 원통형 금속막대를 도체 막대 위에 올려두고 두 도체 막대에 전원을 연결해 주면 이 도체 막대에 3.0A의 전류가 흐른다. 이 경우 금속막대에 작용하는 자기력의 크기와 방향을 구하여라.

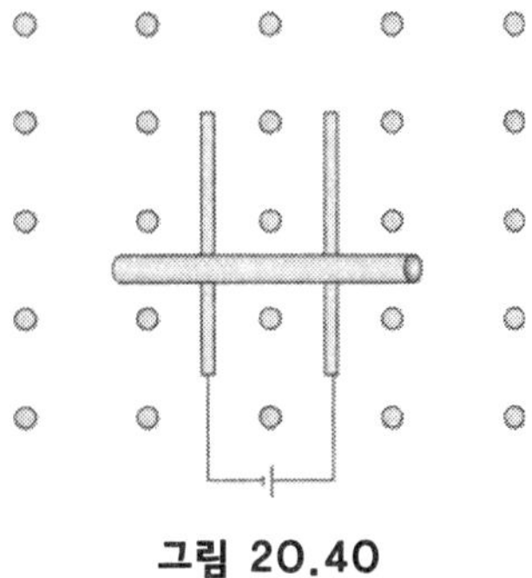

그림 20.40

■■ **풀이**

$F = BIl = 1.2 \times 3 \times 0.02 = 7.2 \times 10^{-2}\,\text{N}$

30 그림 20.41과 같이 내경이 a이고 외경이 b인 무한히 긴 원통에 균일한 전류 I가 흐른다.

(a) 그림 (b)에 자기력선을 그려 보아라. 전류는 지면 바깥 방향으로 향한다고 하고 모든 지역($r \leq a$, $a \leq r \leq b$, $b \leq r$)을 고려하여 그려 보아라.

(b) $r > b$인 지역에서의 자기장을 구하여라.

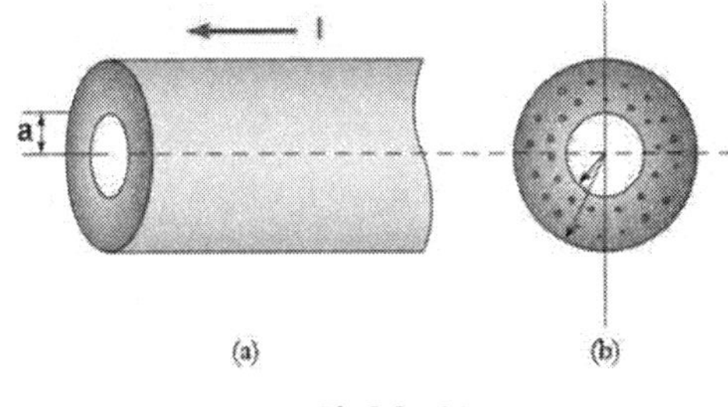

그림 20.41

■■ **풀이**

(a) Ampere 법칙에의하면 반경이 a보다 작은 영역에는 전류가 없으므로 자기장이 0이다. 따라서 자기장은 외부에만 존재하며 마치 전류 I 가 흐르는 전선과 같아서 외부에 시계 반대방향으로 자기장이 형성된다.

(b) $r > b$에서는 Ampere 법칙에 따라 $B = \frac{\mu_o}{2\pi}\frac{I}{r}$.

21 패러데이 법칙과 자기유도

1 자기장이 2×10^{-4} T이고, 자기장의 방향은 수평면에서부터 60°를 이룬다. 수평면에 놓여있는 반경이 0.5m 인 원형 고리를 통과하는 자기선속을 구하라.

■■ 풀이

면적은 $A=\pi\times(0.5\,\mathrm{m})^2=0.785\,\mathrm{m}^2$이고, 따라서 원형 고리를 통과하는 자속은
$\Phi=BA\cos 60°=2\times 10^{-4}\,T\times 0.785\,\mathrm{m}^2\times 0.5=0.785\times 10^{-4}\mathrm{Wb}$ 이다.

2 그림 21.15에 보인 루프를 통과하는 자기선속을 구하여라.

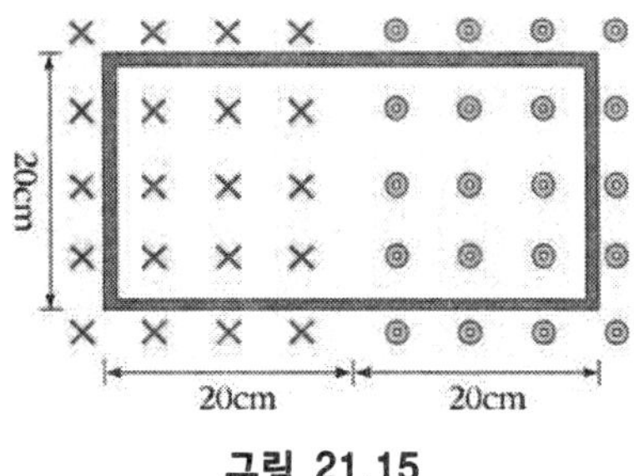

그림 21.15

■■ 풀이

$\Phi_B=\int B\cdot dA=B\times 0.2\times(\int_0^{0.2}dx-\int_0^{0.2}dx)=0$

3 지구 자기장의 크기는 5×10^{-5} T이다. 차에 달린 안테나에 1.00V의 운동기전력을 만들려면 얼마나 빨리 차를 몰아야 하는가? 안테나의 운동방향이 자기장에 수직이라 가정한다.

■■ 풀이

안테나의 길 리가 1m라면, $e=vBl$, $v=\frac{e}{Bl}=\frac{1.00}{5\times 10^{-5}\times 1}=2.0\times 10^4\,\mathrm{m/s}$

4 그림 21.16과 같이 10cm 길이의 전선에 0.050V의 전위차가 형성되어 있으며 이 전선이 자기장 내에서 5m/s의 속력으로 아랫방향으로 움직인다. 자기장은 전선의 길이방향과 수직이라고 한다. 이 자기장의 세기와 방향을 결정하여라.

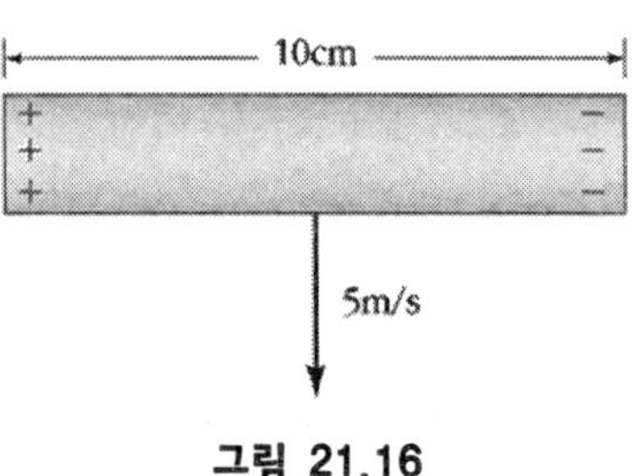

그림 21.16

■■ 풀이

$e=vBl$, $B=\frac{e}{vl}=\frac{0.05}{5\times 0.1}=0.1T$ 이며, 자기장의 방향은 지면으로 들어가는 방향.

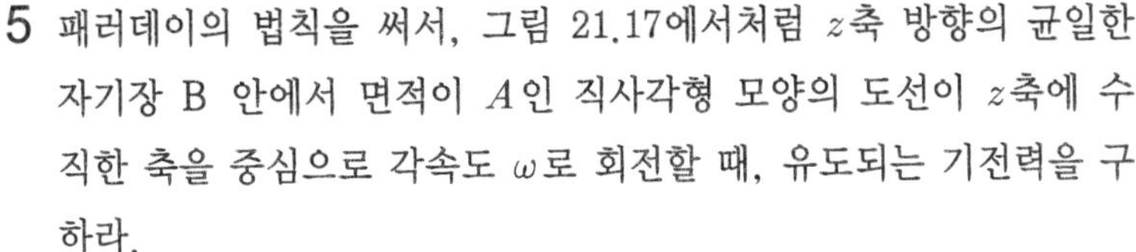

5 패러데이의 법칙을 써서, 그림 21.17에서처럼 z축 방향의 균일한 자기장 B 안에서 면적이 A인 직사각형 모양의 도선이 z축에 수직한 축을 중심으로 각속도 ω로 회전할 때, 유도되는 기전력을 구하라.

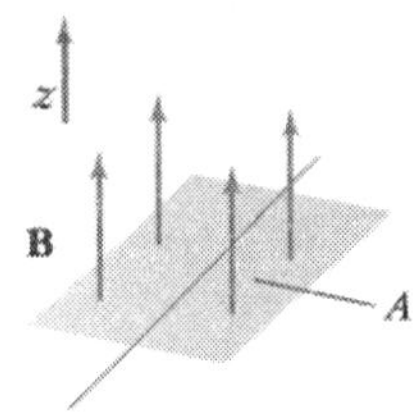

그림 21.17

■■ 풀이

패러데이의 법칙 $\epsilon = -\dfrac{d\Phi}{dt}$에서 $\Phi = BA\cos\omega t$ 이므로, 유도되는 기전력은 $\epsilon = \omega BA\sin\omega t$가 된다.

6 2T의 자기장이 존재하는 영역에서 그림 21.18에서처럼 자기장의 방향에 수직한 방향으로 길이 0.5m의 금속 막대가 10m/s로 움직인다. 이 금속막대 내의 정전기장 E를 구하고, 이 막대의 양단에 걸리는 전위차 V를 구하라.

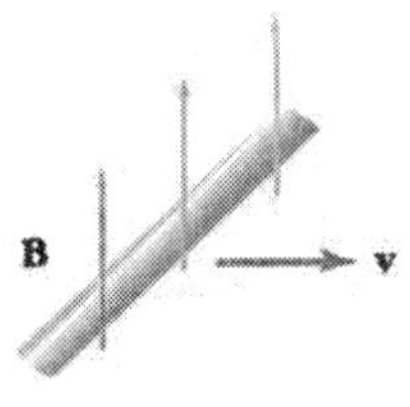

그림 21.18

■■ 풀이

금속 막대 내의 자유 전하 q가 받는 힘 qvB는 전기적인 힘 qE와 균형을 이루어야 하므로, 전기장은 $E = vB$가 되고, 막대 양단의 전위차는 $V = Ed$로 주어지게 되어

$$V = 10\ \mathrm{m/s} \times 2\ \mathrm{T} \times 0.5\ \mathrm{m} = 10\ \mathrm{Volt}$$

가 된다.

7 균일한 전기장과 자기장이 존재하는 영역이 있다. 이 영역에서는 1m당 전위차가 1.5kV이고, 자기장의 세기는 0.6T라고 한다. 이 영역에서의 전기장과 자기장의 에너지 밀도를 구하라.

■■ 풀이

전기장과 자기장의 에너지 밀도는 각각 $\frac{1}{2}\epsilon_0 E^2$과 $\frac{1}{2\mu_0}B^2$으로 주어지고, 전기장은 전위차를 거리로 나눈 값에 해당하므로, 전기장과 자기장의 에너지 밀도는 각각

$$\frac{1}{2}\epsilon_0 E^2 = 0.5 \times 8.85 \times 10^{-12} \times (1.5 \times 10^3)^2 = 9.95 \times 10^{-6}\ \mathrm{J/m^3}$$

과

$$\frac{1}{2\mu_0}B^2 = 0.5 \times (4\pi \times 10^{-7})^{-1} \times 0.6^2 = 1.43 \times 10^5\ \mathrm{J/m^3}$$

이다.

8 인덕턴스가 1H이고 자체 저항이 10Ω 인 코일에 10V의 건전지와 100Ω 의 저항이 연결된 회로가 있다. 이 RL회로의 시간상수를 구하고, 인덕터에 저장되는 최종 에너지를 구하라.

■■ **풀이**

RL 시간상수는

$$\tau = \frac{L}{R} = \frac{1}{110} = 9.1\times 10^{-3}\ \mathrm{s}$$

가 되고, 인덕터에 저장되는 에너지는

$$U = \frac{1}{2}LI^2 = 0.5\times 1\times\left(\frac{10}{110}\right)^2 = 4.14\times 10^{-3}\ \mathrm{J}$$

이다.

9 큰 반지름이 R이고 단면의 반지름이 r인 토로이드가 있다. 이 토로이드에 코일이 총 N번 균일하게 감겨있고 여기에 전류 I가 흐르고 있다. R이 r보다 매우 커서 토로이드 내부에서 자기장이 거의 균일하다고 할 때, 이 토로이드의 자체 인덕턴스는 얼마인가?

■■ **풀이**

토로이드 내부에서의 자기장은 앙페르의 법칙을 쓰면 $2\pi RB = \mu_0 NI$가 되므로 자기장의 값은 $B = \frac{\mu_0 NI}{2\pi R}$이 된다. 그리고, 토로이드 내부를 통과하는 자기선속의 값은 $\Phi = \pi r^2 \cdot B \cdot N = \frac{\mu_0 r^2 N^2 I}{2R}$가 되고, 또한 자기선속은 $\Phi = LI$의 관계를 가지므로, 자체 인덕턴스는 $L = \frac{\mu_0 r^2 N^2}{2R}$의 값을 갖는다.

10 그림 21.19에서처럼 단면이 둥근 도체 막대가 평행한 두 개의 직선 도선들 위를 마찰이 없이 속력 $v = 2\,\mathrm{m/s}$로 움직이고 있다. 이 두 도선 사이의 거리는 $d = 20$ cm이고, 이 두 도선들의 한쪽 끝이 서로 연결되어 있으며, 저항이 $R = 10\,\Omega$인 단자가 연결되어있다고 한다. 도선과 막대가 놓여있는 면에 수직하게 자기장이 지면으로부터 나오는 방향으로 0.5T이다. 이 때 발생하는 유도전류의 방향과 크기를 구하라.

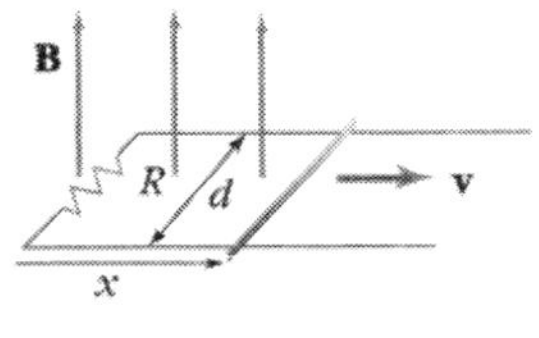

그림 21.19

■■ **풀이**

유도 기전력은

$$\epsilon = -\frac{d\Phi}{dt} = -\frac{d}{dt}(Bxd) = -Bd\frac{dx}{dt} = -Bvd$$

로 주어지므로, 그 값은

$$\epsilon = 0,5\ \mathrm{T}\times 2\ \mathrm{m/s}\times 0.2\ \mathrm{m} = 0.2\ \mathrm{V}$$

이다. 그러므로, 유도전류는 이 기전력을 저항으로 나눈 값 $I = \frac{\epsilon}{R} = \frac{0.2}{10} = 0.02\ \mathrm{A}$가 되고, 유도전류는 오른손 법칙에 의해 시계 방향으로 흐른다.

11 그림 21.20과 같이 솔레노이드가 놓여 있다.

(a) 자석 M_1이 바깥쪽으로 움직인다면 유도전류가 생기는가? 그렇다면 저항 R을 통과하는 전류의 방향을 정하여라.

(b) 자석 M_2이 바깥쪽으로 움직인다면 유도전류가 생기는가? 그렇다면 저항 R을 통과하는 전류의 방향을 정하여라.

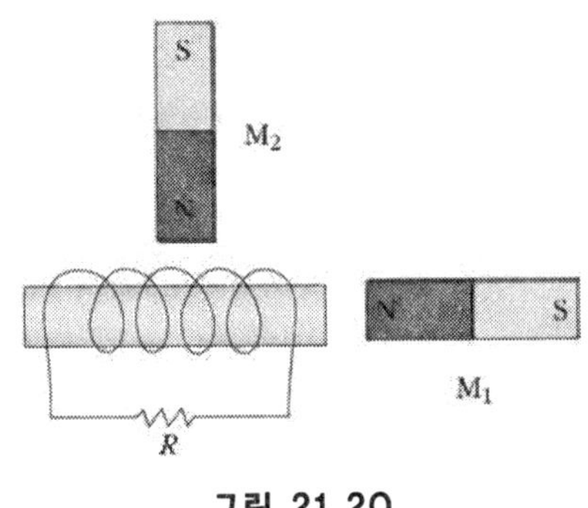

그림 21.20

■■ **풀이**

(a) 자석이 멀어지면 자기선속이 감소한다. 따라서 전류가 왼쪽에서 오른쪽으로 저항을 지나는 방향으로 흐른다.

(b) 코일의 단면과 나란한 방향으로 자석이 놓여 있으므로 자기선속의 변화를 줄 수 없어서 전류가 흐르지 않는다.

12 그림 21.21은 각기 다른 형태의 자기장에 놓인 지름이 10cm인 루프들이다. 이 루프의 저항은 0.10Ω이다. 각 경우에 대해 유도기전력, 유도전류 그리고 전류의 방향을 결정하여라. (a) B가 0.50T/s로 증가할 경우 (b) B가 0.50T/s로 감소할 경우 (c) B가 0.50T/s로 증가할 경우

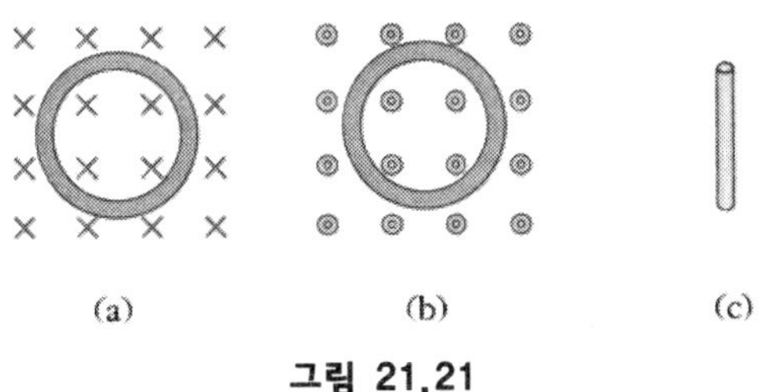

그림 21.21

■■ **풀이**

단면적은 (a), (b)가 $\pi r^2 = \pi \times 0.05^2 = 7.85 \times 10^{-3} m^2$이고 (c)는 0이다.

(a) $\dfrac{dB}{dt} = +0.50\,\text{T/s}$이고 $e = 0.50 \times 7.85 \times 10^{-3} = 3.925 \times 10^{-3}\,\text{V}$이므로 $i = \dfrac{3.925 \times 10^{-3}}{0.10} = 39.25\,\text{mA}$이며 (a)는 반시계, (b)는 시계방향이다.

(b) $\dfrac{dB}{dt} = -0.50\,\text{T/s}$이고 $e = -0.50 \times 7.85 \times 10^{-3} = -3.925 \times 10^{-3}\,\text{V}$이므로 $i = \dfrac{3.925 \times 10^{-3}}{0.10} = 39.25\,\text{mA}$이며 (a)는 시계, (b)는 반시계방향이다.

13 긴 직선의 도선에 전류 $I = I_0 \cos \omega t$의 전류가 흐르고 있다. 이 도선으로부터 d 만큼 떨어져서 그림 21.22에서처럼 한 변이 a인 정사각형 모양의 도선 고리가 놓여 있다. 이 정사각형 도선 고리에 유도되는 기전력을 구하라.

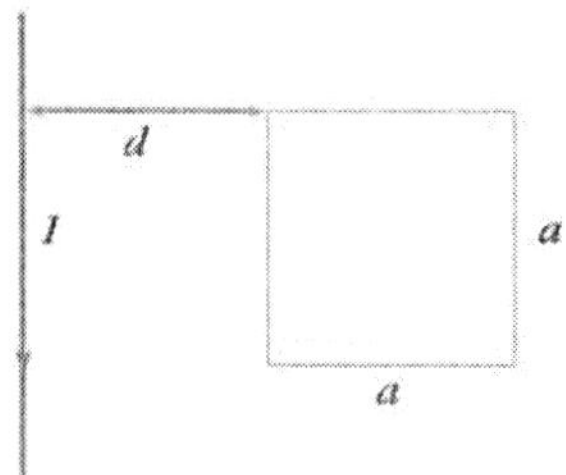

그림 21.22

■■ 풀이

앙페르의 법칙에 의해서 도선으로부터 거리 r만큼 떨어진 지점에서의 자기장의 세기는 $2\pi r B = \mu_0 I$를 만족하고, 자기장의 방향은 오른손 법칙을 쓰면 도선의 오른쪽에서는 지면으로부터 나오는 방향이 된다. 그러므로 정사각형 도선 고리를 통과하는 자기선속은 다음과 같이 쓸 수 있다.

$$\Phi = \int_S \mathbf{B} \cdot d\mathbf{A} = \int_{r=d}^{r=d+a} Ba\, dr = \int_d^{d+a} \frac{\mu_0 I}{2\pi r} a\, dr = \frac{\mu_0 a I}{2\pi} \ln\left(\frac{d+a}{a}\right)$$

그러므로 유도 기전력은 패러데이의 법칙을 써서

$$\epsilon = -\frac{d\Phi}{dt} = -\frac{\mu_0 a}{2\pi} ln\left(\frac{d+a}{a}\right) \frac{dI}{dt} = \frac{\mu_0\, a}{2\,\pi} I_0 \omega \ln\left(\frac{d+a}{a}\right) \sin \omega t$$

의 값을 얻는다.

14 자기장이 균일하지만 시간에 따라 전체적으로 변하는 영역이 있다. 이 때 자기장의 세기는 $B(t) = B_0 \cos wt$로 주어진다고 한다. 이 자기장의 방향과 수직한 평면에 반지름 r인 원형 도선 고리가 놓여 있다. 이 원형 도선 고리에 유도되는 기전력의 크기는 얼마인가? 그리고, 이 도선 고리가 위치하는 각 지점에서의 전기장의 세기를 구하라.

■■ 풀이

패러데이의 법칙을 쓰면 유도 기전력은

$$\epsilon = -\frac{d\Phi}{dt} = -\frac{d}{dt}(B\pi r^2) = \pi \omega r^2 B_0 \sin \omega t$$

가 됨을 알 수 있다.

그리고, 이 유도 기전력은 전기장을 도선 고리를 따라 선적분한 양과 같으므로, 즉

$$\epsilon = \oint_C \mathbf{E} \cdot d\mathbf{l} = 2\pi r E$$

의 관계에 있으므로, 도선 고리가 위치한 각 지점에서의 전기장의 세기는 $E = \frac{1}{2} \omega B_0 r \sin \omega t$ 가 된다.

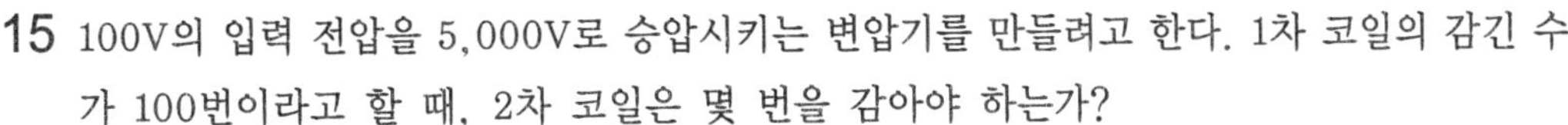

15 100V의 입력 전압을 5,000V로 승압시키는 변압기를 만들려고 한다. 1차 코일의 감긴 수가 100번이라고 할 때, 2차 코일은 몇 번을 감아야 하는가?

■■ **풀이**

(21-13)식 $V_2 = \frac{N_2}{N_1} V_1$ 에서 2차 코일의 감긴수는

$$N_2 = \frac{V_2}{V_1} N_1 = \frac{5000}{100} \times 100$$

이 되어야 한다. 즉, 2차 코일에 감긴 수가 5,000번이 되면 출력 전압은 500V 가 된다.

16 전하의 크기가 1.6×10^{-17}C인 입자가 700m/s의 속도로 2.5T(tesla: N/A · m)의 지면을 뚫고 나오는 방향의 자기장 속을 수직으로 움직이고 있다.

(a) 이 입자가 받는 힘의 방향과 크기는 얼마인가?

(b) 입자의 질량이 0.1×10^{-10}kg이라면 이 힘으로 인해 입자가 하는 운동의 성격을 정확히 나타내라.

■■ **풀이**

$F = qvB\sin\theta$, (a) 진행하는 오른쪽으로 $F = 1.6\times10^{-17}\times700\times2.5 = 2.8\times10^{-14}$N

(b) 원운동, $F = mv^2/r$, $r = 0.1\times10^{-10}\times700^2/(2.8\times10^{-14}) = 1.75\times10^8$m $= 175{,}000$km

17 전류가 흐르는 나란한 두 도선에 작용하는 힘의 방향을 (a) 같은 방향의 전류인 경우, (b) 반대 방향의 전류인 경우에 대하여 오른손 법칙을 이용하여 설명하라.

■■ **풀이**

$F/L = \mu_o I_1 I_2/(2\pi r)$, μ_o:permeability of free space

(a) 당기는 힘 (b) 밀치는 힘.

18 거리가 2cm 떨어져 있고 위와 아래의 각기 다른 방향으로 5A 및 10A의 전류가 흐르고 있는 두 개의 평행 도선이 있다. 만일 1m 떨어져 있는 두 도선에 1A 전류가 흐르는 경우 작용하는 힘의 크기가 2×10^{-7}N/m 라고 할 때, (a) 한 도선이 다른 도선에 작용하는 단위길이당 힘의 크기와 방향을 구하라. (b) 10A의 전류가 흐르는 도선의 길이가 30cm라면 작용하는 총 힘은 얼마인가? (c) 이 힘으로부터 10A의 도선이 있는 위치에서의 5A의 도선에 의해 생성되는 자기장의 세기와 방향을 구하라($F = I\!lB$).

■■ **풀이**

(a) $\frac{F}{l} = \frac{2\times10^{-7} I_1 I_2}{r}$, 단위 길이 당 힘은 5×10^{-4}N/m이다. 밀어내는 방향

(b) 길이가 30cm이면 힘은 1.5×10^{-4}N이 된다.

(c) $F = I\!lB$, $B = F/I\!l = 1.5\times10^{-4}\text{N}/(10\text{A}\times0.3\text{m}) = 5\times10^{-5}$T, 10A의 전류가 흐르는 도선 주위에 생기는 자기장은 오른손 방향으로 생기므로 지면 안쪽으로 들어가는 방향이다.

19 질량이 25g이고 +0.05C의 전하를 띠고 있는 작은 금속구가 지면을 뚫고 나오는 방향으로 형성되어 있는 0.5T의 자기장에서 지면을 200m/s의 속도로 움직이고 있다.

(a) 구에 작용하는 자기력의 크기를 구하라.

(b) 구에 미치는 자기력의 방향은?

(c) 이 힘이 구의 속도의 크기를 변화시킬까?

(d) 뉴턴의 제 2법칙으로 대전된 구의 가속도의 크기를 구하라.

(e) 원심 가속도가 v^2/r이라면 자기력의 영향으로 운동하게 될 입자의 원궤도의 반지름을 구하라.

■■ 풀이

(a) $F = qvB = (0.05C) \times (200m/s) \times (0.5T) = 5\text{N}$

(b) 구의 진행방향의 오른쪽

(c) 힘은 운동방향에 수직하게 작용하므로 속도의 크기를 변화시키지 못하고 방향만을 바꾸어준다.

(d) $a = F/m = 5\text{N}/0.025\text{kg} = 200\text{m/s}^2$

(e) $r = v^2/a_c = (200\text{m/s})^2/(200\text{m/s}^2) = 200\text{m}$

22 전자기파

1 예제 22.1의 축전기에 대하여 $dV/dt = 1.0\times 10^{15}$ V/s, $d = 1$ cm, $R = 50$ mm이다. $r = R$에서 (a) 축전기 내부에 흐르는 변위전류(I_d)는 얼마인가? (b) 변위전류에 의하여 유도된 B의 값을 구하라.

■■ 풀이

(a) $r = R$에서 변위전류

$$I_d = \frac{\epsilon_o \pi R^2}{d}\frac{dV}{dt}$$

$$= \frac{(8.854\times10^{-12}\ \mathrm{C^2/N{\cdot}m^2})(3.14)(5.0\times10^{-2}\ \mathrm{m})^2}{1.0\times10^{-2}\mathrm{m}}(1.0\times10^{10}\ \mathrm{V/s})$$

$$= 69.5\ \mathrm{mA}$$

(b) 변위전류에 의한 자기장

$$B = \frac{\mu_o \epsilon_o R}{2d}\frac{dV}{dt}$$

$$= \frac{(4\pi\times10^{-7}\ \mathrm{T\cdot m/A})(8.854\times10^{-12}\ \mathrm{C^2/N\cdot m^2})(5.0\times10^{-2}\ \mathrm{m})}{2(1.0\times10^{-2}\mathrm{m})}(1.0\times10^{10}\mathrm{V/s})$$

$$= 0.28\ \mu\mathrm{T} = 0.0028\mathrm{G}$$

2 원판의 반지름이 2.0cm이고 극판 사이의 간격이 1.0mm인 평행판 축전기가 있다. 전하가 5A 비율로 위쪽 극판으로 흘러 들어와서 아래쪽 극판으로 흘러 나간다.
(a) 판 사이에서 전기장 시간 변화율을 구하라.
(b) 판 사이의 변위전류의 크기가 5A임을 보여라.

■■ 풀이

$d = 1.0$mm, $R = 2.0$cm, $I = 5$A, $I_d = \epsilon_o \frac{dE}{dt}$

(a) $\frac{dE}{dt} = \frac{I_d}{\epsilon_o \pi R^2} = \frac{5}{8.854\times10^{-12}\times3.14\times4\times10^{-4}} = 4.496\times10^{14}\mathrm{V/m\cdot s}$

(b) $I_d = I = 5$A

3 문제 22.2에서 원판의 중심에서 1.0cm 떨어진 위치에서 자기장의 세기를 구하라.

■■ 풀이

$$B=\frac{\mu_o\epsilon_o r}{2}\cdot\frac{dE}{dt}=2.5\times10^{-5}\,T$$

4 SI 단위로 전자기파의 전기장을 $E_y=100\sin(10^7x-\omega t)$로 쓸 수 있다. (a) 짝이 되는 자기장의 진폭, (b) 파장 (c) 그리고 진동수를 구하라.

■■ 풀이

$$E_y=100\sin(10^7x-\omega t)$$

(a) $\frac{E}{B}=c,\quad B=\frac{E}{c}=\frac{100}{3\times10^8}=333.3\,\mathrm{nT}$

(b) $\frac{2\pi}{\lambda}=10^7,\quad \lambda=\frac{2\pi}{10^7}=2\pi\times10^{-7}\,\mathrm{m}$

(c) $f=\frac{c}{\lambda}=\frac{3\times10^8}{6.28\times10^{-7}}=4.78\times10^{14}\,\mathrm{Hz}$

5 태양 빛이 지구표면에 도달할 때 포인팅벡터의 크기는 1,200W/m^{2}이다. 태양빛의 전기장과 자기장의 최대값을 계산하라.

■■ 풀이

$$S=1{,}200\ W/m^2=\frac{E_{max}^2}{2\mu_o c}$$

$$E_{max}=\sqrt{2\mu_o cS}$$

$$=\sqrt{2(4\pi\times10^{-7}\ \mathrm{T\cdot m/A})(3\times10^8\ \mathrm{m/s})(1{,}200\ \mathrm{W/m^2})}$$

$$=951\ \mathrm{V/m}$$

$$B_{max}=\frac{E_{max}}{c}=\frac{951\ V/m}{3\times10^8\ m}=3.17\times10^{-6}\ T$$

6 한 점의 파원으로부터 평균일률 300kW의 전파가 방출되고 있다. 파원으로부터 4.0km 떨어진 위치에서 포인팅벡터의 크기는 얼마인가?

■■ 풀이

파원으로부터의 거리(r)

$$r=(4.0\ \mathrm{miles})\frac{1609\ \mathrm{m}}{\mathrm{mile}}=6436\ \mathrm{m}$$

포인팅 벡터

$$S=\frac{S_{av}}{4\pi r^2}=\frac{300\times10^3\ \mathrm{W}}{4(3.14)(6436\,\mathrm{m})^2}=5.76\times10^{-4}\ \mathrm{W/m^2}$$

7 10.0W/m^2의 세기를 가지고 있는 평면 전자기파가 60.0cm^2의 작은 거울에 수직하게 입사한다.

(a) 매초 거울에 전달되는 운동량은 얼마인가?

(b) 1초 동안 거울에 미치는 힘은 얼마인가?

■■ 풀이

(a) 1 초동안 거울에 반사된 에너지(U)

$$U= (10\ \mathrm{W/m^2})(60\times 10^{-4}\ \mathrm{m^2}) = 6.0\times 10^{-2}\ \mathrm{J/s}$$

1초동안 거울에 전달된 운동량:

$$P= \frac{2U}{c} = \frac{(2)(6.0\times 10^{-2}\ \mathrm{J})}{3\times 10^{8}\ \mathrm{m/s}} = 4\times 10^{-10}\ \mathrm{Kg\cdot m/s}$$

(b) 1 초동안 거울에 미치는 힘:

$$F= \frac{P}{t} = \frac{4\times 10^{-10}\ \mathrm{Kg\cdot m/s}}{1\,\mathrm{s}} = 4.0\times 10^{-10}\ \mathrm{N}$$

8 태양은 지구의 표면에 1,000W/m^2의 전자기 선속을 보내준다. 햇빛이 지붕위에 수직하게 입사한다고 가정한다.

(a) 면적이 200.0m^2인 지붕위에 입사된 일률을 계산하라.

(b) 1시간 동안 지붕위에 입사된 태양에너지는 몇 joule인가?

(c) 지붕이 완전한 흡수체로 되어 있다고 가정할 경우 복사압과 복사력을 구하라.

■■ 풀이

(a) 포인팅 벡터의 크기는 단위면적당의 일률로서 햇빛의 세기를 나타내므로 S=1,000W/m^2 이다. 따라서 일률은 포인팅벡터에 면적을 곱하여 구할 수 있다.

$$\text{일률} = SA = (1{,}000\ \mathrm{W/m^2})(200.0\ \mathrm{m^2}) = 2.0\times 10^{5}\ \mathrm{W}$$

만일 이 일률이 모두 전기적 에너지로 전환된다면 가정에서 평균적으로 사용하는 것보다 더 많은 전력을 태양에너지로부터 얻을 수 있다. 그러나 태양전지를 제작하여 태양에너지로부터 전기적 에너지를 얻을 때 변환되는 효율은 약 10 %정도이다.

(b) 일률은 단위시간당 하는 일의 양이므로 1시간 동안 입사된 태양에너지는 다음과 같다.

$$\text{일률}\times\text{시간} = (2.0\times 10^{5}\ \mathrm{J/s})(3{,}600\ \mathrm{s}) = 7.2\times 10^{8}\ \mathrm{J}$$

(c) 복사압은 식 22.27을 이용하여 구할 수 있다.

$$P= \frac{S}{c} = \frac{1{,}000\ \mathrm{W/m^2}}{3{,}00\times 10^{8}\ \mathrm{m/s}} = 3.33\times 10^{-6}\ \mathrm{N/m^2}$$

압력은 단위면적당 힘이므로 복사력은 복사압에 면적을 곱하여 구할 수 있다.

$$F= PA = (3.33\times 10^{-6}\ \mathrm{N/m^2})(200\ \mathrm{m^2}) = 6.66\times 10^{-4}\mathrm{N}$$

9 전자기파의 전기장이 y축 방향으로 진동하며, SI 단위로 나타낸 포인팅 벡터는 다음과 같다.

$S(x,t) = 100\cos^2(10x - 3\times10^9 t)\mathrm{i}$ 이 전자기파의 (a) 진행 방향 (b) 파장과 진동수, 및 (c) 전기장과 자기장을 구하라.

■■ **풀이**

(a) x축 방향

(b) $k = \frac{2\pi}{\lambda} = 10,\quad \lambda = \frac{2\pi}{10} = 0.628\,\mathrm{m}$ 이고,

진동수는 $f = \frac{c}{\lambda} = 4.78\times10^8\,\mathrm{Hz}$ (또는 $f = \frac{\omega}{2\pi} = \frac{3\times10^9}{2\pi}$ 를 이용하여도 같은 결과가 나옴.

(c) $S = \frac{E^2}{\mu_o c} = \frac{cB^2}{\mu_o}$ 에서 $\boldsymbol{E} = 10\sqrt{\mu_o c}\cos(10x - 3\times10^9 t)\boldsymbol{j},\ \boldsymbol{B} = 10\sqrt{\frac{\mu_o}{c}}\cos(10x - 3\times10^9 t)\boldsymbol{k}$

10 (a) 550nm의 가시광선과 (b) 1km의 라디오파의 주파수는 각각 얼마인가?

■■ **풀이**

(a) $f = \frac{c}{\lambda} = \frac{3\times10^8\ \mathrm{m/s}}{550\times10^{-9}\ \mathrm{m}} = 5.45\times10^{14}\ \mathrm{Hz}$

(b) $f = \frac{c}{\lambda} = \frac{3\times10^8\ \mathrm{m/s}}{1\times10^3\ \mathrm{m}} = 3\times10^5\ \mathrm{Hz}$

11 중요한 뉴스 발표가 방송국에서 100km 떨어진 곳에서 라디오 옆에 앉아 있는 사람에게는 라디오파로 방송실 맞은편 뉴스 진행자로부터 3.0m 떨어진 곳에 앉아 있는 사람에게는 음파로 각각 전달된다. 누가 뉴스를 먼저 듣겠는가? 공기 중 음파의 속력은 343 m/s로 하라.

■■ **풀이**

$t = \frac{x}{v}$ 에서 100 km 떨어진 곳에서 듣는 사람은 전파(속도가 광속 c)로 전해지고 3.0 m 떨어진 곳에서 듣는 사람은 음파(속도가 343 m/s)를 듣는다. 따라서 100 km 떨어진 사람이 $t = \frac{10^5}{3\times10^8} = 3.33\times10^{-4}s$ 후에 듣고, 3.0m 떨어진 곳의 사람은 $t' = \frac{3}{343} = 8.74\times10^{-3}s$ 후에 듣기 때문에 100 km 떨어진 곳에서 라디오로 듣는 사람이 먼저 듣게 된다.

12 (a) 송신기의 주파수가 5×10^7Hz이다. 송신기로부터 300m 떨어진 곳까지 몇 개의 파장이 존재하는가?

(b) 만일 송신기의 주파수가 1.25×10^6Hz이면 파장이 몇 개인가?

■ ▩ **풀이**

(a) $\lambda = \dfrac{c}{f} = \dfrac{3\times10^8 \text{ m/s}}{5\times10^7 \text{ s}^{-1}} = 60 \text{ m}$

파장의 수 : $\dfrac{300 \text{ m}}{60 \text{ m}} = 5$파장

(b) $\lambda = \dfrac{c}{f} = \dfrac{3\times10^8 \text{ m/s}}{1.25\times10^6 \text{ s}^{-1}} = 240 \text{ m}$

파장의 수 : $\dfrac{300 \text{ m}}{240 \text{ m}} = 1.25$파장

13 먼 곳에서 오는 라디오 신호를 지름 20.0m인 접시안테나로 수신한다. 라디오 신호는 진폭이 $E_{max} = 0.200\ \mu\text{V/m}$ 인 연속적인 사인파이다. 안테나가 접시로 들어오는 모든 복사를 흡수한다고 가정하자.

(a) 이 파의 자기장의 진폭은 얼마인가?

(b) 이 안테나가 수신하는 복사파의 세기는 얼마인가?

(c) 안테나가 받는 일률은 얼마인가?

(d) 라디오파가 이 안테나에 가하는 힘은 얼마인가?

■ ▩ **풀이**

(a) $B_{max} = \dfrac{E_{max}}{c} = \dfrac{0.2\times10^{-6}}{3\times10^8} = 6.67\times10^{-16}\text{ T}$

(b) $I = \dfrac{E_{max}^2}{2\mu_o c} = \dfrac{(2\times10^{-7})^2}{2\times4\pi\times3\times10^8} = 5.3\times10^{-24}\text{ W/m}^2$

(c) $S_{av}\cdot A = \dfrac{E_{max}^2}{2\mu_o c}\times\pi\times0.2^2 = 6.66\times10^{-25}\text{ W}$

(d) 복사압 $P_r = \dfrac{F}{A} = \dfrac{S}{c}$이므로 $F = A\dfrac{S}{c} = \pi\times0.2^2\times\dfrac{1}{3\times10^8}\times6.66\times10^{-25} = 2.79\times10^{-34}\text{ N}$

14 편광되지 않은 빛이 두 편광판을 지나고 있다. 첫 번째 편광판의 편광축은 수직이고 두 번째 편광축은 수직과 30°를 이루고 있다. 두 편광판을 통과한 빛의 편광방향과 세기는 얼마인가?

■ ▩ **풀이**

입사하는 빛의 세기 : I_0

첫 번째 편광판을 통과하는 빛의 세기 : $I_1 = (1/2)\, I_0$

두 번째 편광판을 통과하는 빛의 세기 : $I_2 = I_1(\cos 30°)^2 = (1/2)(3/4)I_0 = (3/8)\, I_0$

두 편광판을 통과한 빛의 세기는 입사파 세기의 3/8이되고 수직 방향에 대하여 30°로 평면편광된다.

15 편광되지 않은 빛이 세 개의 편광판을 지나간다. 첫 번째 편광판의 편광축은 수직이고, 두 번째 편광축은 수직과 30°를 이루고 있으며, 세 번째 편광축은 수직에서 75°를 이루고 있다. 세 편광판을 통과한 빛의 세기는 얼마인가?

■■ 풀이

입사파의 세기 : I_0
첫 번째 편광판을 통과하는 빛의 세기 : $I_1 = (1/2)I_0$
두 번째 편광판을 통과하는 빛의 세기 : $I_2 = I_1(\cos 30°)^2$
세 번째 편광판을 통과하는 빛의 세기 : $I_3 = I_2[\cos(75° - 30°)]^2$
따라서 세 개의 편광판을 통과한 빛의 세기는 다음과 같다.

$$I_3 = (1/2)(\cos 30°)^2(\cos 45°)I_0 = (3/8)I_0$$

16 전자기 유도와 관련된 다음의 용어 및 원리들을 설명하라.

(a) Faraday's Law of Induction

(b) 발전기(Electric Generator)의 원리

(c) 역기전력(Back emf)

■■ 풀이

(a) $\Phi = BA\cos\Theta$, $E = -N\Delta\Phi/\Delta t$
(b) $E = NBA\omega\sin(\omega t)$, 자기장속을 통과하는 도선에서 전류를 유도해내는 원리
(c) Motor의 작동에서 역으로 전류가 발생하여 구동기전력을 감쇄시키는 기전력.

17 감은 횟수가 50회인 3cm×6cm의 직사각형 코일이 있다. 이 코일이 0.4T의 거의 균일한 자기장을 발생시키는 말굽자석의 양극 사이에서 회전하고 있다. 따라서 이 코일의 면은 자기장에 수직할 때도 있고 평행할 때도 있다.

(a) 직사각형 코일의 면적을 구하라.

(b) 코일이 회전할 때 코일을 통과하는 총 자기선속의 최대값을 구하라.

(c) 코일이 회전할 때 코일을 통과하는 총 자기선속의 최소값을 구하라.

(d) 코일어 매초 1회전의 일정하게 회전한다면 최대의 선속에서 최소의 선속으로 변하는 데 몇 초 걸리겠는가?

(e) 최대의 선속에서 최소의 선속으로 될 때 코일에서 유도되는 전압의 평균값은 얼마인가?

■■ 풀이

(a) $A = 0.03\text{m} \times 0.06\text{m} = 0.0018\text{m}^2$
(b) $\Phi_{max} = NBA = 50 \times (0.4\text{T}) \times (0.0018\text{m}^2) = 0.036\text{T}\cdot\text{m}^2$
(c) $\Phi_{min} = 0\text{T}\cdot\text{m}^2$
(d) 코일이 1회전할 때 마다 최대 선속이 되는 경우가 두 번 생긴다. 즉 최대 선속에서 최소 선속으로 변하는 시간은 0.25초 걸린다.
(e) $\epsilon = \Delta\Phi/t = 0.036\text{T}\cdot\text{m}^2/0.25\text{s} = 0.144\text{V}$

23 빛의 반사와 굴절

1 그림 23.12와 같은 쐐기 모양의 얇은 유리판(굴절률 $= n$)을 지날 때, 빛의 진행 각도 ϕ가 어느 정도 변하는가? 굴절되는 각 θ는 아주 작아서 $\sin\theta \simeq \theta$로 근사할 수 있다고 가정하라.

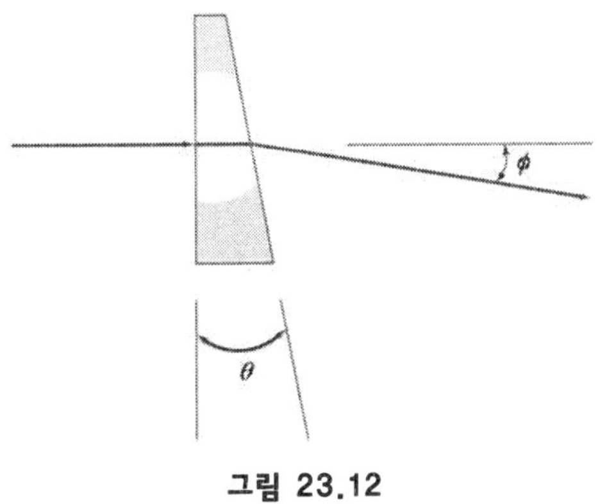

그림 23.12

■■ 풀이

아래 그림에서 보듯, 쐐기를 나올 때, 스넬의 법칙을 이용하면 $n\sin\theta = \sin(\phi+\theta) \simeq n\theta \simeq \theta + \phi$이다. 따라서, $\phi = (n-1)\theta$이다.

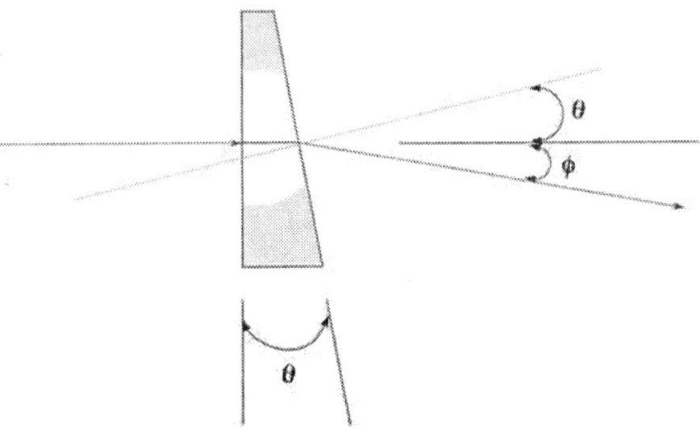

2 어떤 빛의 파장이 진공에서 650nm이다.

(a) 굴절률이 1.47인 액체에서 이 빛의 속도는 얼마인가?

(b) 이 액체 속에서 빛의 파장은 얼마인가?

■■ 풀이

(a) $v = \frac{c}{n} = \frac{3\times10^8}{1.47} = 2.04\times10^8\,\mathrm{m/s}$

(b) $\lambda_2 = \frac{v_2}{v_1}\lambda_1 = \frac{v}{c}\lambda_1 = \frac{1}{n}\lambda_1 = \frac{1}{1.47}\times650 = 442.18\,\mathrm{nm}$

3 굴절률이 1.70과 1.58인 두 개의 유리판이 붙어있다. 광선이 굴절률이 큰 유리에서 작은 유리쪽으로 입사각 62.0°으로 입사하였다. 굴절각을 계산하여라.

■■ 풀이

$\sin\theta = \frac{1.70}{1.58} sin62^o = 0.95$에서 $\theta = 71.8^o$

4 그림 23.13과 같이 공기 중에서 초점거리가 f인 렌즈를 사용하여 평행광을 집속시킨다. 렌즈의 바로 앞에 굴절률이 $n(n \geq 1)$인 투명한 유리를 두면 초점거리는 공기($n=1$) 중에서 집속시킬 때에 비하여 어느 방향으로 어느 정도 이동하는가? 렌즈의 중심에서 유리 표면까지의 거리는 무시한다. 또한, 초점거리가 충분히 길고 굴절되는 각 θ는 아주 작아서 $\sin\theta \simeq \theta$로 근사할 수 있다고 가정하라.

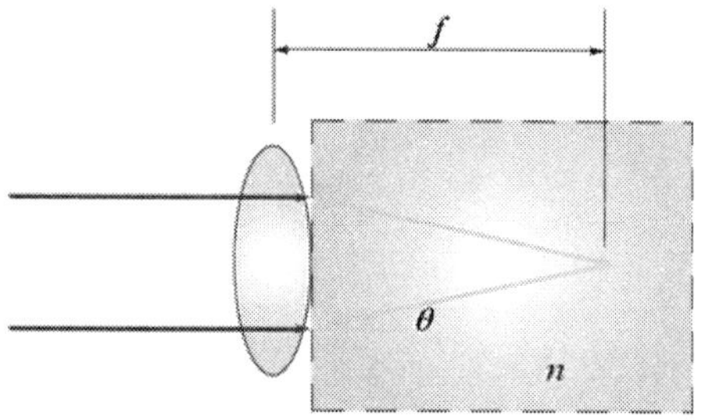

그림 23.13

■■ 풀이

렌즈의 중심에서 광선까지의 거리를 h라 하자.

$h = f\tan\theta = f'\tan\phi \simeq f\theta \simeq f'\phi$이고 $\sin\theta = n\sin\phi \simeq n\phi \simeq \theta$이다. $f' = f\times\frac{\theta}{\phi} = fn$이다. 초점은 공기중의 초점 위치에서 렌즈에서 멀어지는 방향으로 $f' - f = f(n-1)$만큼 이동한다.

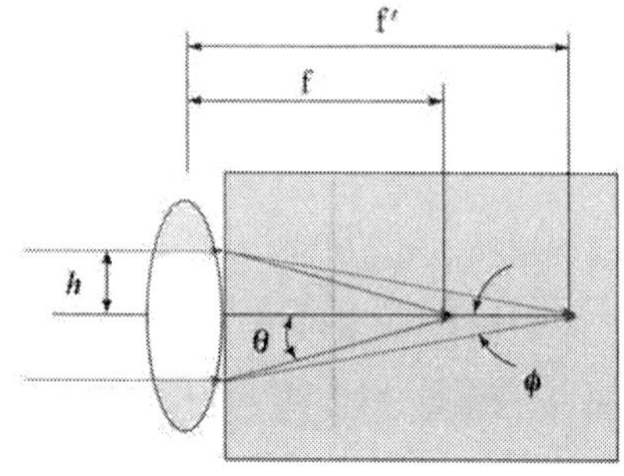

5 그림 23.14와 같이 공기 중에서 초점거리가 f인 렌즈를 사용하여 평행광을 집속시킨다. 렌즈의 바로 앞에 두께가 $t(t<f)$이고 굴절률이 $n(n>1)$인 투명한 유리를 두면 초점거리는 공기($n=1$) 중에서의 초점거리 f'에서 얼마나 이동하는가? 렌즈의 중심에서 유리 표면까지의 거리는 무시한다. 또한, 초점거리가 충분히 길고 굴절되는 각 θ는 아주 작아서 $\sin\theta \simeq \theta$로 근사할 수 있다고 가정하라.

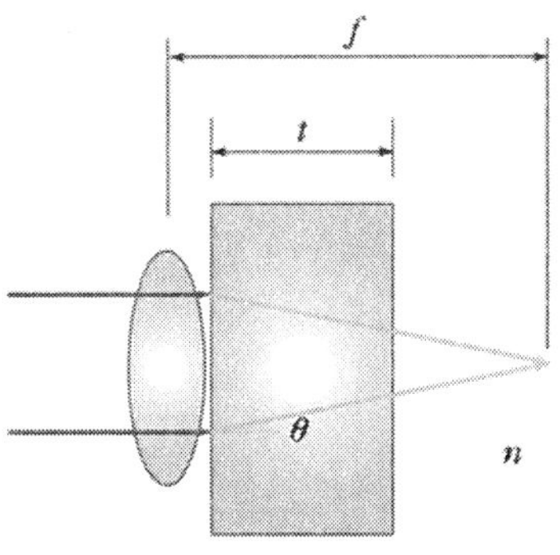

그림 23.14

■■ 풀이

렌즈의 중심에서 광선까지의 거리를 h라 하자. 아래 그림에서 h는 유리에서의 높이변화와 유리 밖에서의 높이변화의 합이다. $h=f\tan\theta=t\tan\phi+(f'-t)\tan\theta$이고, 양변을 $\tan\theta$로 나누면,

$$f=t\frac{\tan\phi}{\tan\theta}+f'-t=\frac{t}{n}+f'-t=-t\frac{(n-1)}{n}+f'$$

이다. 즉,

$$f'-f=t\frac{(n-1)}{n}$$

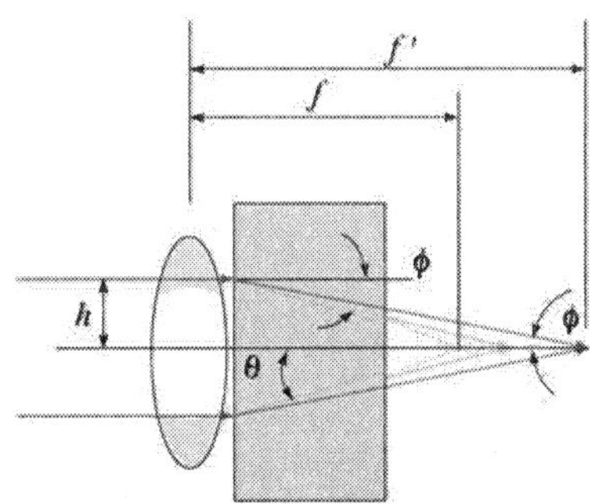

6 그림 23.15와 같이 높이가 a이고 반지름이 b인 속이 빈 원기둥 모양의 통이 있다. 통의 바닥 중심에는 작은 동전이 있다. 통의 바닥에서 높이가 $2b$인 곳에 크기가 아주 작은 구멍이 있어(단, 구멍의 두께 = 구멍의 폭) 구멍 속을 들여다 볼 수 있으나 볼 수 있는 최대 각은 45도이어서 동전이 보이지 않는다. 굴절의 법칙을 활용하여 동전을 보기 위해서 통 속에 물(굴절률 = 1.5)을 붓는다. 어느 정도의 높이까지 물을 부으면 동전이 보이기 시작하겠는가?

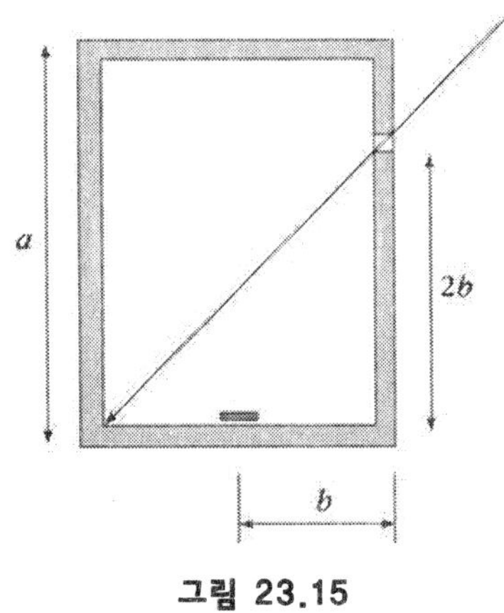

그림 23.15

■■ **풀이**

빛의 수면에 대한 입사각은 θ는 45도이다. 굴절각 ϕ는

$$\sin\phi = \frac{\sin 45}{1.5} = \frac{1}{\sqrt{2}} \times \frac{2}{3} = \frac{\sqrt{2}}{3}$$

에서 나온다. 지면에서 창까지의 높이 2b는 $h+(b-h\tan\phi)\tan 45$가 되므로

$$h+(b-h\tan\phi)\tan 45 = h+(b-h\tan\phi)$$

이다. 따라서,

$$h = \frac{b}{1-\tan\phi} = \frac{b}{1-\frac{\sqrt{2}}{\sqrt{7}}}$$

이다.

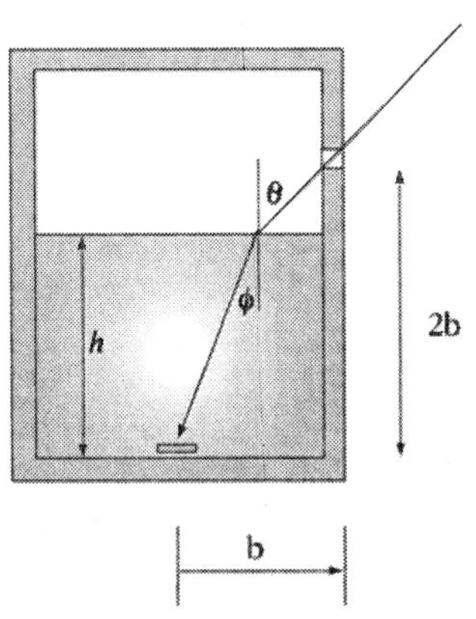

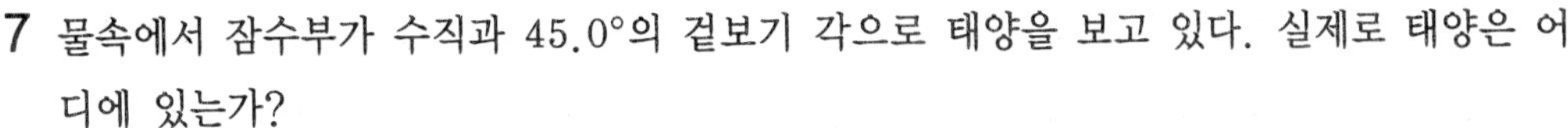

7 물속에서 잠수부가 수직과 45.0°의 겉보기 각으로 태양을 보고 있다. 실제로 태양은 어디에 있는가?

■■ **풀이**

$\frac{\sin\theta}{\sin 45^o}=\frac{1.33}{1}$, $\sin\theta=1.33\times\frac{\sqrt{2}}{2}=0.94$이므로 $\theta=70.05^o$

8 그림 23.16과 같이 평행한 2개의 광선이 굴절률이 n_i인 매질 내부를 진행하고 있다. 광선 사이의 최단 거리는 d_i이다. 이 광선이 굴절률이 n_r인 매질로 굴절되어 진행할 때 광 광선 사이의 최단거리의 비 $\frac{d_i}{d_r}$를 n_i, n_r, $\sin\theta_i$로 표현하라.

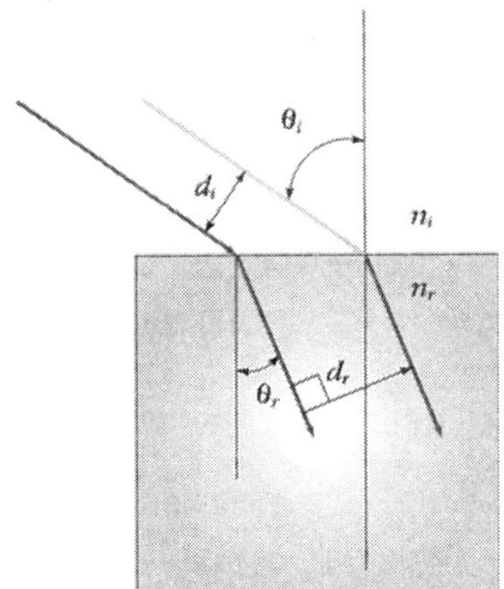

그림 23.16

■■ **풀이**

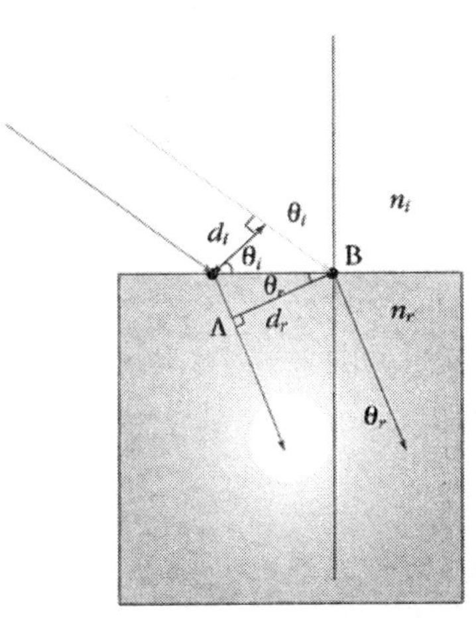

그림에서 변 $\overline{AB}$는 $\overline{AB}=\frac{d_i}{\cos\theta_i}=\frac{d_r}{\cos\theta_r}$의 관계가 있다.

따라서

$$\frac{d_i}{d_r}=\frac{\cos\theta_i}{\cos\theta_r}=\frac{\sqrt{(1-\sin^2\theta_i)}}{\sqrt{(1-\sin^2\theta_r)}}$$

이다. $\frac{\sin\theta_i}{\sin\theta_r}=\frac{n_r}{n_i}$의 관계를 이용하면,

$$\frac{d_i}{d_r}=\frac{\sqrt{(1-\sin^2\theta_i)}}{\sqrt{(1-(\frac{n_i}{n_r})^2\sin^2\theta_r)}}=\frac{n_r\sqrt{(1-\sin^2\theta_i)}}{\sqrt{(n_r^2-n_i^2\sin^2\theta_i)}}$$

이 된다.

9 그림 23.17과 같이 광선이 공기속($n=1$)에서 굴절률이 n인 투명한 평행판을 지나고 있다. 평행한 판은 빛의 진행 방향에 대하여 기울어져 있고, 판의 법선과 입사광선이 이루는 입사각은 θ_i이다. 평행판을 지난 다음에 빛의 경로는 원래의 경로에 대하여 거리가 d만큼 이동한다. 이동 거리 d를 판의 두께 t, 입사각 θ_i, 굴절각 θ_r, 굴절률 n으로 표현하라. 입사각과 굴절각이 매우 작은 경우의 근사식도 구하라. 공기의 굴절률은 1이다.

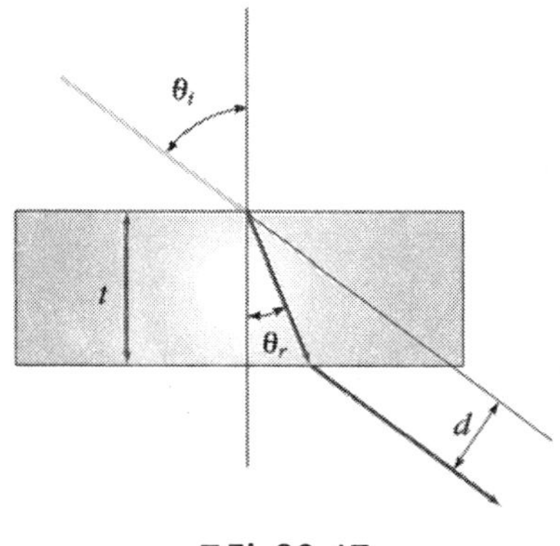

그림 23.17

■■ **풀이**

두께 t 의 유리 블록에서 아래 그림의 $\overline{AB}$ 는 $\dfrac{t}{\cos\theta_r}$ 이다. 간격 d는

$$\overline{AB}\sin(\theta_i-\theta_r)=\frac{t}{\cos\theta_r}sin(\theta_i-\theta_r)$$

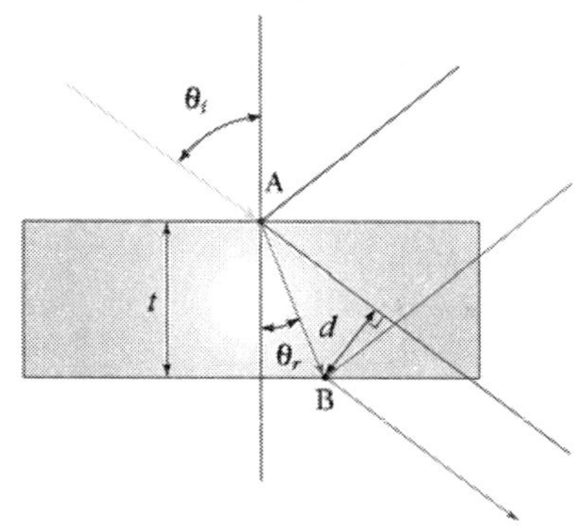

이다. 입사각과 굴절각이 매우 작은 경우,

$$d=t\,(\theta_i-\theta_r)=t\,\theta_i\left(1-\frac{\theta_r}{\theta_i}\right)$$

이 되고 Snell의 법칙을 근사하면 $\theta_i=n\theta_r$이므로

$$d=t\,\theta_i\left(1-\frac{1}{n}\right)=t\,\theta_i\frac{n-1}{n}$$

이다.

10 그림 23.18처럼 빛이 두꺼운 유리블록을 지날 때, 거리 d 만큼 옆으로 이동된다. $n=1.50$이라고 가정하여 d를 구하라.

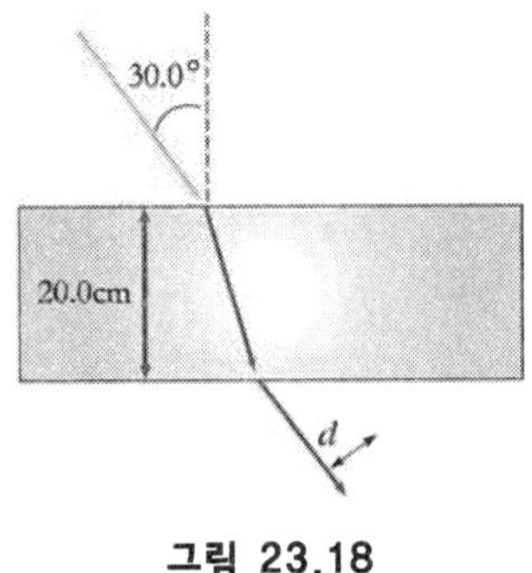

그림 23.18

■■ **풀이**

$\frac{\sin 30^o}{\sin\theta}=1.5$, $\theta=19.47^o$ 유리에서 굴절되어 진행 한 거리를 a라 하면, $\cos 19.47=\frac{20}{a}$이므로, $a=21.21\text{cm}$ 따라서

$$d=a\sin(30-19.47)=21.21\times\sin 10.53=3.88\text{cm}$$

11 위 문제에서 빛이 유리블록을 통과할 때 걸리는 시간을 구하라.

■■ **풀이**

유리에서 빛의 속도 $v=\frac{c}{n}=\frac{3\times10^8}{1.5}=2\times10^8\,\text{m/s}$이므로 유리블록을 통과할 때 걸리는 시간은

$$t=\frac{a}{v}=\frac{21.21}{2\times10^{10}}=1.06\times10^{-9}\text{s}=1.06\text{ns}$$

12 빛에 반사와 굴절에 대한 법칙은 소리에 대해서도 성립한다. 공기 속에서 음속은 340m/s이고, 물속에서는 1510m/s이다. 음파가 물의 평면에 입사각 12.0°로 다가간다면 굴절각은 얼마인가?

■■ **풀이**

$\frac{\sin 12°}{\sin\theta}=\frac{340}{1510}$에서 $\sin\theta=\frac{1510}{340}\sin 12°=0.92$ 이므로 $2\theta=66.93°$

13 그림 23.19와 같이 폭을 무시할 수 있는 백색광 빛이 평면 평행 유리판에 입사각 θ_i로 입사된다. 유리판의 바닥에는 거울이 코팅되어있다. 파장이 짧아지면 유리의 굴절률이 증가한다는 사실을 고려하여 유리판 내부와 유리판을 나갈 때의 백색광에 포함된 파란색과 빨간색의 경로를 그려 보아라.

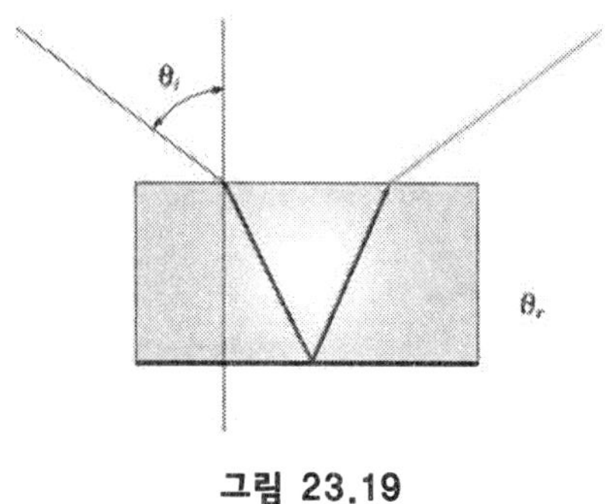

그림 23.19

■■ **풀이**

유리판을 지나면서 파란색은 빨간색에 비하여 법선 방향으로 더욱 굽어진다. 거울의 반사에서 입사각과 반사각은 동일하므로 다시 유리판과 공기의 경계면에서 굴절이 생긴다. 빨간색과 파란색의 입사각은 서로 다르지만 굴절률도 서로 다르므로 유리판을 나갈때는 두 경우 모두 처음의 입사각과 동일한 각을 갖고 서로 평행하게 판에서 나간다. 그러나 유리판을 빠져나가는 위치는 이동한다. 유리판의 두께가 t라면 이동거리의 차이는 빨간색에 대한 굴절률이 n_R, 굴절각이 θ_R이고 파란색에 대한 굴절률이 n_B, 굴절각이 θ_B라고 한다면, $|2t(\tan\theta_B - \tan\theta_R)|$이다. 이 식은,

$$\left| 2t\sin\theta_i \left(\frac{1}{\sqrt{n_B^2 - \sin^2\theta}} - \frac{1}{\sqrt{n_R^2 - \sin^2\theta}} \right) \right|$$

와 같이 입사각 θ_i 와 굴절률로 표현된다.

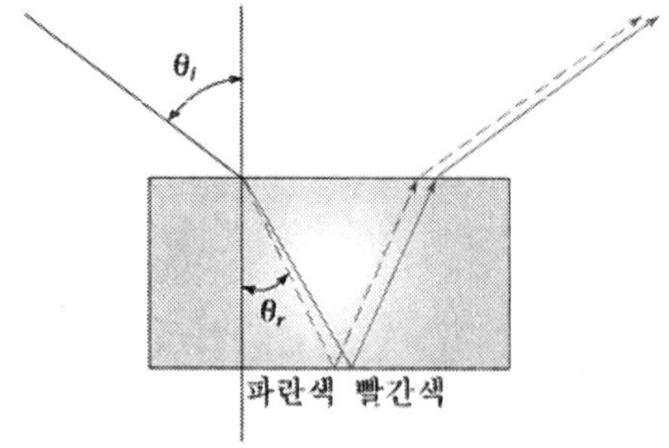

14 펠린-브로카(Pellin-Broca) 프리즘은 그림 23.20과 같이 사각형의 모양을 갖고 있으며, 입구와 출구에서 굴절을 하고, 내부에서 두 번 전반사를 한다. 파장이 짧아지면 유리의 굴절률이 증가한다는 사실을 고려하여 프리즘의 한 변에 입사된 백색광에 포함된 파란색과 빨간색의 경로를 프리즘을 빠져 나간 후까지 그려 보아라. 입사하는 빛의 진행 방향에 대하여 프리즘을 나가는 빛의 진행 방향이 90° 근처로 꺾였음을 보여라.

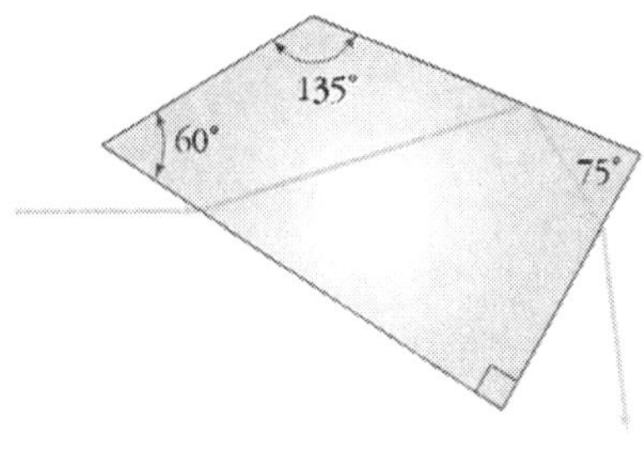

그림 23.20

■■ **풀이**

이 프리즘에서의 파란색과 빨간색에 대하여 파란색의 굴절률이 더 큼을 이용하여 작도해보면 아래와 같이 된다. 굴절되어서 프리즘을 빠져나가는 빛은 모두 입사광에 대하여 90도 근처의 값을 가지나, 파장에 따라서 조금씩 차이가 난다(굴절률은 1.5로 두고 계산해보기 바람).

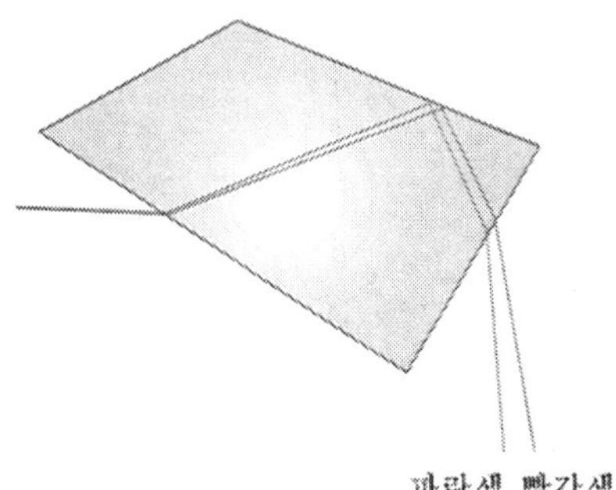

15 그림 23.21과 같이 삼각형 모양의 등각프리즘을 제작하고 입사각을 변화시키면서 원래 광선의 진행 방향과 프리즘을 나가는 광선의 편의각 δ를 측정한다. 이 편의각이 최소가 되는 최소 편의각에서는 프리즘에 입사되는 빛과 굴절되어 나가는 빛은 서로 대칭적 구조를 가지며 최소 편의각을 측정하면 재질의 굴절률을 구할 수 있다. 프리즘의 굴절률 n을 프리즘 정점의 각 ϕ와 최소 편의각 δ를 사용하여 표현하라.

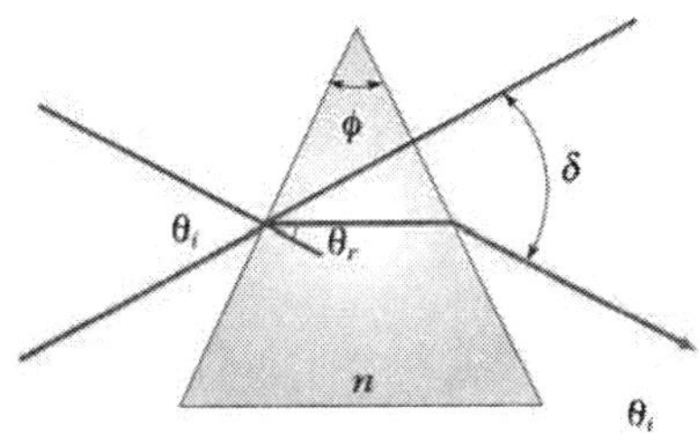

그림 23.21

■■ 풀이

편의각 δ는 $\delta=2(\theta_i-\theta_r)$ 이며, $\phi=2\theta_r$이므로 $\delta=2\theta_i-\phi$이다. 스넬의 법칙에서 $\frac{\sin\theta_i}{\sin\theta_r}=n$ 이므로 이식을 δ, ϕ로 표현하면, $n=\frac{\sin\frac{\phi+\delta}{2}}{\sin\frac{\phi}{2}}$이다.

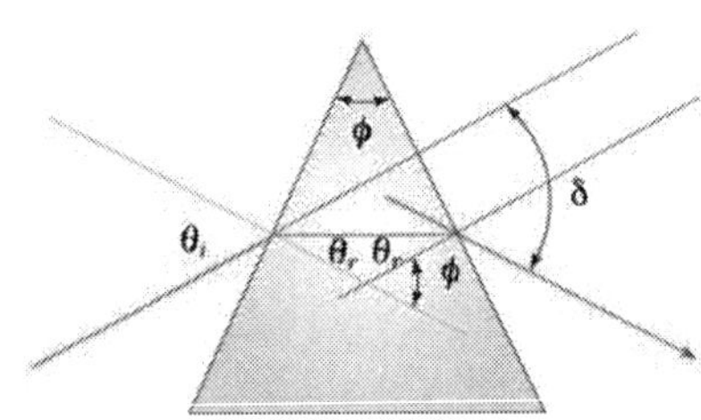

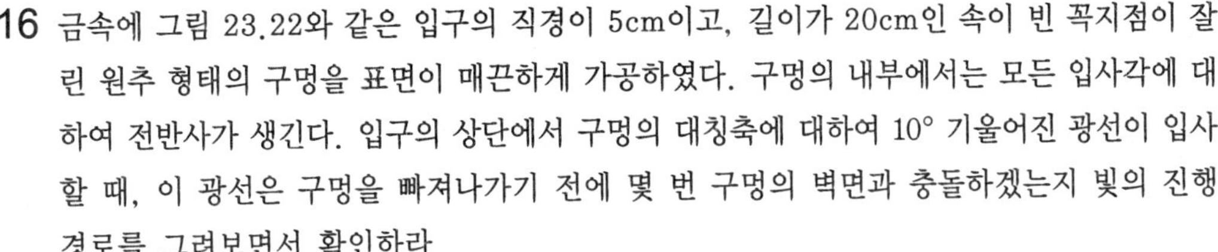

16 금속에 그림 23.22와 같은 입구의 직경이 5cm이고, 길이가 20cm인 속이 빈 꼭지점이 잘린 원추 형태의 구멍을 표면이 매끈하게 가공하였다. 구멍의 내부에서는 모든 입사각에 대하여 전반사가 생긴다. 입구의 상단에서 구멍의 대칭축에 대하여 10° 기울어진 광선이 입사할 때, 이 광선은 구멍을 빠져나가기 전에 몇 번 구멍의 벽면과 충돌하겠는지 빛의 진행 경로를 그려보면서 확인하라.

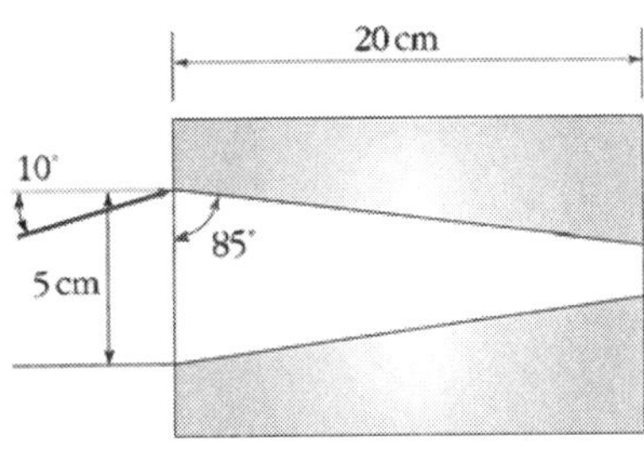

그림 23.22

■■ **풀이**

아래 그림과 같이 원추형 공간 내부 벽에서의 반사는 동일한 원추가 연속적으로 있는 것으로 생각하고 광선을 연장하여도 동일한 결과를 얻을 수 있으며, 실제 선을 그어보면 4번 반사 후 원추를 벗어남을 알 수 있다.

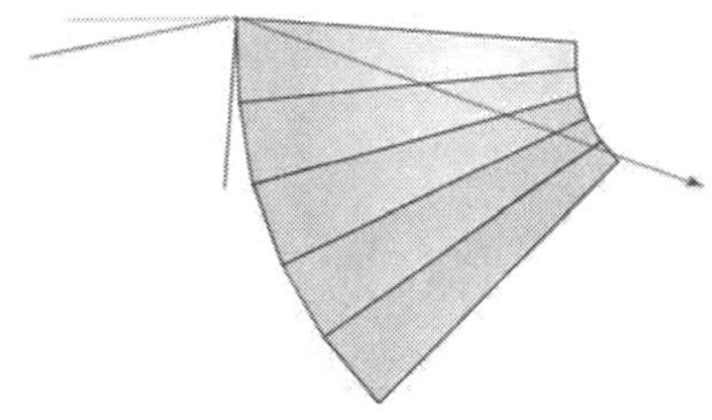

24 거울과 렌즈

1 키가 170cm인 사람이 자신의 몸 전체를 볼 수 있는 평면거울의 높이는 얼마인가?

■■ 풀이

그림에서 평면거울의 높이를 l로 했을 때 거울공식에서 $R=\infty$, $f=\infty$, $1/f=0$ 이므로

$$\frac{1}{p}+\frac{1}{q}=\frac{1}{f'}$$

$$q=-p$$

배율 $M=\dfrac{-q}{p}=1=\dfrac{h'}{h'}$

$$h'=h=170\text{ cm}$$

$$l=h'\left(\frac{p}{p-q}\right)=h'\left(\frac{p}{2p}\right)=\frac{h'}{2}=85\text{ cm}$$

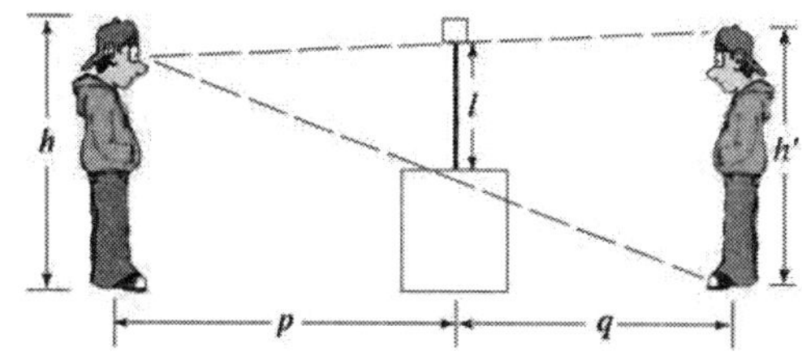

2 진흙 반점이 굴절률이 1.31인 얼음 속 깊이 3.50cm 아래에 들어 있다. 수직으로 내려다 볼 때 겉보기 깊이는 얼마인가?

■■ 풀이

겉보기 깊이는 $\dfrac{h}{n}=\dfrac{3.5}{1.31}=2.67\text{cm}$

3 곡률 반지름이 30.0cm인 볼록거울이 있다. 물체거리가 (a) 24.0cm, (b) 50.0cm일 때, 허상의 위치와 배율을 구하라. (c) 상들은 똑바로 서 있는가? 거꾸로 서 있는가?

■■ 풀이

볼록거울에서

(a) $f=R/2=(-30.0\text{ cm})/2=-15.0\text{ cm}$

$$\frac{1}{p}+\frac{1}{q}=\frac{1}{f'}$$

$\frac{1}{25.0\text{ cm}} + \frac{1}{q} = \frac{1}{-15.0\text{ cm}}$ 에서

$q = -\frac{75}{8}\text{ cm}$

배율은 $M = \frac{-q}{p} = \frac{-75/8\text{ cm}}{25/1\text{ cm}} = +\frac{3}{8}$ 이고

(c) 똑바로 서있는 상태임

(b) $f = R/2 = (-30.0\text{ cm})/2 = -15.0\text{ cm}$

$\frac{1}{50.0\text{ cm}} + \frac{1}{q} = -\frac{1}{15.0\text{ cm}}$

$q = -\frac{150}{13}\text{ cm}$

배율은 $M = \frac{-q}{p} = -\frac{-150/13}{50/1} = \frac{3}{13}$ 이고

(c) 똑바로 서있는 상태임

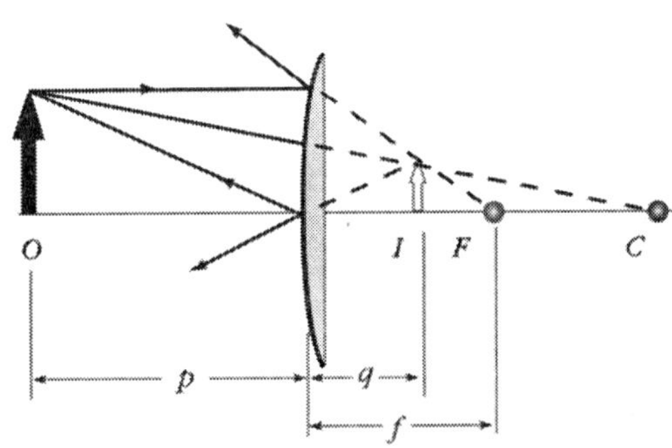

4 구면거울을 사용하여 물체로부터 5.0m 떨어진 스크린에 물체 크기의 5배 되는 상을 맺고자 한다.

(a) 필요한 거울의 종류는?

(b) 물체를 거울의 어디에 놓아야 하는가?

■■ 풀이

거울에서 5m 떨어진 경우 p와 q는

$$q = (p + 5.00\text{ m})$$

배율은 $M = -5.00 = -\frac{q}{p}$ 이므로

$$q = 5.00\,p$$

$$p + 5.00 = 5.00\,p$$

$$p = 1.25\text{ m}$$ 이고

초점거리는

$$\frac{1}{f} = \frac{1}{p} + \frac{1}{q} = \frac{1}{1.25\text{ m}} + \frac{1}{6.25\text{ m}}$$

$$f = 1.04\text{ m}$$

구의 반경

$$R = 2f = 2.08 \text{이다.}$$

이는 (a) 오목거울이며, (b) 거꾸로 된 확대 실상을 갖는다.

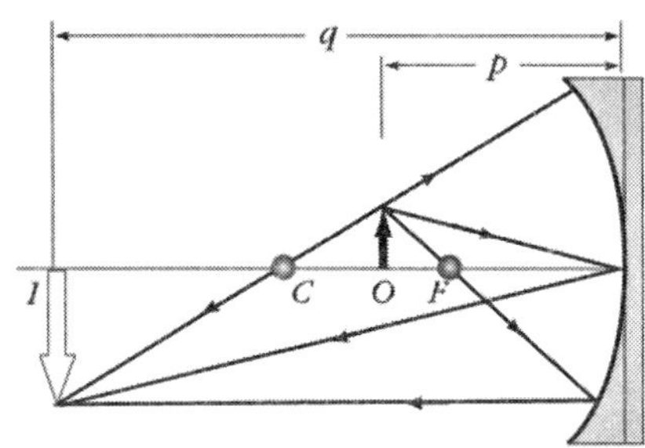

5 한 변의 길이가 50.0cm인 정육면체 얼음 블록이 평평한 마루 위에 놓여 있는데 그 밑에는 작은 먼지 알갱이가 하나 깔려있다. 만약 얼음의 굴절률이 1.309라면 이 알갱이의 상의 위치를 구하라.

■■ 풀이

얼음(p, n1)안의 물체가 얼음을 지나 굴절되어 밖의 공기(q, n2)가 있는 층으로 나오면 공식에서

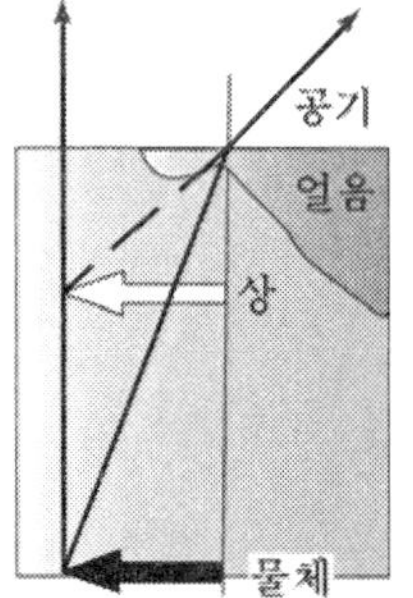

$$\frac{n_1}{p} + \frac{n_2}{q} = \frac{n_2 - n_1}{R}$$

$$\frac{1.309}{50.0\ \text{cm}} + \frac{1}{q} = \frac{1.00 - 1.309}{\infty} = 0$$

상의 위치는

$$q = \frac{-50.0\ \text{cm}}{1.309} = -38.2\ \text{cm}$$

이 되고 상의 크기는 실물의 크기와 같고 반듯하다.

6 유리 반구의 평평한 면을 종이 위에 놓아 문진으로 사용한다. 반구 부분의 반경은 4.0cm이고, 유리의 굴절률은 1.55이다. 이 반구의 중심이 반지름 2.50mm인 글자 "O"위에 놓여 있다. 유리 바로 위에서 보았을 때의 글자가 만든 상의 반지름은 얼마인가?

■■ 풀이

유리반구의 경우 공식에서 굴절률과 물체의 거리를 대입하면

$$\frac{n_1}{p} + \frac{n_2}{q} = \frac{n_2 - n_1}{R}$$

$$\frac{1.55}{4.00\ \text{cm}} + \frac{1.00}{q} = \frac{1.00 - 1.55}{-4.00\ \text{cm}}$$

상의 위치는

$$q=\frac{1}{[0.550/4.00\text{ cm}-1.55/4.00\text{ cm}]}=-4.00\text{ cm}$$

이 된다. 배율에서

$$M=\frac{h'}{h}=-\frac{n_1 q}{n_2 p}$$

상의 반지름은

$$h'=-\frac{n_1 qh}{n_2 p}=\frac{-1.55(-4.00\text{ cm})(2.50\text{ mm})}{1(4.00\text{ cm})}=3.88\text{ mm}$$

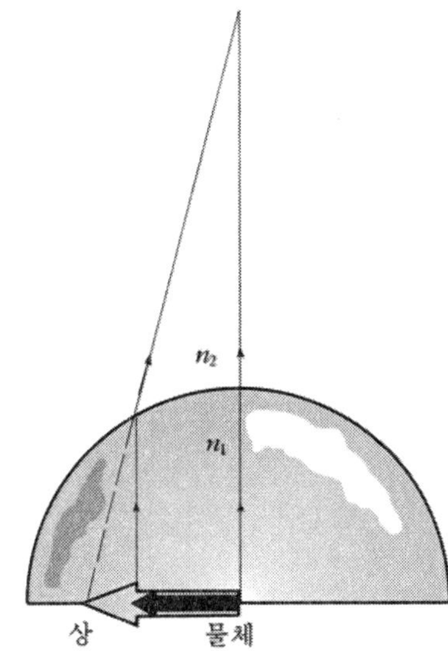

7 양쪽이 볼록한 렌즈의 왼쪽 면은 곡률 반지름이 12.0cm이고, 오른쪽은 18.0cm이다. 렌즈를 이루고 있는 유리의 굴절률은 1.44이다.

(a) 이 렌즈의 초점 거리를 구하여라.

(b) 만약 두 면의 곡률 반지름이 서로 바뀐다면 초점거리는 어떻게 되는가?

■■ 풀이

공식에 굴절률과 반지름을 대입하면

(a) $\frac{1}{f}=(n-1)\left(\frac{1}{R_1}-\frac{1}{R_2}\right)=(1.44-1.00)\left(\frac{1}{12.0\text{ cm}}-\frac{1}{-18.0\text{ cm}}\right)$

초점거리는

$$f=16.4\text{ cm}$$

(b) $\frac{1}{f}=(0.440)\left(\frac{1}{18.0\text{ cm}}-\frac{1}{-12.0\text{ cm}}\right)$

초점거리는

$$f=16.4\text{ cm}$$

8 그림 24.18의 동전의 렌즈에 의한 상은 실제 동전의 2배의 직경으로 보인다. 렌즈의 초점 거리를 구하라.

그림 24.18

■■ 풀이

렌즈로부터 상까지의 거리는

$$q = -2.84\ \text{cm}$$

배율은

$$M = \frac{h'}{h} = 2 = -\frac{q}{p}$$

이므로 물체의 거리

$$p = -\frac{q}{2} = 1.42\ \text{cm}$$

초점거리는 공식에서

$$f = \left(\frac{1}{p} + \frac{1}{q}\right)^{-1} = \left(\frac{1}{1.42\text{cm}} + \frac{1}{-2.84\text{cm}}\right)^{-1}$$

$$f = 2.84\ \text{cm}$$

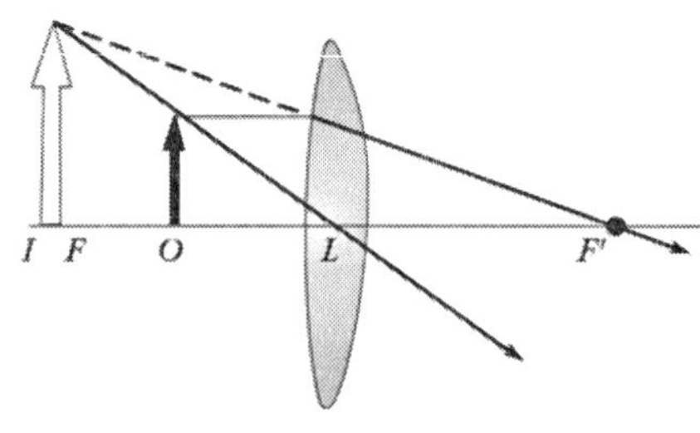

9 그림 24.19와 같이 평행한 광선이 유리 반구의 평탄한 면에 수직으로 입사한다. 유리 반구의 반지름은 $R=6.0$cm이고, 굴절률은 $n=1.560$이다. 빔이 집속되는 점을 구하라. (근축광선으로 가정)

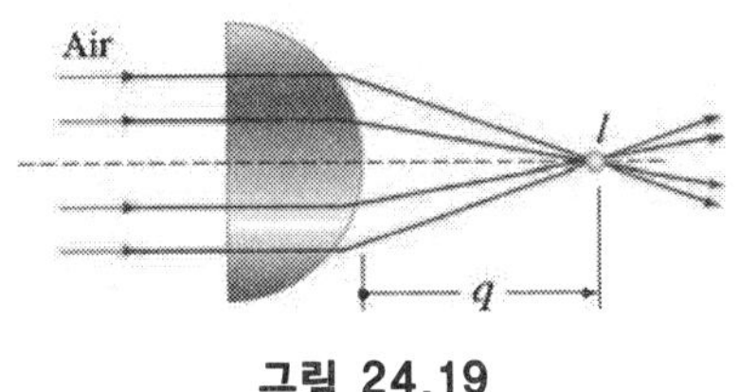

그림 24.19

■■ 풀이

그림2에서처럼 반구가 매우 두꺼운 경우 물체의 거리는 $p=\infty$, $R=-6.00$ cm이다.
공식은

$$\frac{n_1}{p}+\frac{n_2}{q}=\frac{n_2-n_1}{R}$$

대입하면

$$0+\frac{1}{q}=\frac{(1-1.56)}{-6.00\text{cm}}$$

이므로 상이 생기는 거리는

$$q=10.7\text{ cm}$$

10 초점거리가 15cm인 확대경으로 우표를 관찰한다. 우표에서 얼마 떨어진 곳에 렌즈를 두어야 +2.00배의 배율을 얻을 수 있는가?

■■ 풀이

$\mathrm{m}=2=\frac{15}{\mathrm{f}}$에서 $f=\frac{15}{2}=7.5$cm

11 초점거리가 −6.0cm인 발산렌즈의 왼쪽 12.0cm에 물체가 놓여 있다. 초점거리가 12.0cm인 수렴렌즈가 발산렌즈의 오른쪽 거리 d에 놓여 있다. 상이 무한대에 위치하도록 거리 d를 정하라. 이 경우 광선의 경로를 그려라.

■■ 풀이

배율공식에서

$$q_1=\frac{f_1 p_1}{p_1-f_1}=\frac{(-6.00\text{ cm})(12.0\text{ cm})}{12.0\text{ cm}-(-6.00\text{ cm})}=-4.00\text{ cm}$$

상의 거리가 $q_2=\infty$이 되면
실물 거리는

$p_2=f_2=12.0$ cm이 되고

상이 무한대로 되는 거리 d 는 $p_2 = d - (-4.00\text{ cm})$이므로

$$d + 4.00\text{ cm} = f_2 = 12.0\text{ cm}$$

$$d = 8.00\text{ cm}$$

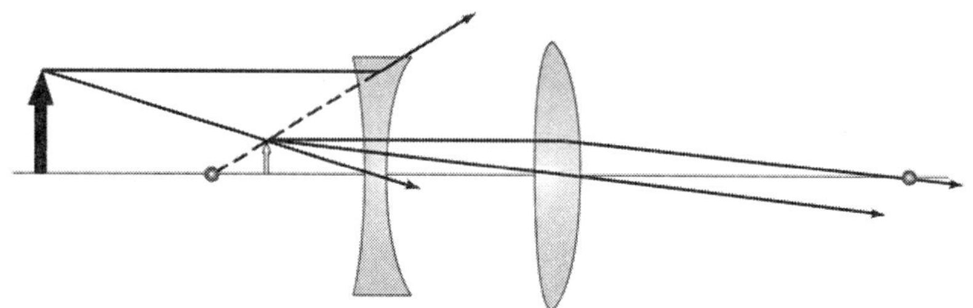

12 양면이 모두 볼록한 렌즈를 굴절률 1.5인 유리로 만들었다. 한쪽 곡률이 다른쪽 보다 2배 크다. 이 렌즈의 초점거리가 60mm라면 곡률반경은 얼마인가?

■■ **풀이**

$f = 60\text{cm}$, $\frac{1}{f} = (n-1)(\frac{1}{r_1} - \frac{1}{r_2})$에서, $r_2 = 2r_1$이므로 $\frac{1}{60} = (1.5-1)(\frac{1}{r_1} - \frac{1}{2r_1})$.

따라서 $r_1 = 45\text{mm}$, $r_2 = 90\text{mm}$

13 초점거리가 각각 f_1과 f_2인 두 얇은 렌즈가 붙어있다.

이것은 초점거리가 $f = \dfrac{f_1 f_2}{f_1 + f_2}$로서 주어지는 단일한 렌즈와 같음을 보여라.

■■ **풀이**

$f_1 > 0$, $\frac{1}{p_1} + \frac{1}{i_1} = \frac{1}{f_1}$, $p_2 < 0$, $i_1 = -p_2$ 에서

$\frac{1}{p_2} + \frac{1}{i_2} = \frac{1}{f_2}$ 이므로 $-\frac{1}{i_1} + \frac{1}{i_2} = \frac{1}{f_2}$ 이고, $\frac{1}{f} = \frac{1}{p_1} + \frac{1}{i_2}$ 이므로, $(\frac{1}{p_1} - \frac{1}{f_1}) + \frac{1}{i_2} = \frac{1}{f_2}$.

따라서 $\frac{1}{f} - \frac{1}{f_1} = \frac{1}{f_2}$ 이므로, $f = \frac{f_1 f_2}{f_1 + f_2}$

14 물체와 바로 선 상과의 거리가 20.0cm이다. 배율이 0.50이라면 상을 맺는데 사용된 렌즈의 초점거리는 얼마인가?

■■ **풀이**

$\frac{1}{p} + \frac{1}{i} = \frac{1}{f}$ 에서 $p + i = 20\text{cm}$, $m = \frac{i}{p} = 0.5$이므로,

$i = 0.5p$, $1.5p = 20\text{cm}$, $p = \frac{40}{3}\text{ cm}$, $i = \frac{20}{3}\text{ cm}$로부터 $\frac{1}{f} = \frac{3}{40} + \frac{3}{20} = \frac{9}{40}$ 이므로 $f = \frac{40}{9}\text{ cm}$

15 초점거리가 20cm인 볼록렌즈가 초점거리 -15cm인 오목렌즈의 왼쪽 10cm 가 되는 곳에 있다. 물체가 볼록렌즈의 왼쪽 40cm에 있다면 상의 위치와 배율을 결정하라.

■■ 풀이

$f_1 = +20$㎝, $f_2 = -15$㎝, $i = 40$㎝이다.
볼록렌즈의 상은 $i = 40$㎝인 곳으로 오목렌즈에서 볼 때 $o' = -30$㎝인 곳에 물체가 위치한 것으로 볼 수 있다. $i' = -30$으로 최종적으로 볼록렌즈 왼쪽 20㎝인 곳에 배율 1의 정립실상이 생긴다.

16 지구에서 태양을 바라볼 때 태양의 원반이 만드는 각도는 0.533°이다. 반지름이 3.00m인 오목 구면 거울로 만든 태양의 상의 위치와 지름은 얼마인가?

■■ 풀이

공식에 초점거리, 물체와 상과의 거리를 고찰해 보면

$$f = R/2 = +1.50\text{ m}$$

태양과의 거리는 실제
$p = \infty$이므로
$\frac{1}{p} + \frac{1}{q} = \frac{1}{f'}$에서
$q = f = 1.50\text{ m}$
배율은
$M = -\frac{q}{p} = \frac{h'}{h}$은 거의 영의 값을 갖는다.
그러나 각도로 고려할 경우는 보다 정확한 값을 구할 수 있다.
즉 물체에 대한 각 지름의 비 h/p를 대입하면
상의 지름은

$$h' = -\frac{hq}{p} = (-0.533^o)\left(\frac{\pi}{180}\text{ rad/deg}\right)(1.50\text{ m}) = -0.140\text{ m} = -1.40\text{ cm}$$

이 된다.

25 파동 광학

1 영의 이중 슬릿 실험

초기의 영의 이중 슬릿 실험에서는 가시광선을 사용하였으므로 간섭무늬가 매우 작게 나타났다. 이러한 영의 간섭실험을 보다 파장이 긴 전자기파에 한번 적용해 보자. 이렇게 하기 위해서 결맞은 파동이 나오는 두개의 안테나가 같은 파장의 동일한 신호를 보내고 있다고 생각하자(우리가 좋아하는 음악방송이라 해두자). 두 안테나는 500m 간격으로 서 있다. 두개의 안테나를 잇는 선에 2km 떨어진 평행한 고속도로 위를 진행하고 있는 자동차에서 이 방송을 들을 때 2차 극대 신호가 중앙 점에서 300m 떨어진 곳에서 나타났다. 이러할 때 1차와 3차 극대의 신호가 나오는 곳의 위치를 찾아라.(각이 작을 때의 근사공식을 사용한 것과 정확한 공식을 사용한 것을 비교해 보아라.)

■■ **풀이**

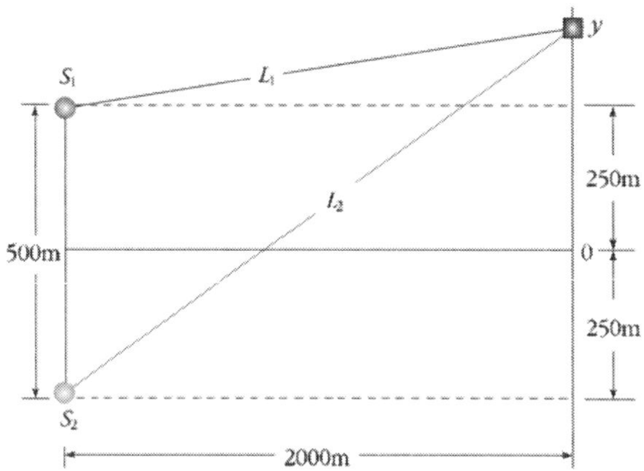

위의 그림에서 극대 신호는 L_1과 L_2의 경로차 ΔL이 서로 보강 간섭을 이루는 y 의 위치에서 발생하므로 $L_2 - L_1 = \Delta L = m\lambda$의 조건식을 사용하면 된다. ΔL의 모양을 y 의 함수로 구하기 위해 피타고라스의 정리를 이용하여 L_1과 L_2의 표현식을 다음과 같이 쓴다.

$$L_2 = \sqrt{2000^2 + (250+y)^2}\ ,\quad L_1 = \sqrt{2000^2 + (y-250)^2}\ .$$

따라서 경로차의 보강 간섭 조건은 다음과 같이 된다.

$$\Delta L = \sqrt{2000^2 + (250+y)^2} - \sqrt{2000^2 + (250-y)^2} = m\lambda\ .$$

문제에서 2차 극대 신호가 중앙점에서 300 m 떨어진 곳에서 발생한다고 하였으므로 $m=2$와 $y=300$을 대입하여 이로부터 전자기파의 파장을 구하면 대략 $\lambda = 36.8$ m가 된다. 문제에서 구하라고 한 1차 극대 신호의 위치 y_1는 위의 식에서 $m=1$과 $\lambda=36.8$을 대입하여 계산하면 대략 $y_1=148.7\text{ m}$가 되고, 마찬가지로 3차 극대 신호 y_3는 $m=3$과 $\lambda=36.8$를 대입하면 대략 $y_3=456.1\text{ m}$를 얻는다. 각이 작을 때의 근사공식 $\frac{l\,y_m}{L}=m\lambda$에서 l은 두 안테나 사이의 거리 500 m이고 L은 안테나를 잇는 직선과 평행한 고속도로 사이의 거리 2000 m가 된다. 이식에 문제에서 주어진 2차 극대 신호의 조건인 $m=2$와 $y_2=300\text{ m}$를 대입하여 전자기파의 파장을 구하면 $\lambda=37.5\text{ m}$가 된다. 이를 이용하여 1차 극대 신호의 위치를 구하면 $y_1=150\text{ m}$가 되고 마찬가지로 3차 극대 신호의 위치를 구하면 $y_3=450\text{ m}$가 된다.

2 이중 슬릿 실험에서 한쪽 슬릿을 굴절률 $n=1.58$인 얇은 운모조각으로 가렸더니, 가리기 전에는 7번째 차수의 밝은 무늬였던 것이 가린 후에는 스크린의 중앙 위치로 자리를 옮겼다. 사용된 빛의 파장이 $\lambda=550\text{nm}$라면 운모의 두께는 얼마인가?

풀이

운모로 한쪽 슬릿을 가린 후의 중앙 극대의 밝기가 운모로 가리기 전의 $m=7$의 위수에 해당하는 위치의 밝기로 어두워진다는 뜻이므로, 이에 해당하는 경로차는 파장의 7배가 된다. 두 슬릿으로부터 중앙 극대까지의 기하학적 거리는 같으므로 운모 조각을 통과하는 빛은 운모 내부에서 파장이 짧아져 결과적으로 빛의 광학적 거리가 길어져서 이에 따른 달라진 경로와 운모를 통과하지 않는 빛의 경로 차이 때문에 중앙 극대점에서 보강 간섭을 일으킨다는 내용이므로 아래의 그림을 참고하여 계산하면,

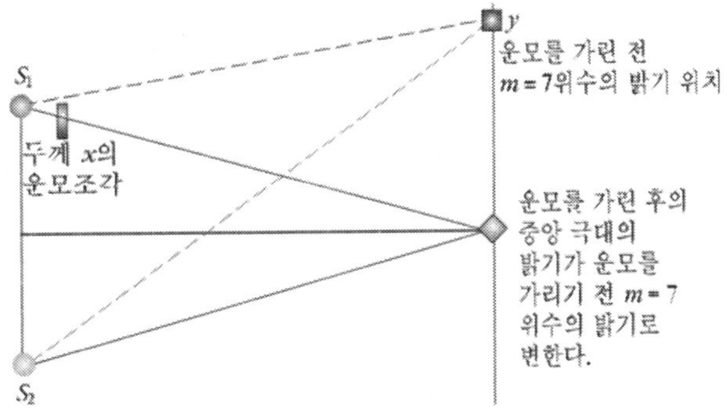

한쪽 빛은 운모의 두께에 해당하는 x라는 거리를 통과하고 다른 쪽 빛은 같은 두께의 공기층을 지나가므로, 운모 내에서 빛의 파장이 공기 중에서의 빛의 파장보다 짧아져 더 많은 수의 파장이 생겨서 빛의 광학적 거리가 그냥 공기층을 통과하는 빛의 광학적 거리보다 더 커지므로 결과적으로 두 광선 사이에 위상차가 일어난다. 본문의 내용에 이미 언급이 되었듯이 경로차가 파장의 정수배이면 보강간섭을 하고 이때의 위상차는 2π의 정수배가 되므로 결과적인 위상차는 $2\pi\times 7$이 된다. 따라서 $k_n x-kx=2\pi\times 7$이고, 이 식을 다시 바꾸어 쓰면 $\frac{2\pi x}{\lambda_n}-\frac{2\pi x}{\lambda}=2\pi\times 7$이 된다. 굴절율이 1인 공기 중에서의 빛의 파장을 λ라 할 때 운모 조각 내에서의 빛의 파장은 $\lambda_n=\frac{\lambda}{n}$이 된다. 이 관계를 이용하여 위의 식을 정리하면 $x\left(\frac{n}{\lambda}-\frac{1}{\lambda}\right)=7$이 된다. 따라서 구하려는 운모의 두께 x에 대하여 정리하면 $x=\frac{7\lambda}{n-1}$이 되므로 운모의 굴절률 $n=1.58$과 빛의 파장 $\lambda=550\text{nm}$를 대입하여 최종적으로 $x=6{,}638\text{nm}$를 얻는다.

3 이중 슬릿 장치에서 슬릿 간의 간격은 슬릿을 지나는 광선 파장의 100배이다. 1차 극대와 2차 극대 사이 각도차이는 얼마인가?

■■ **풀이**

$dsin\theta = m\lambda$에서 $d = 100\lambda$일 때 1차 극대에서의 각 θ_1은 $\sin\theta_1 = \frac{\lambda}{d} = \frac{1}{100}$이고,

2차 극대에서의 각 θ_2는 $\sin\theta_2 = \frac{2\lambda}{d} = \frac{2}{100}$이므로, $\theta_1 = 0.6366°$, $\theta_2 = 1.2733°$, $\Delta\theta = 0.64°$

4 나트륨 광(589nm)에 대해서, 어떤 이중 슬릿 장치가 0.20° 간격의 간섭 무늬줄을 만들게 하였다. 각도 간격을 20% 만큼 더 크게 하려면 어떤 파장의 빛을 사용해야 하는가?

■■ **풀이**

$\sin\theta = \frac{m\lambda}{d}$에서 $d = \frac{m\lambda}{\sin\theta} = \frac{589}{\sin 0.2^o} = 0.17\text{mm}$ 각도 간격이 20% 더 커지면,

$\lambda = d\sin(0.2 \times 1.2) = 0.17 \times \sin(0.24^o) = 712\text{nm}$

5 간섭무늬의 세기 분포

슬릿 사이의 간격이 0.25mm인 이중 슬릿에 파장이 660nm인 결맞은 빛을 조사한 후 슬릿으로부터 0.700m 떨어진 스크린 상에서 무늬를 관찰하였다. 중앙 극대의 중심에서의 세기를 I_{00}라 할 때 (a) 세기가 최소인 첫 번째 점의 위치는 중심으로부터 얼마나 떨어져 있는가? (b) 세기가 $I_{00}/2$인 지점은 중앙 극대의 중심으로부터 얼마나 떨어져 있는가?

■■ **풀이**

(a) 세기가 최소인 첫째 점은 상쇄간섭 조건의 어두운 무늬의 위치 관계식 $y_{dark} = \frac{\lambda L}{d}\left(m + \frac{1}{2}\right)$ 에서 $m = 0$인 경우이므로 $\lambda = 660\text{nm}$, $L = 0.7\text{m}$와 $d = 0.25\text{mm}$를 대입하여 첫 번째 어두운 위치는 $y_{dark-1} = 9.24\text{cm}$를 얻는다.

(b) 중앙 극대의 중심에서의 세기 $I = 4I_0 = I_{00}$, 세기가 $I_0/2$인 지점은 빛의 광도 관계식 $I = 4I_{00}\cos^2\frac{\phi}{2}$ 에서 $\cos^2\frac{\phi}{2} = \frac{1}{2}$이 되어야 하므로 $\cos\frac{\phi}{2} = \frac{\sqrt{2}}{2}$가 되고, 위상 관계식 $\phi = \frac{2\pi d}{\lambda L}y$를 대입하고 y에 대하여 정리하면, $y = \frac{\lambda L}{\pi d}\cos^{-1}\left(\frac{\sqrt{2}}{2}\right)$가 되므로 각각의 값들을 대입하여 계산하면 세기가 $I_{00}/2$인 지점은 대략 $y = 2.7\text{cm}$로 구해진다.

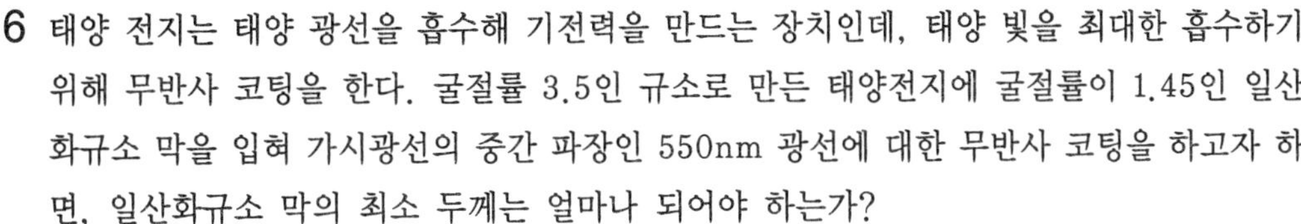

6 태양 전지는 태양 광선을 흡수해 기전력을 만드는 장치인데, 태양 빛을 최대한 흡수하기 위해 무반사 코팅을 한다. 굴절률 3.5인 규소로 만든 태양전지에 굴절률이 1.45인 일산화규소 막을 입혀 가시광선의 중간 파장인 550nm 광선에 대한 무반사 코팅을 하고자 하면, 일산화규소 막의 최소 두께는 얼마나 되어야 하는가?

■■ 풀이

공기와 일산화규소 막의 경계에서 반사하는 광선과 일산화규소 막과 규소의 경계에서 반사하는 광선 모두가 180°의 위상 변화를 겪으므로 소멸간섭을 일으키는 조건은

$$2nt = (m+\frac{1}{2})\lambda$$

가 된다. (식 (26.13) 참고.) 일산화규소 막의 최소 두께를 구하기 위해 $m=0$으로 하고 주어진 값들을 대입하면, 막의 두께는

$$t = \frac{1}{2n}\frac{1}{2}\lambda = \frac{1}{2\times1.45}\times\frac{1}{2}\times550 = 94.8\text{nm}$$

로 구해진다.

7 굴절률 1.40인 유리판에 굴절률 1.55인 물질의 박막을 입혀서 600nm의 빛만 통과 시키고자 한다. 막의 두께는 최소한 얼마라야 하나?

■■ 풀이

$n_1=1$(공기), $n_2=1.40$(유리), $n_3=1.55$(박막)일 때 박막의 두께를 L이라 하면,

$2L=(m+\frac{1}{2})\lambda_{n2}$에서 $\lambda_{n2}=\frac{\lambda}{n_2}$이므로, $2n_2l=(m+\frac{1}{2})\lambda$이고 최소 두께일 때 $m=0$이므로

$$L=\frac{\lambda}{4n_2}=\frac{600\text{nm}}{4\times1.40}=107.14\text{nm}$$

8 한쪽 면은 평면이고 다른 쪽 면은 반지름이 R인 구면의 일부로 되어 있는 볼록렌즈가 있다. 이 렌즈가 구면인 쪽이 아래쪽으로 평면 유리 위에 놓여 있고, 평면 유리와 렌즈의 사이에는 공기가 있다. 파장 λ인 빛이 수직 입사하여 공기층의 아래 면과 윗면에서 반사되어 만든 간섭무늬를 위에서 내려다보면 여러 개의 동심원이 보이는데 이를 뉴턴의 고리(Newton's ring)이라고 부른다. 중앙에서부터 m번째 밝은 고리의 반지름을 r이라고 하면, $r \ll R$일 때, r의 값이 $r^2 = \left(m+\frac{1}{2}\right)\lambda R$로 주어짐을 보여라.

■■ 풀이

반지름이 r 인 m 번째 밝은 고리의 위치에서 렌즈의 밑면(B)과 평면유리(P) 사이의 거리를 d 라 하자. 렌즈 구면을 이루는 구의 중심(O)과 P의 높이 차는 R, O와 B의 높이 차는 $\sqrt{R^2-r^2}$ 이므로, $r \ll R$일 때

$$d = R-\sqrt{R^2-r^2} \simeq \frac{1}{2}\frac{r^2}{R}$$

이다. 보강간섭을 일으킬 조건은 식 (26.13)에 의해

$$2d = (m+\frac{1}{2})\lambda = \frac{r^2}{R}$$

이므로

$$r^2 = (m+\frac{1}{2})\lambda R$$

이 된다.

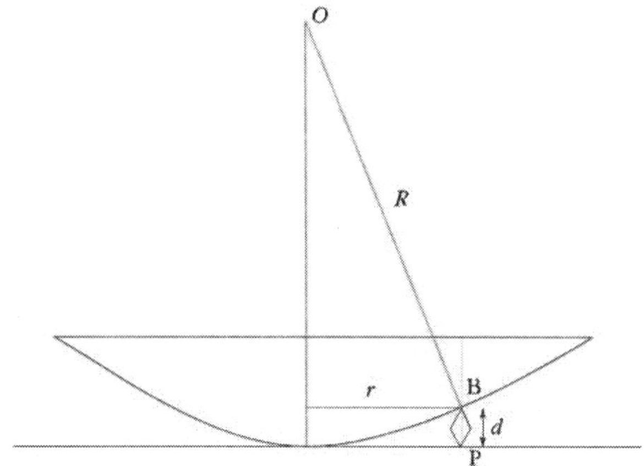

9 헬륨-네온 레이저의 633nm 파장의 빛이 폭 0.5mm인 단일 슬릿을 지나 슬릿으로부터 5m 떨어진 스크린에 회절무늬를 만들고 있다. 중앙 극대의 양쪽 경계에서 소멸간섭을 일으키는 점들 사이의 거리를 구하라.

■■ 풀이

슬릿과 스크린까지의 거리를 L이라 하고, 회절무늬의 중앙 극대로부터 첫 번째 극소점까지의 거리를 d라 하자. 식 (26.17)의 소멸간섭 조건에 $m=1$을 넣고, θ가 작을 때 $\sin\theta \simeq \tan\theta$임을 이용하면,

$$\sin\theta = \frac{\lambda}{a} \simeq \tan\theta = \frac{d}{L}$$

가 된다.
숫자 값들을 대입하여 d를 구하면

$$d = \frac{\lambda}{a}L = \frac{633\times10^{-9}}{0.5\times10^{-3}}\times 5 = 6.33\times10^{-3}\ (\text{m})$$

가 된다. 따라서 소멸간섭을 일으키는 점들 사이의 거리 $2d$는 12.66 mm가 된다.

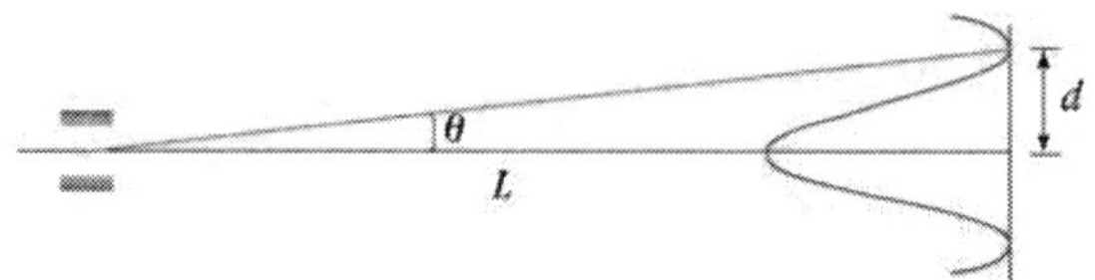

10 두 파장(λ_a, λ_b)의 빛이 단일 슬릿을 통과한다. 한 파장의 첫 번째 극소점과 다른 파장의 두 번째 극소와 일치하였다. 두 파장 사이의 관계를 구하라.

■■ 풀이

$a\sin\theta = \lambda_a$, $a\sin\theta = 2\lambda_b$에서 $\lambda_a = 2\lambda_b$

11 두 헤드라이트 사이의 거리가 1.5m인 자동차가 멀리서 다가오고 있다. 사람의 눈조리개의 직경이 5.0mm, 자동차 불빛의 파장이 550nm라고 하자. 사람의 망막에 시세포가 연속적으로 분포되어 있다고 하면, 자동차가 얼마의 거리에 도달했을 때부터 두 헤드라이트가 분리되어 보이겠는가? (실제로는 사람의 시세포 사이의 분리각이 5×10^{-4} 정도여서, 회절 효과만을 고려해서 계산했을 때보다 더 가까이 와야 헤드라이트가 분리돼 보인다.)

■■ 풀이

눈조리개의 직경을 D, 두 헤드라이트 사이의 거리를 d, 눈과 자동차의 거리를 L이라 하자. 눈에서 두 헤드라이트를 바라봤을 때의 사잇각 $\theta \approx \frac{d}{L}$이므로, 식 (26.20)에 의해

$$\theta_{\min} = 1.22\frac{\lambda}{D} = \frac{d}{L}$$

이다. 숫자 값을 대입하여 풀면

$$L = \frac{Dd}{1.22\lambda} = \frac{2\times5\times10^{-3}\times1.5}{1.22\times550\times10^{-9}} = 2.24\times10^{4}\ \text{(m)}$$

즉 22.4 km가 된다. 이 $\theta_{\min}$은 0.67×10^{-4}으로 사람의 눈의 시세포 사이의 분리각인 5×10^{-4}보다 작으므로 실제 사람의 눈에는 자동차가 더 가까이 와야 헤드라이트가 분리돼 보인다.

12 헬륨-네온 레이저에서 빛이 나와 1cm당 5,000개의 선을 갖는 회절격자에 부딪쳐 격자로부터 1.5m 떨어져 있는 벽에 중앙극대와 1차 주 극대가 0.474m 간격을 두고 나타난다. 레이저광의 파장을 구하라.

■■ 풀이

fig-1을 보면 인접한 슬릿에서 나온 파동들 사이의 경로차가 $\delta = d\sin\theta$ 임을 알 수 있다. 경로차가 파장의 정수배가 되는 지점은 두 파동의 위상이 같게 될 것이다. 이때 밝은 무늬(회절광)를 관찰하게 된다. 따라서 우리는 회절광들이 만족하는 식

$$d\sin\theta = m\lambda \quad (m = 0,\ 1,\ 2,\ 3,\ \ldots) \qquad ①$$

을 얻게 된다. ①식을 λ에 대하여 정리하면

$$\lambda = \frac{d}{m}\cdot\sin\theta \qquad ②$$

를 얻게 된다.

$$d = \frac{1}{5{,}000}\text{cm} = 2\times10^{-4}\text{cm} = 2{,}000\ \text{nm}$$ (슬릿간격은 cm당 격자수의 역과 같다.)

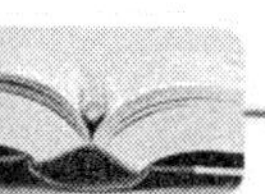

$$\sin\theta \approx \theta \approx \frac{0.474\ m}{1.5\ m} = 0.316$$

1차 주극대 사이까지 이므로 $m = 1$

$$\therefore\ \lambda = \frac{d}{m}sin\theta = \frac{2{,}000\ \text{nm}}{1} \times 0.316 = 632\ \text{nm}$$

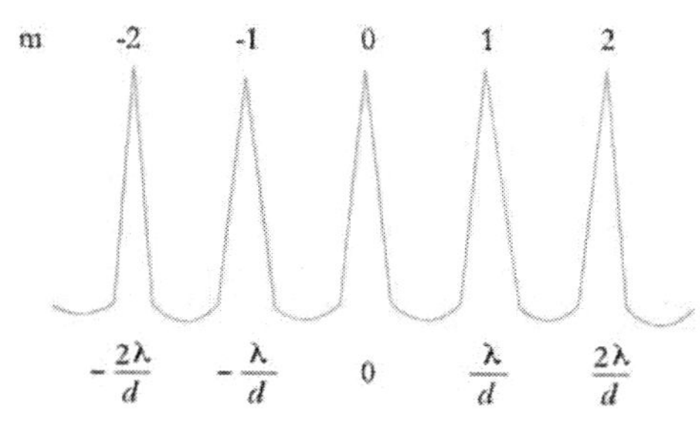

참고자료 1

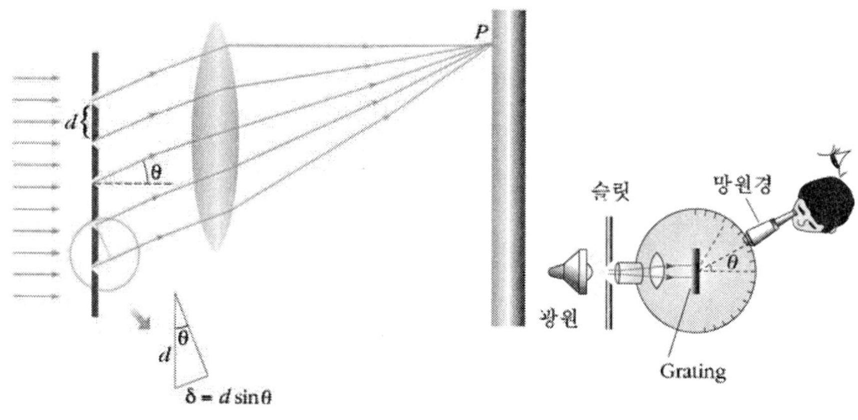

[참고자료 2]

[참고]

θ를 충분히 작게 하면 삼각형을 호라고 생각할 수 있으며 이때 $l = r\theta \rightarrow \theta = \frac{l}{r}$ $\sin\theta$를 θ로 놓을 수 있다.

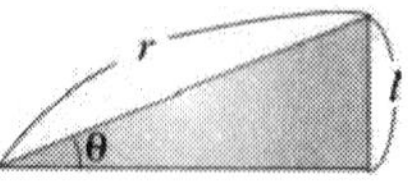

→ 이중슬릿에서는 회절격자에 대한 세기분포는 다음과 같이 주어지며 참고자료 3의 분포를 이룬다.

$$I = I_m\left(\frac{\sin\alpha}{\alpha}\right)^2$$

단, $\alpha = \frac{\pi}{\lambda}a\sin\theta, I_m \propto E_m^2$

I는 회절무늬의 세기, E는 진폭이다.

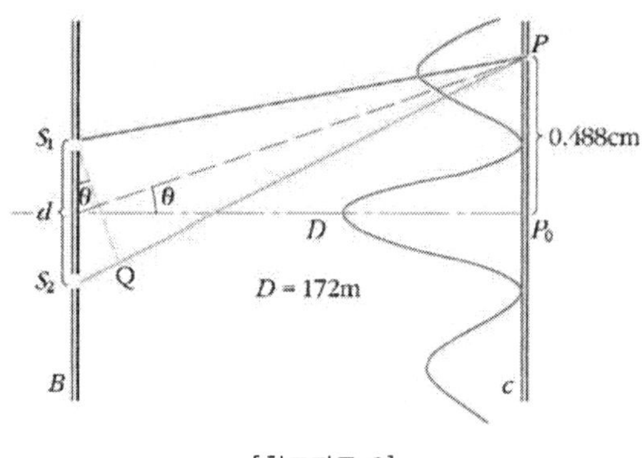

[참고자료 3]

13 격자 분광기의 1차 스펙트럼에서 세 개의 불연속 스펙트럼선이 10.1°, 13.7°, 14.8°에 나타났다.

(a) 3,500선/cm를 가진 격자라면, 빛의 파장은 각각 얼마인가?

(b) 이 선들이 2차 스펙트럼에서는 몇 도에서 발견되겠는가?

■■ 풀이

(a) 1차 스펙트럼에서 위치가 다른 세 가지가 관찰된 것은 파장이 다른 3종류의 파동을 갖고 있는 파동이 격자분광기를 통과했다는 것을 의미한다. 참고자료 3의 격자분광기의 구조에서 알 수 있듯이 파장에 따라 회절각이 달라짐을 알 수 있다.

3,500 slits/cm 이므로 $d = \frac{1}{3,500}\text{cm} = 2.857 \times 10^{-4}\text{cm} = 2,857\,\text{nm}$

1차 스펙트럼이므로 $m = 1$

i. $\theta = 10.1°$일 때 $\lambda = 2,857\text{nm} \times \sin(10.1°) = 501\text{nm}$

ii. $\theta = 13.7°$일 때 $\lambda = 2,857\text{nm} \times \sin(13.7°) = 676.6\text{nm}$

iii. $\theta = 14.8°$일 때 $\lambda = 2,857\text{nm} \times\times \sin(14.8°) = 729.8\text{nm}$

(b) 2차 스펙트럼에서의 각을 구하는 것이므로

②식에 $m = 2$, $d = 2778\text{nm}$를 대입한다.

i) $\lambda = 501\,\text{nm}$일 때 $\sin\theta = \frac{2}{2857\,\text{nm}} \times 501\text{nm} = 0.35$

$\because \theta = 20.49°$

ii) $\lambda = 676.6\,\text{nm}$일 때 $\sin\theta = \frac{2}{2857\,\text{nm}} \times 676.6\text{nm} = 0.47$

$\because \theta = 28.03°$

iii) $\lambda = 729.8\,\text{nm}$일 때 $\sin\theta = \frac{2}{2857\,\text{nm}} \times 729.8\text{nm} = 0.51$

$\because \theta = 30.66°$

→ 단 차수를 거듭하면서 $\sin\theta$값이 1보다 커지는 경우 $\sin\theta$값은 1을 초과할 수 없으므로 값 자체가 무의미하며 관찰되지 않는다.

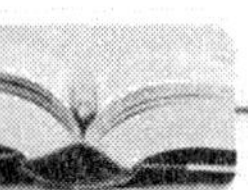

14 폭이 20mm인 회절격자가 6,000줄을 갖고 있다. 입사광선의 파장은 589nm이다. 어떤 각도에서 극대 강도의 선속이 생기겠는가?

■■ **풀이**

$d\sin\theta = m\lambda$에서 $\frac{20\times10^{-3}}{6000}\sin\theta = 5.89\times10^{-7}$이므로 $\theta = 0.1776^o$

15 폭이 30mm인 회절격자가 있다. 600nm 파장의 빛에 대해서 30°에서 2차 최대가 관측되었다면, 이 격자에 그어진 줄의 수는 얼마인가?

■■ **풀이**

$d\sin\theta = m\lambda$에서 $d = \frac{2\times600\times10^{-9}}{\sin30^o} = 2.4\times10^{-6}\,\mathrm{m}$이므로 폭이 30mm인 회절격자에는 $\frac{30\times10^{-3}}{2.4\times10^{-6}} = 12500$개의 줄이 있다.

16 실리콘(Si)의 결정구조에서 평면간 거리가 0.543nm이다. 단색광 X-선에 대해 측정각이 4.96°일 때 최대회절이 나타난다. X-선의 파장을 구하라.

■■ **풀이**

* Bragg's law

고체의 결정은 일정한 lattice와 basis로 구성된 crystal structure를 이루고 있으며 fig-2 에서 색으로 칠해진 면과 같은 plane을 갖게 된다. fig-3에서 두 면에 입사한 빔의 경우 upper plane에 반사한 beam과 lower plane에 반사한 beam 사이의 경로차가 발생하게 되며 이 경로차가 파장의 정수배가 될 때 보강간섭을 하게 된다. 즉 다음의 관계가 성립한다.

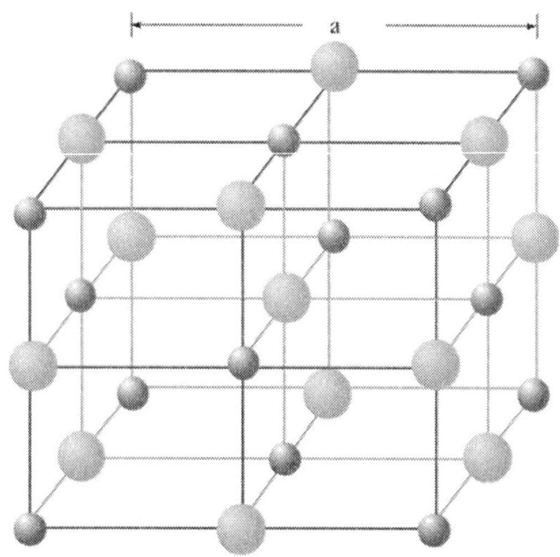

[fig-2] 소금의 결정 구조 모델

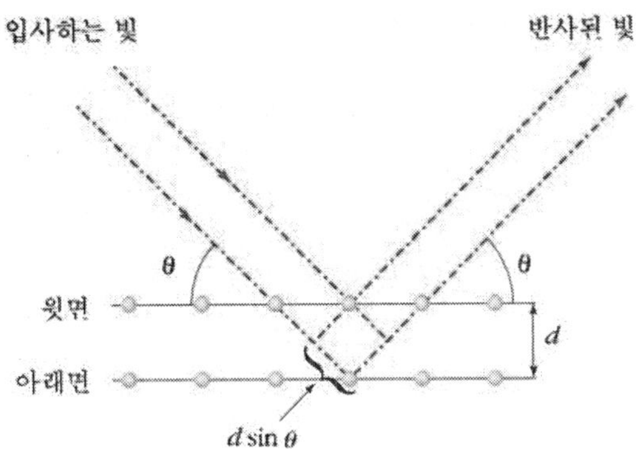

[fig-3] 거리d 만큼 떨어져 있는 두 개의 평행한 결정면들로부터 반사된 x-선 빛살들을 2차원적으로 보여준 상태.

$$2d\sin\theta = m\ \lambda \quad (m = 1,\ 2,\ 3,\ \ldots) \qquad ③$$

이것을 bragg's law라 한다. 즉 고체가 격자의 역할을 함을 알 수 있으며 회절의 결과를 가지고 고체의 물성을 파악할 수 있음을 알 수 있다.

→ Bragg's law에 의해 식 ③을 정리하면

$$\therefore\ \lambda = \frac{2d}{m}\sin\theta$$

$m = 1$, $d = 0.543\,\text{nm}$, $\theta = 4.96°$이므로

$$\therefore\ \lambda = 2 \times 0.543\,\text{nm} \times \sin(4.96°) = 0.0939\,\text{nm}$$

17 X-선이 결정에 입사한다. 브래그 각 3.4°에서 1차 반사가 관측되었다면 2차 반사가 일어나는 각을 구하라.

■■ 풀이

$2d\sin\theta = m\lambda$에서

$$2d\sin 3.4° = 1 \times \lambda$$

2차 반사는 $2d\sin\theta = 2 \times \lambda$에서 관측되므로 두 식을 나누면,

$$\sin\theta = 2\sin 3.4° = 0.059$$

이므로

$$\theta = 3.38°$$

26 상대성 이론

1 1m의 자가 움직이고 있다. 정지 좌표계에서 측정하였을 때 이 자의 길이가 50cm라면 이 자의 속력은 얼마인가?

■■ **풀이**

$L = L_0\sqrt{1-v^2/c^2}$ 이므로 속력은 $v = c\sqrt{1-L^2/L_0^2}$ 이 된다. 따라서

$$v = c\sqrt{1-0.5^2} = 0.87\,c$$

가 된다.

2 지구로부터 0.8c의 속력으로 멀어지는 우주선이 있다. 우주선의 안테나가 한 번 회전하는데 우주선의 시간으로 3.0초 걸린다. 지구에서는 한 번 회전하는데 얼마로 관측되는가?

■■ **풀이**

$$\Delta t = \gamma \Delta t' = \frac{\Delta t'}{\sqrt{1-v^2/c^2}} = 5\,\mathrm{s}$$

3 지구 대기권 상층에서 생성된 뮤온은 붕괴되기 전에 4.6km의 거리를 0.99c의 속력으로 이동한다.

(a) 뮤온의 고유수명은 얼마인가?

(b) 뮤온의 기준계에서 얼마의 거리를 이동하는가?

■■ **풀이**

(a) $\tau = \dfrac{4.6\times10^3}{0.99c} = 1.55\times10^5\,\mathrm{s}$

(b) $l = \dfrac{v}{\sqrt{1-v^2/c^2}}\tau = 3.26\times10^{14}\,\mathrm{m}$

4 π 중간자(파이온)는 입자가속기 실험에서 가장 많이 생성되는 입자다. π 중간자의 반감기는 $T = 2\times 10^{-8}$s이다. 정지 좌표계에서 시간 $t=0$에서 N_0개의 π 중간자가 시간 t 만큼 지난 후 붕괴하고 남은 입자의 개수는 $N(t) = N_0 e^{-t/T}$가 된다. π 중간자가 입자가속기에서 생성된 후 50m 떨어진 표적에 와서 부딪힐 때 표적 앞에서 측정된 π 중간자의 개수가 입자 가속기에서 생성될 때의 개수의 절반이었다면 입자가속기에서 나올 때의 π 중간자의 속력은 얼마인가?

풀이

π 중간자가 표적에 도달하는 데 걸린 시간은 $t_0 = T$와 같을 것이다.
가속기에서 표적까지의 거리 d는 50 m이고, π 중간자와 같은 속도로 움직이고 있는 관찰자가 관측한 시간은 $T = t_0 = 2\times 10^{-8}$ s이다. 지면에 있는 관찰자가 보았을 때의 시간은

$$t = \frac{t_0}{\sqrt{1-v^2/c^2}}$$

이다. 따라서 π 중간자의 속력 v는

$$v = \frac{d}{t} = \frac{d}{t_0}\sqrt{1-v^2/c^2}$$

이 되므로 양변을 제곱하여 v에 관하여 정리하면

$$v = c\frac{d/t_0}{\sqrt{c^2+\dfrac{d^2}{t_0^2}}}$$

이 되고, t_0, d를 대입하면, $v = 0.993c$을 얻는다.

5 지구에서 1만광년 떨어진 별을 10년 만에 가기 위해서는 우주선의 속력이 얼마이어야 하는가?

풀이

지구에서 별까지의 거리 $d = 1{,}0000\,c\times 1\text{y}$이고 걸린 시간은 $t_0 = 10$ y이다. 지구에 있는 관찰자가 보았을 때 걸린 시간은

$$t = \frac{t_0}{\sqrt{1-v^2/c^2}}$$

이다. 따라서 우주선의 속력 v는

$$v = \frac{d}{t} = \frac{d}{t_0}\sqrt{1-v^2/c^2}$$

가 되므로 양변을 제곱해서 v에 관하여 정리하면

$$v = \frac{d/t_0}{\sqrt{1+\dfrac{d^2}{c^2 t_0^2}}}$$

이 된다. 따라서 우주선의 속력 v는

$$v=\frac{1,000}{\sqrt{1+10^6}}c=0.9999995c$$

가 되어야지만 10년 만에 10,000광년 떨어진 별에 도달할 수 있다.

6 정지 좌표계에서 우라늄의 밀도는 19.05g/cm^{3}이다. 상대속력이 0.9c인 좌표계에 있는 우라늄을 정지 좌표계에서 관찰했을 때 밀도는 얼마이겠는가?

■■ 풀이

밀도는 질량/부피로 정의되어있다. 여기서 부피 V_0를 진행방향의 길이 L_0과 진행 방향에 수직인 면 A_0

$$\rho_0=\frac{m_0}{V_0}=\frac{m_0}{L_0A_0}$$

가 된다. 상대 속력 v로 움직이고 있는 우라늄의 밀도는

$$\rho=\frac{m}{LA_0}=\frac{m_0}{\sqrt{1-v^2/c^2}}\frac{1}{L_0\sqrt{1-v^2/c^2}\,A_0}=\frac{m_0}{L_0A_0}\frac{1}{1-v^2/c^2}=\rho_0(1-v^2/c^2)^{-1}$$

가 된다. 따라서 상대속력 0.9c로 움직이고 있는 우라늄의 밀도는

$$\rho=\frac{\rho_0}{1-v^2/c^2}=\frac{19.05}{1-0.81}=100.26\ \text{g/cm}^3$$

이 된다.

7 지구에서 1,200m/s의 속력으로 쏘아올린 인공위성 속에 놓여있는 시계와 지구상에 있는 시계가 1초 차이가 나기 위해서는 얼마만큼의 시간이 지나야 하는가? (힌트: 인공위성의 속력이 빛의 속력과 비교해 무척 작으므로 γ를 이항 전개해서 앞의 두 항만 고려하라.)

■■ 풀이

지구상에서의 시간을 t, 우주선에서의 시간을 t'이라 놓으면

$$\Delta t=t'-t=t\left(\frac{1}{\sqrt{1-v^2/c^2}}-1\right)\simeq t\frac{v^2}{2c^2}=1\ \text{s}$$

이다. 따라서

$$t=\frac{2c^2}{v^2}=\frac{2\times 9\times 10^{16}}{1.44\times 10^6}=1.25\times 10^{11}\ \text{s}\simeq 3960\ \text{y}$$

이다. 따라서 약 3960년 정도가 지나야 한다.

8 길이 100m의 우주선이 속력 $v_s = 0.5c$로 여행하고 있다. 이 우주선 옆으로 크기를 무시할 만큼 작은 총알이 속력 $v_b = 0.9c$로 나란히 지나가고 있다. 우주선에 타고 있는 사람이 관찰했을 때 총알이 우주선 옆을 통과하는 데 걸린 시간은 얼마인가?

■■ **풀이**

우주선과 총알의 상대속력 u는

$$u = \frac{v_b - v_s}{1 - v_b v_s / c^2} = \frac{0.9 - 0.5}{1 - 0.45} c = 0.73c$$

이다. 따라서 총알이 우주선을 완전히 지나가는 데 걸린 시간은

$$t = \frac{L}{u} = \frac{100\,\mathrm{m}}{0.73c} = \frac{100\,\mathrm{m}}{2.19 \times 10^8\,\mathrm{m/s}} = 4.57 \times 10^{-7}\,\mathrm{s}$$

이다.

9 양성자가 0.9c의 속력으로 운동한다. 양성자의 운동량은 얼마인가? SI 단위로 나타내어라.

■■ **풀이**

$$m\gamma v = 1.67 \times 10^{-27} \times \frac{1}{\sqrt{1 - 0.9^2}} \times 0.9c = 1.03 \times 10^{-18}\,\mathrm{Ns}$$

10 0.7c로 움직이는 양성자가 정지해있는 질소원자와 정면으로 충돌하여 0.63c로 되튀어 나온다면 충돌 후 질소원자의 속력은 얼마인가? (질소원자의 질량은 대략 양성자 질량의 14배이다.)

■■ **풀이**

운동량 보존법칙에 따라 양성자의 초기 운동량과 충돌 후의 두 물체의 운동량의 합이 같다. 즉,

$$m\frac{1}{\sqrt{1 - 0.7^2}} \times 0.7c = -m\frac{1}{\sqrt{1 - 0.63^2}} \times 0.63c + 14 \times m\frac{1}{\sqrt{1 - x^2}} \times xc$$

에서

$x = 0.13$이므로 질소입자의 속도는 $0.13c = 3.9 \times 10^7\,\mathrm{m/s}$이다.

11 만약 연료의 질량이 총 1g 감소했을 때, 원자로로부터 얼마나 많은 에너지가 방출되겠는가?

■■ **풀이**

$$E = \Delta mc^2 = 0.001 \times 9 \times 10^{16} = 9 \times 10^{13}\,\mathrm{J}$$

12 0.8c로 움직이는 전자의 전체 에너지는 MeV 단위로 얼마인가?

풀이

$E=m\gamma c^2=9.1\times10^{-31}\times\dfrac{1}{\sqrt{1-0.8^2}}\times c^2=1.365\times10^{-13}\text{J}=1.17\text{MeV}$

13 정지 에너지와 같은 운동 에너지를 가지는 입자의 속력을 구하라?

풀이

운동에너지 $K=m\gamma c^2-mc^2=mc^2$ 이므로

$m\gamma c^2=2mc^2$에서 $\gamma=2$이므로 $v=\dfrac{\sqrt{3}}{2}c$

14 전자의 정지에너지는 0.511MeV이다. 전체에너지가 정지질량 에너지의 3 배가 되기 위해서 전자가 가져야 하는 운동량(MeV/c)은 얼마인가?

풀이

$m\gamma c^2=3mc^2$이므로 $\gamma=3$ 따라서, $v=\dfrac{2\sqrt{2}}{3}c$이다.

운동량은 $m\gamma v=2\sqrt{2}mc=1.445(\text{MeV/c})$

15 운동에너지가 100MeV인 전자와 양성자가 있다. 전자와 양성자의 총 에너지와 속력을 구하라.

풀이

총에너지는 $E=mc^2=m_0c^2+K$와 같이 정의된다. 따라서 전자와 양성자의 총에너지는

$$E_{\text{electron}}=0.511\text{ MeV}+100\text{ MeV}=100.511\text{ MeV}$$

$$E_{\text{proton}}=938.28\text{ MeV}+100\text{ MeV}=1038.28\text{ MeV}$$

이다.

전자와 양성자의 속력을 구하기 위해서 $E=m_0c^2/\sqrt{1-v^2/c^2}$ 을 이용하면

$$v=c\sqrt{1-\frac{m_0^2c^4}{E^2}}$$

를 얻을 수 있다. 따라서 전자와 양성자의 속력은 각각

$$v_{\text{electron}}=c\sqrt{\frac{1-0.511^2}{100.511^2}}=0.99999\,c$$

$$v_{\text{proton}}=c\sqrt{1-\frac{938.28^2}{1038.28^2}}=0.43\,c$$

16 특수 상대성 이론에서 총에너지의 제곱은 $E^2 = p^2c^2 + m^2c^4$과 같이 나타낼 수 있음을 증명하라.

풀이

총에너지는 $E = m_0c^2/\sqrt{1-v^2/c^2}$ 이므로 양변을 제곱하면

$$E^2 = m_0^2c^4/(1-v^2/c^2)$$

이 된다. 위 식을 속력에 대해 정리하면

$$\frac{v^2}{c^2} = 1 - \frac{m_0^2c^4}{E^2}$$

이 된다. 양변에 E^2을 곱해 주면

$$E^2 = E^2\frac{v^2}{c^2} + m_0^2c^4$$

이 되고, 우변의 E에 $E = \gamma\, mc^2$을 대입 하고,

$$E^2 = \gamma^2 m_0^2c^4\frac{v^2}{c^2} + m_0^2c^4$$

정리하면,

$$E^2 = \gamma^2 m_0^2v^2c^2 + m_0^2c^4$$

여기에 $P = \gamma\, m_o v$를 대입하면,

$$E^2 = p^2c^2 + m_0^2c^4$$

이 된다.

17 운동 에너지가 350MeV, 운동량이 882.78 MeV/c인 입자의 질량을 구하고 무슨 입자인지 확인하라. (힌트: 연습문제 26장 11의 결과를 이용하면 쉽게 풀 수 있다.)

풀이

$$K = m_0c^2(r-1),\ \ p^2c^2 = m_0^2c^4(r^2-1)$$

이므로

$$p^2c^2 - K^2 = 2m_0^2c^4(r-1)$$

이 된다. 따라서

$$m_0 - \frac{p^2c^2 - K^2}{2Kc^2}$$

이 된다. 계산해보면

$$m_0c^2 = \frac{882.78^2 - 350^2}{2\times 350} = 938.29\,\text{MeV}$$

정지에너지가 938.29 meV 이므로 이 입자는 양성자이다.

27 양자물리학

1 어떤 물체로부터 방출되는 복사의 정점 파장에서 광자의 에너지가 0.13eV이다.

(a) 정점 파장은 얼마인가? mm로 표시하라.

(b) 이 물체의 표면온도는 몇 ℃인가?

■■ 풀이

(a) 식 28-2로부터

$$E=h\nu=\frac{hc}{\lambda}$$

$$\lambda=\frac{hc}{E}=\frac{(6.626\times10^{-34}\ \mathrm{J\cdot s})(2.99\times10^{8}\ \mathrm{m/s})}{(0.13\ \mathrm{eV})(1.60\times10^{-19}\ \mathrm{J/eV})}=9.5\times10^{-6}\ \mathrm{m}$$

따라서 정점 파장은 $9.5\mu\mathrm{m}$이다.

(b) Wien의 변위법칙은 온도와 정점 파장의 관계를 나타낸다. 식 28-1로부터

$$\mathrm{T}=\frac{2.898\times10^{-3}\ \mathrm{m\cdot K}}{\lambda_{max}}=\frac{2.898\times10^{-3}\ \mathrm{m\cdot K}}{9.5\times10^{-6}\ \mathrm{m}}=305\ \mathrm{K}=32\ ℃$$

따라서 이러한 복사파를 방출하는 물체는 상온에 있음을 알 수 있다.

2 사람의 눈은 560nm의 빛에 가장 민감하다. 이 파장의 빛을 가장 강하게 복사하는 흑체의 온도는 얼마인가?

■■ 풀이

$$\mathrm{T}=\frac{2.898\times10^{-3}\ \mathrm{m\cdot K}}{\lambda_{max}}=\frac{2.898\times10^{-3}}{560\times10^{-9}}=5175\mathrm{K}=4901.85℃$$

3 광자의 진동수가 (a) 620THz (b) 3.10GHz (c) 46.0MHz일 때 전자볼트로 광자의 에너지를 구하라. (d) 이러한 광자의 파장을 구하고 전자기 스펙트럼으로 각각 분류하여라.

■■ 풀이

진동수가 f인 광자의 에너지는 $E=hf$이므로

(a) $6.626\times10^{-34}\times620\times10^{12}=4.1\times10^{-19}J=2.56\mathrm{eV}$

(b) $1.28\times10^{-5}\mathrm{eV}$

(c) $1.9\times10^{-7}\mathrm{eV}$

(d) 이는 각각 파장이 $4.8\times10^{-7}\mathrm{m}$, $9.6\times10^{-2}\mathrm{m}$, $6.5\mathrm{m}$로 각각 전자기 스펙트럼의 자외선, 마이크로파, 라디오파에 해당한다.

4 일함수가 2.46eV인 나트륨 금속의 표면으로부터 전자를 방출시키기 위해서는 진동수가 얼마인 광자를 입사시켜야 하는가? 최소 진동수를 구하라.

■■ 풀이

임계진동수은 식28-5로부터 구할 수 있다. 즉

$$\nu_c = \frac{W}{h} = \frac{(2.46\,\text{eV})(1.60\times 10^{-19}\,\text{J/eV})}{6.626\times 10^{-34}\,\text{J}\cdot\text{s}} = 5.94\times 10^{14}/\text{s}$$

최소진동수는 임계진동수이므로 5.94×10^{14} Hz이다.

5 어떤 물질에 428nm 이하의 파장을 갖는 광자를 입사시켰을 때 전자가 방출된다.

(a) 이 물질의 일함수는 얼마인가?

(b) 400nm의 단색광을 입사시켰을 때 방출되는 전자의 최대 속도는 얼마인가?

■■ 풀이

(a) 428 nm 이하의 파장에 대해 전자가 방출되므로 임계파장이 428 nm이다. 식 27-5를 파장에 대한 식으로 전환하여 구한다.

$$W = \frac{hc}{\lambda_c} = \frac{(6.626\times 10^{-34}\,\text{J}\cdot\text{s})(2.99\times 10^{8}\,\text{m/s})}{428\times 10^{-9}\text{m}} = 4.63\times 10^{-19}\,\text{J} = 2.89\,\text{eV}$$

일함수는 2.89 eV이다.

(b) 400 nm 파장을 갖는 광자의 에너지를 먼저 구한다.

$$E = h\nu = \frac{hc}{\lambda} = \frac{(6.626\times 10^{-34}\,\text{J}\cdot\text{s})(2.99\times 10^{8}\,\text{m/s})}{400\times 10^{-9}\text{m}} = 4.95\times 10^{-19}\,\text{J} = 3.09\,\text{eV}$$

식 28-4로부터

$$K_{max} = h\nu - W = 3.09\,\text{eV} - 2.89\,\text{eV} = 0.20\,\text{eV} = 3.2\times 10^{-20}\,\text{J}$$

운동에너지가 작으므로 비상대론식을 이용하면 속도는 다음과 같이 주어진다.

$$v = \sqrt{\frac{2K_{max}}{m}} = \sqrt{\frac{(2)(3.2\times 10^{-20}\,\text{J})}{9.11\times 10^{-31}\,\text{kg}}} = 2.7\times 10^{5}\,\text{m/s}$$

6 리튬, 베릴륨, 수은이 각각 2.30, 3.90, 4.50eV의 일함수를 가진다. 400nm 파장의 빛이 이 금속에 입사한다.

(a) 어떤 금속이 광전 효과를 보이는가?

(b) 각 경우에서 광전자의 최대 운동에너지를 구하라.

■■ 풀이

400nm 파장의 광자의 에너지는 $E = \frac{hc}{\lambda} = 4.97\times 10^{-19} J = 3.11\,\text{eV}$ 이므로

(a) 리튬만 광전효과를 보일 것이다.

(b) $K = E - W = 3.11 - 2.30 = 0.81\,\text{eV}$

7 1.60pm의 광자가 자유전자로부터 산란한다. 광자의 산란각이 얼마일 때 튀겨 나오는 전자의 운동에너지가 산란된 광자의 에너지와 같은가?

풀이

$\lambda_o = 1.60pm$, 전자에 전달된 에너지는 $E = hc(\frac{1}{\lambda_o} - \frac{1}{\lambda})$이고 산란된 광자의 에너지는 $\frac{hc}{\lambda}$이므로,

$E = hc(\frac{1}{\lambda_o} - \frac{1}{\lambda}) = \frac{hc}{\lambda_o \lambda}(\lambda - \lambda_o) = \frac{hc}{\lambda_o \lambda}\frac{h}{mc}(1 - \cos\phi) = \frac{hc}{\lambda}$. 따라서

$1 - \cos\phi = \frac{mc}{h}\lambda_o = 4.12 \times 10^{11} \times 1.60 \times 10^{-12} = 0.6592$ 이므로

$\phi = 70.1^o$

8 정지된 전자에 에너지가 100keV인 X-선을 쬐였다. 산란된 전자가 가질 수 있는 최대 에너지는 얼마인가?

풀이

에너지보존법칙에 의해 전자에 전달되는 최대 에너지는 입사된 x-선의 에너지와 산란된 x-선 에너지의 차이와 같다. 에너지 차이가 가장 클 때는 파장의 변화가 가장 클 때이다. 식 28-6에 의해 180°로 산란될 때 에너지 차이가 가장 크다. 먼저 입사된 x-선의 파장을 구한다.

$$\lambda_0 = \frac{hc}{E_0} = \frac{(6.626 \times 10^{-34}\ \mathrm{J \cdot s})(2.99 \times 10^8\ \mathrm{m/s})}{(100 \times 10^3\ \mathrm{eV})(1.60 \times 10^{-19}\ \mathrm{J/eV})}$$

$$= 1.24 \times 10^{-11}\ \mathrm{m} = 12.4\ \mathrm{pm}$$

180°로 산란된 경우의 파장을 구하자. $\phi = 180°$이고 전자의 Compton 파장이 2.426 pm이므로, 식 28-6에 의해

$$\lambda' = \lambda_0 + \frac{h}{mc}(1 - \cos\phi) = \lambda_0 + 2\frac{h}{mc}$$

$$= 12.4\ \mathrm{pm} + 2 \times 2.426\ \mathrm{pm}$$

$$= 17.3\ \mathrm{pm}$$

산란된 x-선 광자의 에너지는 다음과 같이 주어진다.

$$E' = \frac{hc}{\lambda'} = \frac{(6.626 \times 10^{-34}\ \mathrm{J \cdot s})(2.99 \times 10^8\ \mathrm{m/s})}{17.3 \times 10^{-12}}$$

$$= 1.15 \times 10^{-14}\mathrm{J} = 71.9\ \mathrm{keV}$$

전자의 최대 에너지 K_{max}는

$$K_{max} = E_0 - E' = 28.1\ \mathrm{keV}$$

이다.

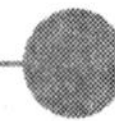

9 에너지가 18.00keV인 X-선 광자가 정지된 전자에 의해 산란되었다. 산란된 광자의 에너지는 17.95keV로 측정되었다. 산란된 각도는 몇 도인가?

풀이

입사된 광자와 산란된 광자의 파장을 구한 후, 식28-6을 이용하여 산란 각도를 구한다. 먼저 파장을 구하자.

$$\lambda_0 = \frac{hc}{E_0} = \frac{(6.626\times 10^{-34}\ \mathrm{J\cdot s})(2.994\times 10^{8}\ \mathrm{m/s})}{(18.00\times 10^{3}\ \mathrm{eV})(1.602\times 10^{-19}\ \mathrm{J/eV})} = 6.880\times 10^{-11}\ \mathrm{m} = 68.80\ \mathrm{pm}$$

$$\lambda' = \frac{hc}{E'} = \frac{(6.626\times 10^{-34}\ \mathrm{J\cdot s})(2.994\times 10^{8}\ \mathrm{m/s})}{(17.95\times 10^{3}\ \mathrm{eV})(1.602\times 10^{-19}\ \mathrm{J/eV})} = 6.900\times 10^{-11}\ \mathrm{m} = 69.00\ \mathrm{pm}$$

식 29-6을 변환하면,

$$\cos\phi = 1 - (\lambda' - \lambda_0)\frac{h}{mc}$$

이다. 전자의 Compton 파장이 2.426 pm이므로

$$\cos\phi = 1 - \frac{69.00\ \mathrm{pm} - 68.80\ \mathrm{pm}}{2.426\ \mathrm{pm}} = 0.92$$

이다.
따라서

$$\phi = 23°$$

그러므로 산란각도는 23°이다.

10 (a) 어떤 전자의 에너지가 1.0keV일 때, 이 전자의 드브로이 파장은 얼마인가?
(b) 광자의 에너지가 1.0keV인 X-선의 파장을 계산하고 전자의 파장과 비교하라.

풀이

(a) 전자의 운동량을 구한다.

$$p = \sqrt{2mE}$$
$$= \sqrt{(2)(9.11\times 10^{-31}\ \mathrm{kg})(1.0\times 10^{3}\ \mathrm{eV})(1.60\times 10^{-19}\ \mathrm{J/eV})}$$
$$= 1.7\times 10^{-23}\ \mathrm{m\cdot kg/s}$$

de Broglie 공식으로부터

$$\lambda = \frac{h}{p} = \frac{6.626\times 10^{-34}\ \mathrm{J\cdot s}}{1.7\times 10^{-23}\ \mathrm{m\cdot kg/s}} = 3.9\times 10^{-11}\ \mathrm{m} = 39\ \mathrm{pm}$$

(b) 광자의 파장은 다음과 같이 주어진다.

$$\lambda = \frac{hc}{E} = \frac{(6.626\times 10^{-34}\ \mathrm{J\cdot s})(2.99\times 10^{8}\ \mathrm{m/s})}{(1.0\times 10^{3}\ \mathrm{eV})(1.60\times 10^{-19}\ \mathrm{J/eV})}$$
$$= 1.2\times 10^{-9}\ \mathrm{m} = 1.2\ \mathrm{nm}$$

동일한 에너지를 가질 경우 전자의 파장이 광자의 파장 보다 훨씬 짧음을 알 수 있다. 고체의 결정 구조를 조사할 때 전자는 낮은 에너지로도 가능하다.

11 (a) 어떤 전자의 드브로이 파장이 1.0Å이다. 이 전자가 가지고 있는 에너지는 얼마인가?
(b) 같은 파장을 갖는 광자에 대해서도 에너지를 계산한 후 비교해 보라.

■■ 풀이

(a) 전자의 운동량을 계산해 보자.

$$p=\frac{h}{\lambda}=\frac{(6.626\times 10^{-34}\ \mathrm{J\cdot s})}{(1.0\times 10^{10}\ \mathrm{m})}=6.6\times 10^{-24}\ \mathrm{m\cdot kg/s}$$

이 정도의 운동량을 갖는 전자는 고전적 입자로 간주할 수 있으므로 에너지는 다음과 같이 주어진다.

$$E=\frac{p^2}{2m}=\frac{(6.6\times 10^{-24}\ \mathrm{m\cdot kg/s})^2}{(2)(9.11\times 10^{-31}\ \mathrm{kg})}=2.4\times 10^{-17}\ \mathrm{J}=0.15\ \mathrm{keV}$$

(b) Plank의 식으로부터

$$E=\frac{hc}{\lambda}=\frac{(6.626\times 10^{-34}\ \mathrm{J\cdot s})(2.99\times 10^{8}\ \mathrm{m/s})}{1.0\times 10^{-10}\ \mathrm{m}}=2.0\times 10^{-15}\ \mathrm{J}=13\ \mathrm{keV}$$

동일한 파장인 경우, 광자의 에너지가 전자의 에너지에 비해 월등히 큼을 알 수 있다.

12 원자핵은 지름이 10^{-14}m 정도이다. 핵에 갇혀있는 전자의 드브로이 파장은 그 정도의 크기이거나 작다.
(a) 이 영역에 갇혀있는 전자의 운동에너지를 구하라.
(b) 원자에 속박된 전자의 전형적인 결합에너지는 수 eV 정도인데, 핵 내에 전자가 있을 것으로 생각되는가? 이를 설명하라.

■■ 풀이

(a) 운동량 $p=\frac{h}{\lambda}=\frac{6.26\times 10^{-34}}{10^{-14}}=6.26\times 10^{-20}\ \mathrm{m\cdot kg/s}$이므로 운동에너지는

$$E_K=\frac{p^2}{2m}=\frac{(6.26\times 10^{-20})^2}{2\times 9.1\times 10^{-31}}=2.15\times 10^{-9}\mathrm{J}=1.34\times 10^{10}\mathrm{eV}=13.4\mathrm{GeV}$$

(b) 핵 내에 전자가 갇혀 있을 경우 허용된 최소에너지는

$$E=\frac{h^2}{8mL^2}=\frac{6.626\times 10^{-34}}{8\times 9.1\times 10^{-31}\times (10^{-14})^2}=9.1\times 10^{23}\mathrm{J}=5.69\times 10^{42}\mathrm{eV}$$

이므로 (a)에서 구한 정도의 에너지로는 절대로 핵 내에 존재할 수가 없다.

13 일차원 계에서 파동함수가 다음과 주어져 있다.

$$\psi(x)=Ae^{-|x|}$$

(a) 파동함수 규격화를 이용하여 상수 A를 구하라.
(b) $-1<x<1$에서 입자가 발견될 확률은 얼마인가?

■■ 풀이

(a) 식 27-15로부터

$$\int_{-\infty}^{\infty} \Psi^*(x)\Psi(x)dx = |A|^2\left(\int_{-\infty}^{0} e^{2x}dx + \int_{0}^{\infty} e^{-2x}dx\right)$$

$$= \left(\frac{1}{2} + \frac{1}{2}\right)|A|^2 = |A|^2 = 1$$

그러므로

$A = 1$

(b) 식28-14로부터 $-1 < x < 1$에서 입자를 발견할 확률 P는

$$P = \int_{-1}^{1} |\Psi(x)|^2 dx = 2\int_{0}^{1} e^{-2x}dx = 1 - e^{-2} = 0.86$$

이 구간에서 입자가 발견될 확률은 약 86%이다.

14 전자와 50g 공의 위치에서의 불확정성이 0.10nm이다. 각각에 대해 속도의 불확정성을 구하라.

■■ 풀이

위치에 있어 불확정성량 Δx가 0.10nm이므로 운동량에서 불확정성량 Δp는

$$\Delta p \geq \frac{\hbar}{2\Delta x} = \frac{1.054 \times 10^{-34}\ \mathrm{J \cdot s}}{(2)(0.10 \times 10^{-9}\ \mathrm{m})} = 5.3 \times 10^{-25}\ \mathrm{m \cdot kg/s}$$

운동량이 크지 않으므로 전자 및 공 모두를 비상대론적 입자로 취급한다. 먼저 전자의 속도에 있어 불확정성량은 다음과 같이 주어진다.

$$\Delta v_e = \frac{\Delta p}{m_e} \geq \frac{5.3 \times 10^{-25}\ \mathrm{m \cdot kg/s}}{9.11 \times 10^{-31}\ \mathrm{kg}} = 5.8 \times 10^{5}\ \mathrm{m/s}$$

공의 속도에 있어 불확정성량은

$$\Delta v_b = \frac{\Delta p}{m_b} \geq \frac{5.3 \times 10^{-25}\ \mathrm{m \cdot kg/s}}{50 \times 10^{-3}\ \mathrm{kg}} = 1.1 \times 10^{-23}\ \mathrm{m/s}$$

이다. 전자의 속도에 있어 불확정성량은 상당히 큰 값을 가지나 공의 불확정성량은 무시될 정도로 매우 작다. 미시세계와 달리 거시세계에서는 양자역학의 적용이 꼭 필요하지는 않다는 것을 의미한다.

15 크기가 1.00Å의 일차원 상자 속에 전자가 갇혀 있다. 첫번째 들뜬 상태에 있던 전자가 바닥상태로 떨어지면서 광자를 방출하였다. 이 광자의 파장은 얼마인가.

■■ 풀이

방출된 광자의 에너지는 두 준위 사이의 에너지 차이와 같다. n=1인 기저상태와 n=2인 첫 번째 들뜬 상태의 에너지를 먼저 구한다. 식 28-21로부터

$$E_1 = \frac{h^2}{8mL^2} = \frac{(6.626 \times 10^{-34}\ \mathrm{J \cdot s})^2}{(8)(9.11 \times 10^{-31}\ \mathrm{kg})(1.00 \times 10^{-10}\ \mathrm{m})^2} = 6.02 \times 10^{-18}\ \mathrm{J}$$

$$E_2 = 2^2 E_1 = 2.41 \times 10^{-17}\ \mathrm{J}$$

이다. 따라서 방출된 광자의 파장은 다음과 같이 구할 수 있다.

$$h\nu = \frac{hc}{\lambda} = E_2 - E_1$$

$$\lambda = \frac{hc}{E_2 - E_1} = \frac{(6.626\times 10^{-34}\ \mathrm{J\cdot s})(2.99\times 10^{8}\ \mathrm{m/s})}{(2.41\times 10^{-17}\ \mathrm{J} - 6.02\times 10^{-18}\ \mathrm{J})}$$

$$= 1.10\times 10^{-8}\ \mathrm{m} = 110\ \text{Å}$$

방출된 광자의 파장은 110 Å으로 자외선 영역에 속하다.

16 (a) 에너지가 5.0eV인 전자가 높이 30.0eV인 장벽을 향해 입사되었다. 장벽의 폭이 0.100nm이면 투과계수는 얼마인가?

(b) 장벽의 높이가 15.0eV이라면 투과계수는 얼마인가?

■■ **풀이**

(a) 식 27-25를 사용하여 κ를 구한 후 식28-24에 대입하여 투과계수를 구한다. 먼저 $V-E$의 크기를 구하자.

$$V-E = 30.0\ \mathrm{eV} - 5.0\ \mathrm{eV} = 25.0\ \mathrm{eV}$$

$$= 4.00\times 10^{-18}\ \mathrm{J}$$

$$\kappa = \frac{\sqrt{2m(V-E)}}{\hbar} = \frac{\sqrt{(2)(9.11\times 10^{-31}\ \mathrm{kg})(4.00\times 10^{-18}\ \mathrm{J})}}{1.054\times 10^{-34}\ \mathrm{J\cdot s}}$$

$$= 2.56\times 10^{10}\ \mathrm{m^{-1}}$$

$L = 1.00\times 10^{-10}$이므로 $2\kappa L = (2)(2.56\times 10^{10}\ \mathrm{m^{-1}})(1.00\times 10^{-10}\ \mathrm{m}) = 5.12$이다. 따라서 투과계수 T는 다음과 같이 주어진다.

$$T \simeq e^{-2\kappa L} = e^{-5.12} = 6.00\times 10^{-3}$$

약 0.6 % 정도가 투과한다.

(b) 같은 방법에 의해

$$V-E = 15.0\ \mathrm{eV} - 5.0\ \mathrm{eV} = 10.0\ \mathrm{eV}$$

$$= 1.60\times 10^{-18}\ \mathrm{J}$$

$$k = \frac{\sqrt{2m(V-E)}}{\hbar} = \frac{\sqrt{(2)(9.11\times 10^{-31}\ \mathrm{kg})(1.60\times 10^{-18}\ \mathrm{J})}}{1.054\times 10^{-34}\ \mathrm{J\cdot s}}$$

$$= 1.62\times 10^{10}\ \mathrm{m^{-1}}$$

$L = 1.00\times 10^{-10}\ \mathrm{m}$ 이므로 $2\kappa L = (2)(1.62\times 10^{10}\ \mathrm{m^{-1}})(1.00\times 10^{-10}\ \mathrm{m}) = 3.24$이다. 따라서 투과계수 T는 다음과 같이 주어진다.

$$T \simeq e^{-2\kappa L} = e^{-3.24} = 3.92\times 10^{-2}$$

약 4% 정도가 투과한다. 투과계수에 있어 장벽의 높이에 대한 의존도는 입자의 에너지에 대한 의존도와 같은 형태이므로 장벽의 폭에 비해 작음을 알 수 있다.

28 원자물리

1 파장 4,863 Å의 광선이 수소원자로부터 방출된다.

(a) 이 복사에 대응하는 수소원자의 전이상태는?

(b) 이 복사는 어떤 계열에 속하는가?

■■ 풀이

(a) $f=\dfrac{me^4}{8\epsilon_0^2h^3}\left(\dfrac{1}{n_f^2}-\dfrac{1}{n_i^2}\right)$

$f=c/\lambda$

$\therefore \left(\dfrac{1}{n_f^2}-\dfrac{1}{n_i^2}\right)=0.19$

$n_f=2, n_i=4$일 때이므로 $n=4$에서 2로 천이한다.

(b) $n=2$로 천이하므로 Balmer 계열이다.

2 수소 원자가 $n=3$에서 $n=1$의 상태로 전이할 때 방출되는 광자의 에너지, 운동량 및 파장을 구하라.

■■ 풀이

$E=\dfrac{me^4}{8\epsilon_0^2h^2}\left(\dfrac{1}{1^2}-\dfrac{1}{3^2}\right)=12.1\,\text{eV}$

$p=E/c=6.5\times10^{-27}\text{kg}\cdot\text{m/sec}$

$\lambda=hc/E=1030\,\text{Å}$

3 (a) 보어의 공식을 써서 발머 계열에서 가장 긴 파장 세 개를 구하라.

(b) 어떤 두 파장한계 사이에 발머 계열이 존재하는가?

■■ 풀이

(a) $f=\dfrac{me^4}{8\epsilon_0^2h^3}\left(\dfrac{1}{2^2}-\dfrac{1}{n^2}\right)$

$f=c/\lambda$

$n=3,\ 4,\ 5$일때 $\lambda=6550\,\text{Å},\ 4850\,\text{Å},\ 4330\,\text{Å}$.

(b) 가장 긴 파장 : $n=3$일 때 6550Å

가장 짧은 파장 : $n=\infty$일 때 3640Å

4 $n=8$인 상태의 수소 원자에서 전자를 떼어내는 데 필요한 에너지는 얼마인가?

■ ■ 풀이

$E=\frac{me^4}{8\epsilon_0^2h^2}\frac{1}{n^2}=0.21eV$

5 수소원자가 $n=1$인 상태로부터 $n=4$인 상태로 여기되었다.

(a) 원자가 흡수 하는 에너지를 계산하라.

(b) 원자가 다시 낮은 에너지 상태로 되돌아갈 때에 방출될 수 있는 광자들의 에너지를 계산하고 에너지 준위도상에 표시하여 보라.

■ ■ 풀이

(a) $\Delta E=13.6\left(1-\frac{1}{4^2}\right)=12.8\,\mathrm{eV}$

(b) $\Delta E=13.6\left(\frac{1}{n^2}-\frac{1}{4^2}\right)$

$n=1,2,3$일 때 $E=12.8\,\mathrm{eV},\ 2.6\,\mathrm{eV},\ 0.66\,\mathrm{eV}$

(c) 방출되는 광자의 운동량은 $p=\Delta E/c$, 전자의 속도를 v라면 운동량 보존 법칙에서 $Mv=p_0$ 따라서

$v=\Delta E/Mc=4.1\,\mathrm{m/sec}$

6 보어의 이론을 사용하여 이온화된 헬륨, 즉 한 전자가 제거된 헬륨원자에 적용하여 보자. 이 스펙트럼과 수소의 스펙트럼은 어떠한 관계가 있는가?

■ ■ 풀이

헬륨 원자의 핵과 전자간의 위치에너지는 핵의 전하가 $2e$이므로 $U=-\frac{2e^2}{4\pi\epsilon_0 r}$이다. 수소의 경우와 비교할 때 e^2 대신 $2e^2$의 차이가 난다.

$\therefore E=-\frac{me^4}{2\epsilon_0^2h^2}\frac{1}{n^2}$

7 보어의 이론을 사용하여 이온화된 헬륨에서 전자를 제거하는 데 소요되는 에너지를 계산하라.

■ ■ 풀이

$f_H=\frac{me^4}{8\epsilon_0^2h^3}$

$f_{He}=\frac{me^4}{2\epsilon_0^2h^3}=4\nu_H$

$E=13.6\,eV\times 4=54.4\,\mathrm{eV}$

8 전자와 중성자가 서로 중력에 의하여 결합된 원자를 형성할 수 있다고 하자. 쿨롱의 전기적 인력 대신에 만유인력을 사용한 보어형 모델을 사용하여 이와 같은 원자에 대한 전자의 바닥상태의 반지름을 계산하라.

■■ 풀이

$GmM/r^2 = mv^2/r$

$L = mvr = \sqrt{Gm^2Mr} = nh/2\pi$

$\therefore r_n = n^2h^2/4\pi^2Gm^2M$

$n = 1$, $m = 9.1\times 10^{-31}$ kg, $M = 1.67\times 10^{-27}$ kg일 때 $r_1 = 1.3\times 10^{13}$광년

9 (a) 태양 주위를 도는 지구의 각운동량을 보어의 관계식 $L = nh/2\pi$에 의하여 양자화 한다면 양자수는 얼마인가?

(b) 이러한 양자화는 만일 그것이 존재한다 하여도 검출될 수 있는가?

■■ 풀이

(a) $L = Mr^2w = 2\pi Mr^2 / T = nh/2\pi$

$n = 4\pi^2mr^2/Th$

$M = 6.0\times 10^{24}$ kg, $r = 1.5\times 10^{11}$m

$T = 1$년

$\therefore n = 2.5\times 10^{74}$

(b) 없다.

10 파장이 1.4×10^{-2} Å의 광자로 된 단색광이 동판에 입사할 때 콤프턴 산란 전자의 최대 운동에너지는 ?

■■ 풀이

(a) $\lambda' - \lambda = h(1-\cos\varphi)/mc$

$K = hc(1/\lambda - 1/\lambda')$

최대의 K는 $\varphi = 180°$인 경우이다.

$\lambda' = 4.9\times 10^{-2}$ Å

$\therefore K = 0.68$ MeV

11 수소원자의 n번째 보어궤도에 있는 전자의 속력이 $v_n = ke^2/n\hbar$ 임을 보여라.

■■ 풀이

$$m_e v_n r_n = n\hbar, \quad r_n = \frac{n^2\hbar^2}{m_e k_e e^2}$$

$$v_n = \frac{n\hbar}{m_e r_n} = \frac{n\hbar}{m_e}\cdot\frac{m_e k_e e^2}{n^2\hbar^2} = \frac{k_e e^2}{n\hbar}$$

12 수소원자가 첫 번째 들뜬상태($n=2$)에 있을 때 보어모형을 이용하여 (a) 궤도반지름, (b) 선운동량, (c) 각운동량, (d) 운동에너지, (e) 퍼텐셜에너지, 그리고 (f) 총 에너지를 구하라.

■■ 풀이

(a) $r_n = n^2 a_0 = 4a_0 = (4)(0.0529\,\text{nm}) = 0.212\,\text{nm}$

(b) $P = m_e v_n = \dfrac{n\hbar}{r_n} = \dfrac{(2)(1.055\times10^{-34}\,\text{J}\cdot\text{s})}{2.12\times10^{-10}\,\text{m}} = 9.95\times10^{-25}\,\text{kg}\cdot\text{m/s}$

(c) $L = m_e v_n r_n = n\hbar = (2)(1.055\times10^{-34}\,\text{J}) = 2.11\times10^{-34}\,\text{kg}\cdot\text{m}^2/\text{s}$

(d) $K = \dfrac{1}{2}m_e v_n^2 = \dfrac{k_e e^2}{2r} = -E_n$

$E_2 = -\dfrac{13.6}{2^2}\,\text{eV} = -3.4\,\text{eV}, \quad \therefore \text{K} = 3.4\,\text{eV}$

(e) $U_e = E_n - K = -3.4\,\text{eV} - 3.4\,\text{eV} = -6.8\,\text{eV}$

(f) (d)에서 구한 바와 같이 $E_2 = -3.4\,\text{eV}$

29 핵물리학

1 $^{238}_{92}\mathrm{U}$ 원자핵의 반경이 $^{1}_{1}\mathrm{H}$ 원자핵 반경의 몇 배인지 구하라.

■■ **풀이**

원자핵의 반경은 $r = r_0 A^{\frac{1}{3}}$에 의해 나타내지므로

$$\frac{r(U)}{r(H)} = \left(\frac{A(U)}{A(H)}\right)^{\frac{1}{3}} = 238^{\frac{1}{3}} = 6.2$$

따라서 가장 무거운 원소인 우라늄원자핵의 반경은 가장 가벼운 원소인 수소원자핵의 6.2배가 된다.

2 별의 진화과정에 있어서 최후의 순간에 양성자와 전자가 합쳐짐으로써 중성자별이 형성된다고 알려져 있다. 즉, 중성자별은 거대한 원자핵으로 생각할 수 있다. 만일 태양($M = 1.99 \times 10^{30}$kg)이 중성자별이 될 경우 그 별의 반경은 얼마나 될까?

■■ **풀이**

태양의 전체 질량을 중성자의 질량으로 나누어서 태양의 질량수를 구하면

$$A = \frac{1.99 \times 10^{30}\ \mathrm{kg}}{1.67 \times 10^{-27}\ \mathrm{kg}} = 1.19 \times 10^{57}$$

$r = r_0 A^{\frac{1}{3}}$ 식을 이용하여 중성자별의 반경을 구하면

$$r = r_0 A^{\frac{1}{3}} = (1.2 \times 10^{-15}\mathrm{m})(1.19 \times 10^{57})^{\frac{1}{3}} = 1.27 \times 10^{4}\mathrm{m}$$

이 결과는 태양이 불과 반경 13 km 정도의 크기로 줄어든다는 것을 보여준다.

3 원자핵은 양성자와 중성자가 밀집한 구조로 구성되어 있다. 그 예로 헬륨 원자핵에서 양성자들 사이의 반발력에 의한 퍼텐셜에너지를 계산하여 핵력이 주어야 하는 최소한의 결합에너지를 구하라.

■■ **풀이**

$r = r_0 A^{\frac{1}{3}}$를 이용하여 헬륨원자핵의 반경을 구하고 이것을 양성자 사이의 거리로 가정하면

$$r = r_0 A^{\frac{1}{3}} = (1.2 \times 10^{-15}\mathrm{m})(4)^{\frac{1}{3}} = 1.9 \times 10^{-15}\mathrm{m}$$

따라서 두 양성자 사이의 퍼텐셜 에너지를 구하면

$$U = k\frac{q^2}{r} = (9\times 10^9)\frac{(1.6\times 10^{-19})^2}{1.9\times 10^{-15}} = 1.2\times 10^{-13}\ J = 7.5\times 10^5\ \mathrm{eV}$$

따라서 양성자-양성자간의 최소한의 결합에너지는 1MeV 수준이어야 한다. 실제로 핵력을 수십 MeV 수준이다.

4 헬륨($^4_2\mathrm{He}$)원자핵의 단위 핵자당 결합에너지를 계산하고 이와 예제 29.2의 중양자의 경우와 비교해 보아라.

■■ 풀이

헬륨원자핵의 질량은 $m(\mathrm{He}) = 4.002603$이므로 결합에너지 식을 이용하여 구하면 다음과 같다.

$$\begin{aligned} E(MeV) &= [2m_p + 2m_n - m(\mathrm{He})]\times 931.494\ \mathrm{MeV}/u \\ &= (2\times 1.007825u + 2\times 1.008665u - 4.002603u)\times 931.494\,\mathrm{MeV} \\ &= 0.030377u\times 931.494\,\mathrm{MeV}/u \\ &= 28.3\,\mathrm{MeV} \end{aligned}$$

따라서 단위 핵자당 결합에너지는 대략 7MeV 정도로 중양자의 1MeV에 비해 훨씬 크다. 이는 헬륨이 중양자에 비해 훨씬 안정된 원자핵임을 보여주는 결과이다.

5 가장 안정한 원자핵은 $^{56}_{26}\mathrm{Fe}$이라고 알려져 있다. 이것은 태양이나 별의 스펙트럼에서 철의 효과가 두드러진 이유가 된다. 철의 단위 핵자당 결합에너지를 구하여 이를 다른 원소와 비교해 보아라.

■■ 풀이

철($^{56}_{26}Fe$) 원자핵의 질량은 $m(Fe) = 55.934939$이다. 중성자수는 $N = 56 - 26 = 30$개임을 알 수 있다. 결합에너지를 구하면,

$$\begin{aligned} E(MeV) &= [26m_p + 30m_n - m(Fe)]\times 931.494\ \mathrm{MeV}/u \\ &= (26\times 1.007825u + 30\times 1.008665u - 55.934939u)\times 931.494\ \mathrm{MeV} \\ &= 0.528461u\times 931.494\ \mathrm{MeV}/u \\ &= 492.26\ \mathrm{MeV} \end{aligned}$$

따라서 단위 핵자당 결합에너지는 8.79MeV로서 어떤 원소보다도 크기 때문에 가장 안정하다.

6 어떤 방사성 동위원소 시료의 방사능이 10mCi로 측정되었다. 이 시료를 5시간이 지난후 측정해보니 7mCi의 방사능이 측정되었다. 이 시료의 반감기와 처음 시료의 원자수, 그리고 전체 방사능이 전체의 37%$(0.37 = e^{-1})$되는 데 걸리는 시간을 구하라.

■■ 풀이

방사능 붕괴율은 $R = R_0 e^{-\lambda t}$로 주어지므로

$$\lambda = \frac{\ln\left(\frac{R_0}{R}\right)}{t} = \frac{0.3567}{5\times 3600\ \mathrm{s}} = 1.982\times 10^{-5}\ \mathrm{s}^{-1}$$

이 결과로부터 반감기를 구하면

$$T_{1/2}=\frac{0.693}{\lambda}=\frac{0.693}{1.982\times10^{-5}s^{-1}}=34973\,s=9.715\,h$$

처음 시료의 원자수는 $R_0=\lambda N_0$에 의해 다음과 같이 구할 수 있다.

$$N_0=\frac{R_0}{\lambda}=\frac{10^{-2}\times(3.7\times10^{10})\,decays/s}{1.982\times10^{-5}\,s^{-1}}=1.87\times10^{13}$$

전체 방사능량이 전체의 e^{-1}되는데 걸리는 시간은

$$t=\frac{\ln\left(\frac{R_0}{R}\right)}{\lambda}=\frac{1}{1.982\times10^{-5}s^{-1}}=50466\,s=14\,h$$

7 알파붕괴에서 운동량 보존법칙을 이용하여 딸핵의 운동에너지와 알파입자의 운동에너지의 비를 구하고 이를 이용하여 붕괴에너지와 알파입자의 운동에너지 사이에 $Q=K_\alpha\left(1+\frac{M_\alpha}{M}\right)$의 관계가 있음을 보여라. 여기서 K_α와 M_α는 알파입자의 운동에너지와 질량이고 M은 딸핵의 질량이다.

■■ 풀이

운동량 보존 법칙에 의하여 $Mv=M_\alpha v_\alpha$를 만족하므로 운동에너지의 비는 다음과 같이 주어진다.

$$\frac{K_\alpha}{K}=\frac{\frac{1}{2}M_\alpha v_\alpha^2}{\frac{1}{2}Mv^2}=\frac{M}{M_\alpha}$$

따라서 운동에너지는 질량이 작은 알파입자가 훨씬 크다.
붕괴에너지는 대부분 딸핵과 알파입자의 운동에너지로 전환되므로 에너지 보존 법칙을 이용하면

$$Q=K+K_\alpha=K_\alpha\left(1+\frac{M_\alpha}{M}\right)$$

8 달에서 가져온 암석 표본을 분석해 본 결과 $^{40}\mathrm{Ar}$입자와 $^{40}\mathrm{K}$입자의 비율이 5로 측정되었다. $^{40}\mathrm{Ar}$입자는 모두 $^{40}\mathrm{Ar}$입자의 방사능붕괴에 의해 생긴다고 가정하고(반감기는 1.25×10^9 year) 이 암석의 나이를 측정해 보아라.

■■ 풀이

방사능 붕괴율은 $R=R_0e^{-\lambda t}$로 주어지며 또한 붕괴함수는 $N_K=N_0e^{-\lambda t}$로 주어진다.
우선 감쇠상수를 구하면

$$\lambda=\frac{0.693}{T_{1/2}}=\frac{0.693}{(1.25\times10^9\ \mathrm{year})(3.16\times10^7\ \mathrm{s/year})}=1.754\times10^{-17}s^{-1}$$

^{40}Ar입자는 모두 ^{40}K입자의 방사능붕괴에 의해 생긴다고 가정하였으므로 다음 식을 만족하게 된다.

$$N_{Ar}=N_0-N_K$$

이 식을 위식과 결합하면

$$\lambda t = \ln\left(1+\frac{N_{Ar}}{N_K}\right)$$

따라서 감쇠함수와 두 원소의 비율 $\frac{N_{Ar}}{N_K}=5$를 넣고 정리하면

$$t=\frac{\ln\left(1+\frac{N_{Ar}}{N_K}\right)}{\lambda}=\frac{\ln(1+5)}{1.754\times10^{-17}s^{-1}}=1.02\times10^{17}s=3.23\times10^{9}\text{ years}$$

이 암석의 나이는 약 32억년임을 알 수 있다.

9 금은 화학적으로 매우 안정된 물질이며 자연에서는 단 하나의 동위원소 $^{197}_{79}\mathrm{Au}$만을 가진다. 이 동위원소가 느린 중성자를 흡수하여 전자를 방출한다고 할 때, 이 핵반응의 반응 방정식을 적고 방출된 전자의 최대 에너지를 구하라.

■■ **풀이**

핵반응 시에 질량수와 원자번호가 보존된다는 것과 전자가 방출되는 베타붕괴시 반중성미자가 개입된다는 사실을 감안하면 다음과 같은 핵반응식을 쓸 수 있다.

$$^{197}_{79}\mathrm{Au}+{}^{1}_{0}\mathrm{n}\rightarrow \mathrm{e}^{-}+{}^{198}_{80}\mathrm{Hg}+\mathrm{v}^{-}$$

방출된 전자의 최대 에너지는 질량감소에 의한 붕괴에너지를 계산하면 구할 수 있다.
금과 수은의 질량수는 각각 $M(^{197}_{79}\mathrm{Au})=196.966560\mathrm{u}$, $M(^{198}_{80}\mathrm{Hg})=197.96675\mathrm{u}$ 로 주어지므로

$$\begin{aligned}E(\mathrm{MeV}) &= [M(Au)+M(n)-M(Hg)]\times 931.494\ \mathrm{MeV}/u\\ &= (196.96656u+1.008665u-197.96675u)\times 931.494\ \mathrm{MeV}\\ &= 0.008475u\times 931.494\ \mathrm{MeV}/u\\ &= 7.89\ \mathrm{MeV}\end{aligned}$$

10 핵폭탄이란 핵반응을 순간적으로 연쇄 반응시킨 무기이다. 이 핵폭발의 가장 위험한 잔류 방사능물질이 반감기가 29년인 $^{90}\mathrm{Sr}$이다. 이 방사능물질은 매우 활발한 화학반응을 하기 때문에 젖소의 우유에 포함되어 사람에게 흡수되면 베타붕괴를 통하여 강한 전자를 방출하고 이 전자로 인해 골수에 손상을 주며, 적혈구를 파괴한다고 알려져 있다. 1메가톤급 핵폭탄의 경우 대략 400g의 $^{90}\mathrm{Sr}$를 만들어낸다고 한다. 만일 어떤 지역에 이 폭탄이 터져서 2,000km^{2}의 지역에 $^{90}\mathrm{Sr}$이 균일하게 퍼져나갔다고 할 때 사람이 살 수 있으려면 얼마나 시간이 흘러야 하는가? (사람이 살 수 있는 최대 방사능은 7.4×10^4decays/s이고 단위면적(m^2)의 방사능만이 사람에 영향을 미친다고 가정하라.)

■■ **풀이**

방사능이 균일하게 퍼져있다고 가정하고 단위면적당 방사능방출량을 계산해 보자.
단위면적당 $^{90}\mathrm{Sr}$의 양은

$$\frac{400\ \text{g}}{2\times 10^{9}\ \text{m}^2} = 2\times 10^{-7}\ \text{g/m}^2$$

^{90}Sr의 초기 원자핵수를 계산하면

$$N_0 = (2\times 10^{-7}\ \text{g/m}^2)(6.02\times 10^{23}\ \text{molecule})/90\ \text{g} = 1.34\times 10^{14}\ \text{molecule/m}^2$$

따라서 사람에 영향을 미치는 초기 방사능량은 $R_0 = \lambda N_0$에 의해 구할 수 있다.

$$R_0 = \lambda N_0 = \left(\frac{\ln 2}{T_{1/2}}\right) N_0 = \left(\frac{\ln 2}{29\ \text{year}\times(3.16\times 10^{7}\ \text{s/year})}\right)(1.34\times 10^{14} molecule/\text{m}^2)$$

$$= 1.01\times 10^{5}\ decays/s\ \text{m}^2$$

따라서 이 초기 방사능량이 7.4×10^{4} $decays/s$ 까지 떨어지는데 걸리는 시간을 구하면

$$t = \frac{\ln\left(\frac{R_0}{R}\right)}{\lambda} = \frac{\ln\left(\frac{R_0}{R}\right)}{\ln(2)} T_{1/2} = \frac{\ln\left(\frac{1.01\times 10^{5}}{7.4\times 10^{4}}\right)}{\ln(2)}(29\ \text{year}) = 13\ \text{year}$$

따라서 대략 13년 정도가 걸린다는 것을 알 수 있다.

30 입자물리학과 우주론

1 에너지와 질량 사이의 변환 요소가 $1.000\,\text{MeV} \equiv 1.783\times 10^{-30}\,\text{kg}$임을 증명하라.

■■ 풀이

$1\,\text{ev} = 1.6\times 10^{-19}\,\text{J}$

$1\,\text{Mev} = 1.6\times 10^{-13}\,\text{J}$

$E = mc^2$

$= (1.783\times 10^{-30})\times(2.997\times 10^{8})^2$

$= 1.6\times 10^{-13}\,\text{J}$

$= 1.000\,\text{Mev}$

2 정지해 있는 중성의 파이온이 두 개의 광자($\pi^0 \to \gamma + \gamma$)로 붕괴될 때, 광자의 에너지, 운동량 및 주파수를 구하라.

■■ 풀이

$67.6\,\text{MeV}$, $1.63\times 10^{22}\,\text{Hz}$, $18.4\,\text{fm}$

3 다음의 반응들은 하나 이상의 중성미자를 포함하여야 한다. 빠진 중성미자를 첨가하라.

(a) $\pi^- \to \mu^- + ?$

(b) $K^+ \to \mu^+ + ?$

(c) $? + p \to n + e^+$

(d) $? + n \to p + e^-$

(e) $? + n \to p + \mu^-$

(f) $\mu^- \to e^- + ? + ?$

■■ 풀이

(a) $\overline{\nu_\mu}$ (b) ν_μ

(c) $\overline{\nu_e}$ (d) ν_e

(e) ν_μ (f) $\overline{\nu_e}$, ν_μ

4 다음의 경입자 붕괴 반응이 가능할까? 아니면 불가능할까? 그 이유를 설명하라.

$$e^- \to \mu^- + \bar{\nu}_\mu + \nu_e$$

■■ 풀이

불가능하다. 비록 전자와 뮤온의 경입자수는 보존되지만, 에너지는 보존되지 않는다. 뮤온의 질량은 전자의 질량보다 훨씬 크고, 경입자는 무거운 물질로 붕괴할 수 없기 때문이다.

5 그리스어로 나눌 수 없다는 뜻을 가진 'atom'과 가벼운 질량의 입자라는 뜻을 가진 'lepton'은 틀린 이름이다. 왜 그럴까?

■■ 풀이

우리가 'atom'이라고 부르는 실체는 기본 입자로 구성되어 있고, 타우(τ) 경입자의 질량은 전자 질량의 3,000배가 넘고, 무거운 질량의 입자라는 뜻을 가진 중입자인 양성자나 중성자 보다 무겁기 때문이다.

6 다음의 어떤 반응에서 중입자수가 보존되는가?

(a) $p \to p^+ + p^0$

(b) $\pi^- + p \to \pi^0 + n$

(c) $\Lambda + p \to \pi^+ + K^- + p + n$

(d) $p + p \to n + p + p + \bar{p} + \pi^+$

■■ 풀이

(a) $1 \not\to 0+0$　　(b) $0+1 \to 0+1$

(c) $1+1 \to 0+0+1+1$　　(d) $1+1 \to 1+1+1-1+0$

7 다음의 어떤 반응에서 기묘도가 보존되는가?

(a) $\Lambda^0 \to p + \pi^-$

(b) $\pi^- + p \to \Lambda^0 + K^0$

(c) $\pi^- + p \to \pi^- + \Sigma^+$

(d) $\Xi^0 \to \Lambda_0 + \pi^-$

(e) $K^- + p \to K^+ + \Xi^0 + \pi^-$

(f) $K^- + p \to K^+ + K^0 + \Omega^-$

■■ 풀이

(a) $-1 \not\to 0+0$　　(b) $0+0 \to -1+1$

(c) $0+0 \not\to 0-1$　　(d) $-2 \not\to -1+0$,

(e) $-1+0 \to +1-2+0$　　(f) $-1+0 \to +1+1-3$

일반 물리학(3nd)
- 연습문제 및 해설 -

2011년 3월 10일 제3판 인쇄
2011년 3월 20일 제3판 발행

저자명 물리 개발 연구 위원회
발행인 연 규 산
발행처 청범출판사
등 록 1991년 8월 13일 No. 5-282
서울시 노원구 공릉 1동 598-7
주 소 TEL : 971-5385
FAX : 977-8967
ISBN 978-89-88247-69-3 03420

가격 12,000원